高等学校应用型特色系列教材

MySQL 数据库项目化教程（第 2 版）（微课版）

陈晓丹　邵　帅　刘丽仪　主　编

曾德生　庞双龙　付　军　副主编

電子工業出版社
Publishing House of Electronics Industry
北京 • BEIJING

内 容 简 介

本书以实际案例为基础，采用“任务驱动”的编写模式，围绕“学生技能竞赛管理系统”数据库，从 MySQL 数据库的相关概念及理论知识出发，介绍 MySQL Workbench 的安装及使用。本书以项目为单元，分为 9 个项目、29 个子任务，内容涵盖数据库设计、MySQL 数据库环境配置、数据库管理、数据表管理、数据查询、数据库编程、数据库索引与视图、数据库安全及性能优化、Python 程序连接与访问 MySQL 数据库等，最终实现“学生技能竞赛管理系统”数据库的设计、开发、部署和运行。各项目的子任务之间，内容循序渐进，逐层深入，力求将关系型数据库中抽象的问题具体化、图形化，化复杂为简单，适合教学。

本书将数据库操作项目与实际应用相结合，理论联系实际，着重培养学生的应用能力，有较强的实用性。本书可作为应用型本科院校、职业本科院校、高职高专院校计算机及相关专业数据库课程的教材，也可作为 MySQL 数据库初学者及相关开发人员的参考书。

图书在版编目（CIP）数据

MySQL 数据库项目化教程：微课版 / 陈晓丹，邵帅，刘丽仪主编. —2 版. —北京：电子工业出版社，2024.2
ISBN 978-7-121-47430-9

Ⅰ. ①M… Ⅱ. ①陈… ②邵… ③刘… Ⅲ. ①SQL 语言－数据库管理系统－教材 Ⅳ. ①TP311.132.3

中国国家版本馆 CIP 数据核字（2024）第 034724 号

责任编辑：刘　瑀
印　　刷：北京虎彩文化传播有限公司
装　　订：北京虎彩文化传播有限公司
出版发行：电子工业出版社
　　　　　北京市海淀区万寿路 173 信箱　邮编：100036
开　　本：787×1092　1/16　印张：14.25　字数：365 千字
版　　次：2018 年 8 月第 1 版
　　　　　2024 年 2 月第 2 版
印　　次：2025 年 1 月第 3 次印刷
定　　价：49.00 元

凡所购买电子工业出版社图书有缺损问题，请向购买书店调换。若书店售缺，请与本社发行部联系，联系及邮购电话：（010）88254888，88258888。

质量投诉请发邮件至 zlts@phei.com.cn，盗版侵权举报请发邮件至 dbqq@phei.com.cn。

本书咨询联系方式：liuy01@phei.com.cn。

前　言

本书以课程思政建设改革为思路，编写团队由教学经验丰富、行业背景深厚的高校一线教师和企业工程师组成，内容的组织遵循职业能力培养的基本规律，注重与职业岗位相结合，将 MySQL 数据库相关的理论知识、实践技能和行业经验融于一体。本书以“学生技能竞赛管理系统”数据库为典型案例，采用“任务驱动”的模式编写，详细介绍 MySQL 数据库相关概念、数据库技术应用的基本技能及技巧。

本书分为 9 个项目、29 个子任务，9 个项目分别是：数据库设计、MySQL 数据库环境配置、数据库管理、数据表管理、数据查询、数据库编程、数据库索引与视图、数据库安全及性能优化、Python 程序连接与访问 MySQL 数据库。书中各项目的子任务经过了精心设计，其内容循序渐进，逐层深入，力求将关系型数据库中抽象的问题具体化、图形化，转难为易、化繁为简，适合教学。

本书由陈晓丹、邵帅、刘丽仪担任主编，曾德生、庞双龙、付军担任副主编，具体编写分工如下：项目一、项目三由曾德生、庞双龙编写，项目二、项目七由邵帅编写，项目四、项目五、项目九由刘丽仪编写；项目六、项目八由陈晓丹、付军编写。深圳市讯方技术股份有限公司为本书的“学生技能竞赛管理系统”提供了素材，并在本书的项目设计、任务编排等方面从企业实际工作过程和工作内容的角度给予有益的指导。全书由陈晓丹负责统稿。

本书可作为应用型本科院校、职业本科院校、高职高专院校计算机及相关专业数据库课程的教材，也可以作为 MySQL 数据库初学者及相关开发人员的参考书。本书提供教学大纲、电子课件、源代码、案例素材等配套教学资源，读者可登录华信教育资源网（www.hxedu.com.cn）注册并免费下载。

由于书稿内容多，将各个知识点融入各个项目案例中，是一项难度很大的工作，加上编写团队能力有限，尽管我们在写作本书时已竭尽全力，但书中难免有疏漏和不足之处，请广大读者批评指正。

编　者

目　录

项目一　数据库设计

学习目标

☑ 项目任务

任务 1　学生技能竞赛管理系统数据库需求分析

任务 2　数据库 E-R 图设计

任务 3　使用 MySQL Workbench 设计数据库

☑ 知识目标

（1）了解数据库基本概念、基本理论知识

（2）掌握关系型数据库设计方法

（3）学会用工具软件设计 E-R 图

（4）使用 E-R 图进行数据库的概念设计

☑ 能力目标

（1）具有使用工具软件设计、绘制 E-R 图的能力

（2）具有关系型数据库分析能力

（3）具有数据库逻辑设计能力

（4）具有管理数据库能力

（5）具有关系型数据库物理设计能力

☑ 素质目标

（1）培养学生解决实际问题的独立思考的素养

（2）培养学生的团队协作精神

（3）培养学生良好的思考、分析、解决问题的思维习惯

（4）培养学生良好的心理素质

（5）培养学生具有数据库设计人员的职业素养

☑ 思政引领

（1）了解操作系统等基础设施软件的国产化，理解基础设施软件的自主可控对我国的重大意义。

（2）数据库设计要在需求双方的共同沟通下完成，理解、沟通与协作在数据库设计阶段非常重要。

知识导图

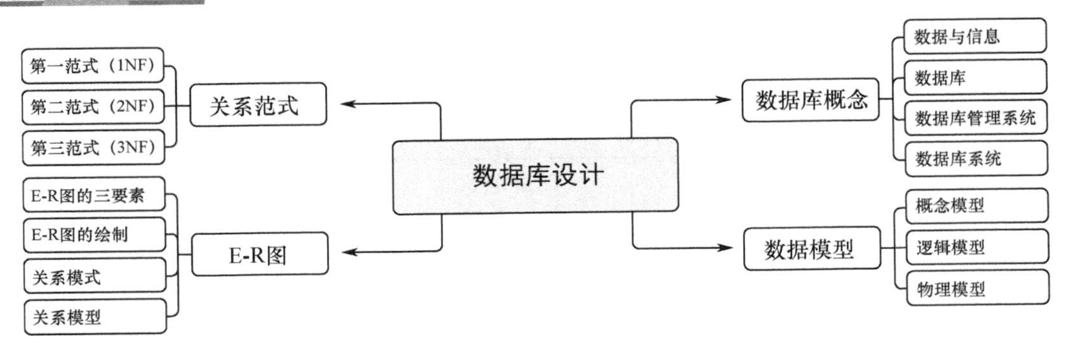

任务1　学生技能竞赛管理系统数据库需求分析

由于传统手工的数据库管理方式的管理效率低，数据存取不便，容易造成工作混乱，因此利用信息化技术手段设计开发学生技能竞赛管理系统非常有必要。学生技能竞赛管理系统能帮助用户组织、管理技能竞赛工作，将技能竞赛相关数据存储在关系型数据库服务器上，供用户随时随地存取，数据一致性高。

微课视频

竞赛前，学生技能竞赛管理系统可用于发布相关竞赛信息，对技能竞赛赛项进行宣传，参赛选手只需通过浏览器就可以查看竞赛相关信息，及时了解各项竞赛。竞赛过程中，学生技能竞赛管理系统可提供用户报名注册功能，参赛选手可方便地进行在线报名。竞赛后，学生技能竞赛管理系统可对成绩进行统计分析，参赛选手可通过该系统查询竞赛成绩。此外，通过学生技能竞赛管理系统，工作人员可实时了解参赛选手报名情况，实时掌握竞赛动态，对竞赛进行组织管理，提高工作效率。

本书介绍学生技能竞赛管理系统中数据库的设计、开发、部署和运行。学生技能竞赛管理系统中的数据信息存储在关系型数据库服务器中，数据库起到核心作用，为技能竞赛相关的数据存储和数据管理提供了平台与手段。为了便于对技能竞赛进行组织管理，需要采用科学的设计方法设计开发一个结构良好的数据库，这就要求数据库开发设计人员掌握数据库的理论知识和设计技巧。

一、任务描述

依据学生技能竞赛管理系统来分析需求情况，依据需求情况来分析数据库设计任务，为学生技能竞赛管理系统设计一个科学合理的数据库。

二、任务分析

1. 数据库的基本概念

数据库（Database，DB）是按照一定的数据结构对数据进行组织、存储和管理的容器，是存储和管理数据的仓库。数据库中存储着数据库的对象，如数据表、索引、视图、存储过程、函数、触发器、事件等。

数据库管理系统（Database Management System，DBMS）是安装在操作系统之上的，用来管理、控制数据库中各种数据库对象的系统。用户不是直接通过操作系统存取数据库中的数据的，而是通过数据库管理系统调用操作系统的进程，从而管理和控制数据库对象的。

数据库管理系统与数据库的关系如图 1-1 所示。图中，MySQL 是一个数据库管理系统，Database_1～Database_*n* 为数据库。

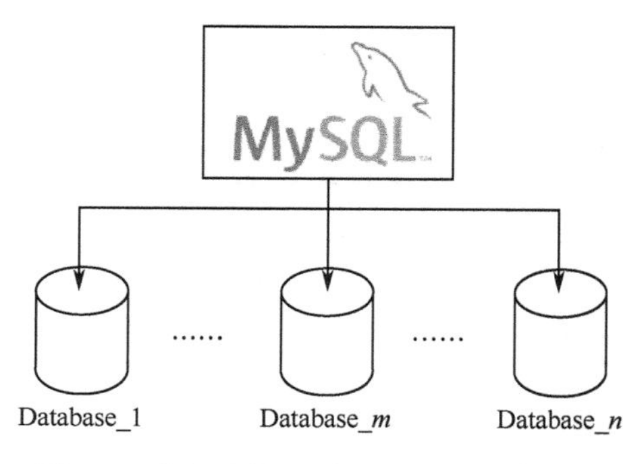

图 1-1　数据库管理系统与数据库的关系

数据库系统（Database System，DBS）是一套可运行的综合系统，通常包含数据库、计算机硬件、计算机软件及相关人员等。其中计算机软件包括操作系统、数据库管理系统、应用程序等，相关人员通常包括需求分析人员、数据库设计人员、数据库管理人员、程序开发人员和最终用户等。数据库系统计算机软件和相关人员组成如图 1-2 所示。

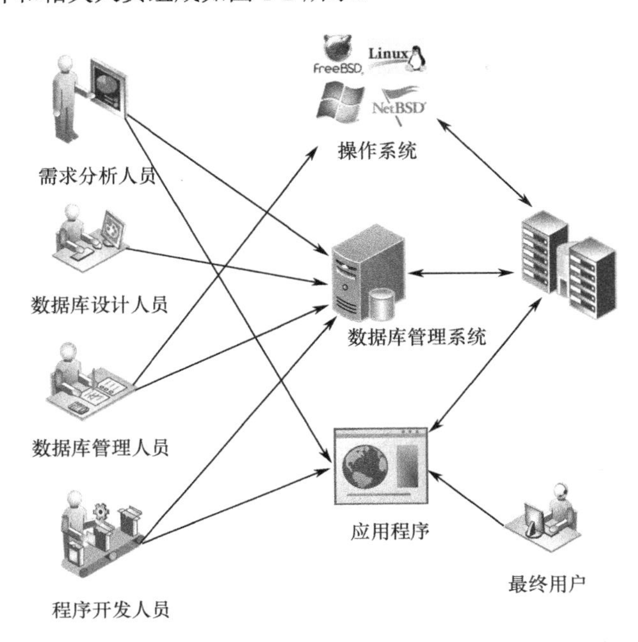

图 1-2　数据库系统计算机软件和相关人员组成

数据模型是对现实世界中事物相应特征的抽象，是对相关数据的逻辑描述，可为后续数据库的设计提供参考。从应用的角度看，可以将数据模型分为三种：概念模型、逻辑模型和物理模型，这三种模型分别代表了数据库设计中的三个阶段。

概念模型：概念模型是在需求分析人员了解清楚用户的需求后，通过分析、总结和提炼，最终定义出来的一系列需求概念。概念模型可以让数据库设计人员准确理解具体业务流程，以及这个流程中所涉及的名词的作用及范围。

从广义上讲，一切能够表达上述所说的业务流程的形式，都可以称为“概念模型”，其可以是关于用户业务的详细说明文档，也可以是业务流程图，或者是思维导图和 E-R（Entity-Relationship，实体-联系）图。概念模型是数据库设计人员进行数据库设计的重要凭证，也是数据库设计人员与用户进行交流的重要语言。因此，对于各类表达形式，参与设计的人员都希望其是简洁而清晰的，既能有效反映业务中的各个概念及概念之间的业务关系，又能反映业务关系中所涉及的相关数据。E-R 图是比较典型的表达形式，它刚好能够满足设计人员的需求。

逻辑模型：从数据库管理系统的角度看，逻辑模型设计是对概念模型进行具体化后的一个新阶段。逻辑模型设计的关键是根据设计的概念模型，规划和设计各项数据的组织结构，形成数据库的设计文档，为后续在数据库管理系统中实现物理模型提供文档形式的标准参考依据。

在数据库管理系统中，从具体的实现过程看，数据库用于反映各项数据的组织结构，通俗地说，就是用于反映各类数据表。因此，建立数据库的逻辑模型，实际上就是根据现有的概念模型，规划、设计出相应数据库设计文档，形成一套完整的“数据表”。这些表对具体的字段名称、字段含义，数据类型及约束条件等进行了详细的定义。

物理模型：物理模型可以理解为对数据的最底层抽象，它与具体的数据库系统直接相关，也与数据库系统使用的操作系统和软硬件环境相关。

从具体的实施角度看，物理模型根据上述的逻辑模型，综合考虑数据库管理系统的类型、操作系统环境、存储空间的读写性能及数据库的扩展方案和优化方案等因素，结合实际运行条件，在实际的计算机环境中，将数据库最终实现。

关系型数据库管理系统（Relational Database Management System，RDBMS）是数据库管理系统的一种，关系模型是较常用的数据库管理系统模型，除常用的关系模型外，数据库管理系统模型还有层次模型、网状模型、面向对象模型等。目前关系型数据库管理系统比较多，有 Microsoft SQL Server、DB2、Sybase、Oracle、MySQL 等。其中 MySQL 数据库具有开源、轻便、易用等特点，阿里巴巴、百度、新浪微博等很多企业都使用 MySQL 数据库。

关系型数据库管理系统的特征如下：

① 数据以数据表的形式存放在数据库中；

② 数据表中的行称为记录，用于记录一个个体的相关属性；

③ 数据表中的列称为属性，用于记录个体的某一属性；

④ 一个数据表是由许多行和列组成的，一个数据表记录一个实体集；

⑤ 若干数据表组成数据库，数据库中的数据表与数据表之间存在一定的联系。

关系型数据库中涉及以下几个基本概念。

① 实体（Entity）：客观存在并可相互区别的事物称为实体，可以是具体的人、事、物或抽象的概念。

② 属性（Attribute）：实体所具有的某一特性称为属性，一个实体可由多个属性来描述。

③ 码（Key）：唯一标识实体的属性集称为码，又称键。

④ 域（Domain）：属性的取值范围称为该属性的域。

⑤ 实体型（Entity Type）：用来抽象和刻画同类实体的实体名及其属性名集合称为实体型。

⑥ 实体集（Entity Set）：同一类型实体的集合称为实体集。

⑦ 联系（Relationship）：现实世界中事物内部及事物之间的联系，在信息世界中反映为实体内部的联系和实体之间的联系。

学生技能竞赛管理系统的数据库用来存储和管理参赛选手、参赛成绩等相关信息。具体数据涉及参赛选手信息、指导教师信息、赛前培训信息、竞赛信息、管理员信息等。这些数据信息按照一定的规则存储在数据库中的各个数据表内，并且数据表与数据表之间又存在一定的关联。如多个年级、多个专业的学生可参加多项竞赛，一名学生可参加多项竞赛，而每项竞赛又可以有多名学生参加，每名学生参加竞赛有指导教师进行指导，一位教师又可以指导多项竞赛。这些关联关系需要经过分析进行提取，所以就需要进行数据库设计，厘清这些数据表之间的关系。

2．数据库设计

数据库设计的第一步是对系统进行需求分析，分析系统中要存储哪些数据，数据之间存在哪些关联，需要建立哪些应用，对数据有哪些常用的操作，需要操作的对象有哪些。分析清楚这些关联关系后，第二步是进行数据库概念设计，对需求分析所得到数据进行更高层的抽象描述。第三步是进行数据库逻辑设计，在逻辑设计阶段，主要将概念模型所描述的数据映射为某个特定的 DBMS 模式数据。最后一步是对数据库进行物理设计，具体确定有哪些数据表。

在数据库设计过程中，需要遵循一定的原则，如实体的属性应该仅存储在某一实体中，如果存储在多个实体中，就会造成数据冗余。在数据库设计时应该避免数据冗余，因为数据冗余会造成数据存储量增大，从而造成存储空间的浪费。但是，也不能因为担心数据冗余而使数据不完整。实体是一个单独的个体，不能存在于另一个实体中成为其属性，即一个数据表中不能包含另一个数据表。数据库如果设计得不好，将会直接影响后期对数据的操作，如数据查询、数据增加、数据修改、数据删除等。

例如，在表 1-1 中，存在学生实体（属性包括学号、姓名、性别、专业、班级名、所在院系），学生实体中出现了表中套表的现象。因为班级名、所在院系联系紧密，所以应该将班级名、所在院系属性抽取出来，分别放入班级实体、院系实体中。

表 1-1　学生表

学　号	姓　名	性　别	专　业	班 级 名	所在院系
2001160101	张三	男	计算机网络技术	20 网络 1 班	信息工程学院
2001160201	李四	女	计算机网络技术	20 网络 2 班	信息工程学院
2001160301	赵五	男	计算机网络技术	20 网络 3 班	信息工程学院
2001160102	钱六	女	计算机网络技术	20 网络 1 班	信息工程学院
2001160202	孙七	男	计算机网络技术	20 网络 2 班	信息工程学院

在数据库设计过程中，需要根据用户需求将信息挖掘出来，用户需求信息是现实世界客观存在的事物，事物是相互区别的，也是普遍联系的。需将这些客观存在的事物的联系转换为信息世界中的模型，即概念模型。概念模型用于信息世界的建模，要有较强的语义表达能力，能够方便、直接地表达应用中的各种语义知识，简单、清晰、易于用户理解。信息建模是从现实世界到信息世界的一个中间层次，是数据库设计的有力工具，概念模型是数据库设计人员和用户之间进行交流的语言。

三、任务完成

在数据库设计过程中，可使用 E-R 图来建立数据模型。相应地，可将用 E-R 图描绘的数据模型称为 E-R 模型。E-R 图中包含了实体、属性和联系三要素，通常用矩形代表实体，矩形内写明实体名称，用椭圆形代表实体（或关系）的属性，用菱形代表联系，并用直线将实体（或联系）与其属性连接起来。

例如，在学生实体中，学生的姓名、学号、性别都是属性。如果存在多值属性，可在椭圆形外面再套椭圆形。学生实体集 E-R 图、教师实体集 E-R 图、参赛关系 E-R 图分别如图 1-3～图 1-5 所示。

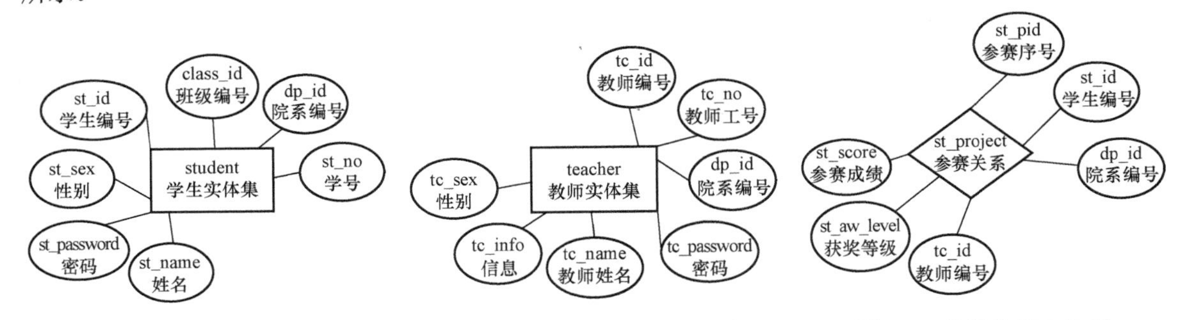

图 1-3　学生实体集 E-R 图　　图 1-4　教师实体集 E-R 图　　图 1-5　参赛关系 E-R 图

联系也称关系，可分为一对一联系、一对多联系、多对多联系 3 种类型。

1. 一对一联系（1∶1）

如果对于实体集 A 中的每个实体，实体集 B 中至多有一个（也可以没有）实体与之联系，反之亦然，则称实体集A与实体集B之间的联系为一对一联系，记为1∶1，如图1-6所示。

例如，一个班级只有一名正班长，而每名正班长只属于一个班级，则班级与班长的联系是一对一联系。

2. 一对多联系（1∶*N*）

如果对于实体集A中的每个实体，实体集B中有*N*个实体（$N \geqslant 0$）与之联系，反之，对于实体集B中的每个实体，实体集A中至多只有一个实体与之联系，则称实体集A与实体集B之间的联系为一对多联系，记为1∶*N*，如图1-7所示。

例如，某校教师与课程之间存在一对多联系（“教”），即每位教师可以教多门课程，但是每门课程只能由一位教师来教。

3. 多对多联系（*N*∶*M*）

如果对于实体集A中的每个实体，实体集B中有*N*个实体（$N \geqslant 0$）与之联系，反之，对于实体集B中的每个实体，实体集A中也有*M*个实体（$M \geqslant 0$）与之联系，则称实体集A与实体B具有多对多联系，记为*N*∶*M*，如图1-8所示。

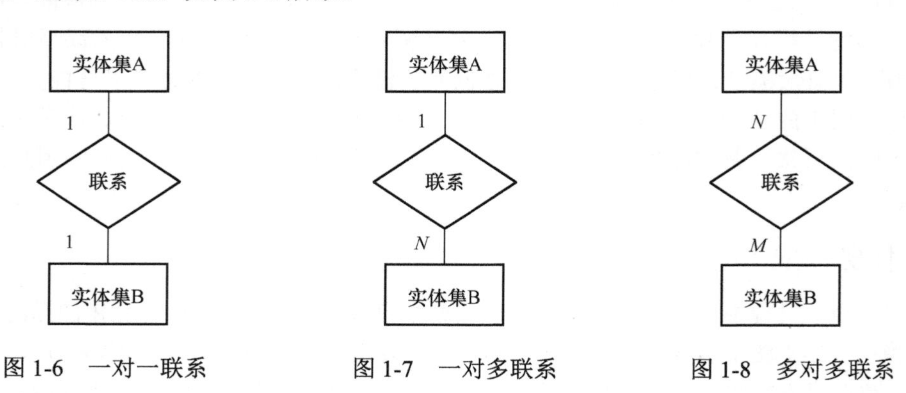

图1-6　一对一联系　　图1-7　一对多联系　　图1-8　多对多联系

例如，学生与课程之间的联系是多对多联系（“学”），即一名学生可以学多门课程，而每门课程也可以有多名学生来学。

以学生技能竞赛管理系统E-R实体模型为例，一名学生可以参加多项竞赛，一个竞赛项目也可以有多名学生来参加，故参赛学生与竞赛项目具有多对多联系。教师指导学生参加竞赛，一位教师可以指导多名学生参加竞赛，一名学生可以参加多项竞赛，可以参加多位教师指导的培训，学生参加竞赛与教师指导竞赛也具有多对多联系。

根据分析，学生技能竞赛管理系统的E-R图如图1-9所示。

四、任务总结

MySQL是一种开源的关系型数据库管理系统，目前，中小型企业大多使用MySQL数据库来存储和管理企业的数据，MySQL使用最常用的数据库管理语言——结构化查询语言（Structured Query Language，SQL）进行数据库管理。

本任务介绍了关系型数据库管理系统的基本概念和相关理论知识，以及如何把客观世界的事物转换成信息世界中的关系模型。又对学生技能竞赛管理系统中的数据库进行了需求分析，根据需求分析完成了实体集及属性的定义，并用E-R图描述了实体集。其中，介绍了E-R图三要素：实体、属性和联系。

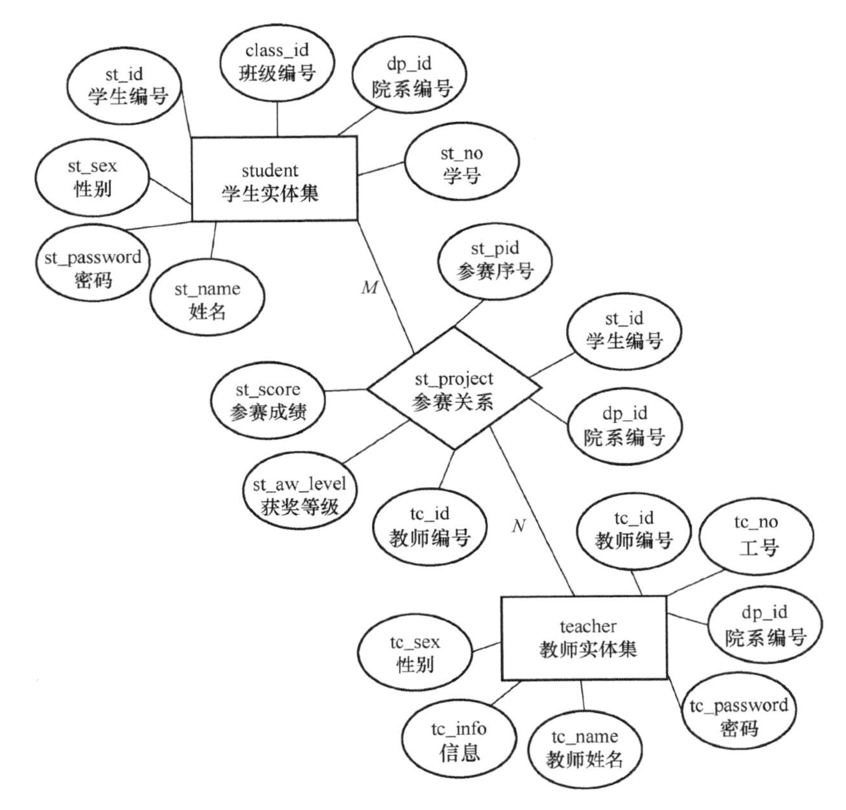

图 1-9　学生技能竞赛管理系统的 E-R 图

任务 2　数据库 E-R 图设计

微课视频

关系型数据库中的数据表都是二维表，所谓二维表是指数据表中的每行有相同的列数，每列有相同的行数，不可以对表中的列再分子列或者对表中的行再分子行。数据表中的每行用来记录实体集中的一个个体，称为一条记录。关系型数据库中不允许出现重复记录。数据表的每列用来描述实体集某一方面的属性特征，称为一个字段。

用 E-R 图可以描绘并建立数据模型——E-R 模型。关系型数据库的设计就是根据系统需求分析来设计系统数据库的 E-R 图，数据表是数据库中最为重要的对象，采用“一事一地”的原则绘制出 E-R 图后，可以通过如下几个步骤由 E-R 图生成数据表：

① 为 E-R 图中的每个实体建立一个数据表；

② 为每个数据表定义一个主键（如果需要，可以向数据表中添加一个没有实际意义的字段作为该表的主键）；

③ 数据表与数据表之间有一定的联系时，可以添加数据表外键表示一对多联系；

④ 通过建立新数据表来表示多对多联系；

⑤ 为数据表中的字段选择合适的数据类型；

⑥ 对数据表中的数据有特殊要求时，可以定义约束条件。

一、任务描述

学生技能竞赛管理系统数据库中涉及的实体主要有学生（student）、班级（class）、教师（teacher）、院系（department）、参赛关系（st_project）、项目（project）等。本任务根据设计完成的E-R图，为每个实体建立一个数据表。

二、任务分析

关系型数据库的数据表中必须存在关键字来唯一标识表中的每条记录，关键字实际上是能够唯一标识表中记录的字段或字段组合。例如，在学生表中，由于学号字段不允许重复且不允许取空值（NULL），故学号字段可以作为学生表的关键字。在所有的关键字中选择一个关键字作为该数据表的主关键字，称为主键（Primary Key）。数据表中的主键可以是一个字段，也可以是多个字段的组合，表中主键的值具有唯一性且不能为空值。一个数据表中可以有多个关键字，但只能有一个主键，且主键一定属于关键字。

定义数据表的主键时，一般把取值简单的关键字作为主键。在设计数据表时，应慎用复合主键，复合主键会给维护数据表带来不便。数据库开发人员如果不能从已有的字段中选择一个主键，可以向数据表中添加一个没有实际意义的字段作为该表的主键，如给数据表中添加一个编号，通过编号确定每个个体，该编号可以设置为程序自动生成的，以免人工录入时出错。

三、任务完成

定义数据表时需要确定字段的数据类型，表中字段的数据类型设计得是否恰当关系到数据库占用的存储空间，为每个数据表中的字段选择合适的数据类型是数据库设计过程中的一个重要步骤，切忌为字段随意设置数据类型。为字段设置合适的数据类型既可以有效地节省数据库占用的存储空间，也可以提升数据库的计算性能，节省数据检索时间，提高效率。MySQL数据库管理系统中常用的数据类型包括数值类型、字符串类型和日期与时间类型。

① 数值类型：分为整数类型和小数类型，小数类型分为定点数类型和浮点数类型。如果字段值需要参加算术运算，则应将这个字段类型设为数值类型。

② 字符串类型：分为定长字符串类型和变长字符串类型，字符串类型的数据外观上使用单引号括起来，其字段值不能参加算术运算。

③ 日期与时间类型：分为日期类型和日期时间类型，日期类型的数据是一个符合“YYYY-MM-DD”格式的字符串。日期时间类型的数据符合“YYYY-MM-DD hh:mm:ss”格式。日期类型的数据可以参加简单的加、减法运算。图1-10是MySQL数据库管理系统的数据类型图。

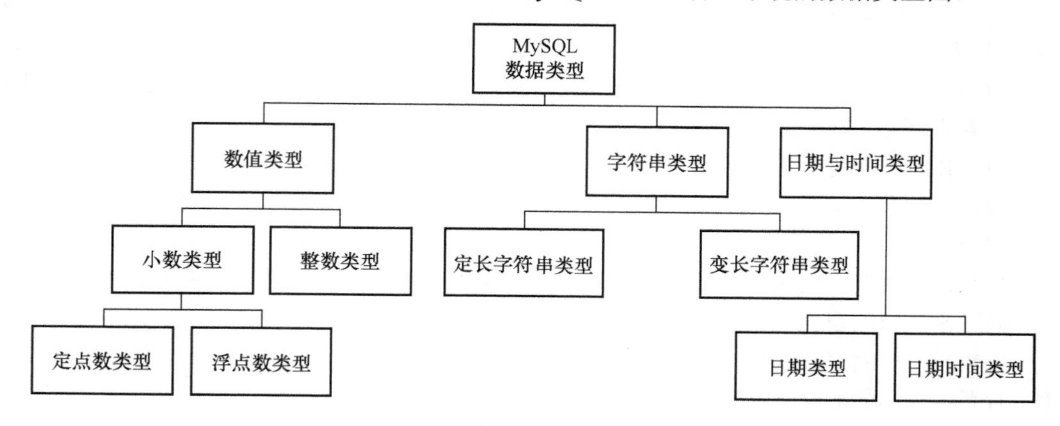

图1-10 MySQL数据库管理系统的数据类型图

数据库完整性（Database Integrity）是指数据库中数据在逻辑上的一致性、正确性、有效性和相容性。数据库完整性由各种各样的完整性约束（Constraint）条件来保证，因此可以说数据库完整性设计就是数据库完整性约束的设计。MySQL 数据库管理系统常用的约束条件主要有主键（PRIMARY KEY）约束、外键（FOREIGN KEY）约束、唯一性（UNIQUE）约束、默认值（DEFAULT）约束、非空（NOT NULL）约束、检查（CHECK）约束 6 种。

① 主键能够唯一标识表中的每条记录。一个表只能有一个主键，但可以有多个候选键。主键常常与外键构成参照完整性约束，防止出现数据不一致。主键可以保证记录的唯一性和主键域非空，数据库管理系统对于主键自动生成唯一索引，所以主键也是一个特殊的索引。如学生表中有学号和姓名等字段，姓名可能有重复的，但学号是唯一的，要从学生表中查找一条记录，只有根据学号去查找，才能找出唯一的记录。可以将主键设为自动增长的类型，例如：

```
id INT (10) NOT NULL PRIMARY KEY AUTO_INCREMENT
```

② 外键是用于建立和加强两个表数据之间的连接的一个或多个字段。外键约束主要用来维护两个表之间数据的一致性。一个数据表的外键就是另一个数据表的主键，外键将两个表联系起来。一般情况下，要删除一个表中的主键必须首先要确保其他表中的没有相同记录值的外键（即该表中的主键没有一个外键和它相关联）。如果表 A 的一个字段 a 对应于表 B 的主键 b，则字段 a 称为表 A 的外键，此时存储在表 A 中字段 a 的值，要么是 NULL，要么是来自表 B 中主键 b 的值。

③ 唯一性约束是对数据表的字段强制执行唯一值，例如，学生表中学生的学号必须具有唯一性，学生的姓名可以不具有唯一性，也就是允许一个数据表中有相同名字的学生，但为了区分学生实体集间的个体信息，可以将学生的学号设置为唯一性约束字段，通过唯一性约束来区分相同姓名的学生。MySQL 数据库用唯一性约束对字段进行约束，它定义了限制字段或一组字段中的值唯一的规则。若要限制数据表中的字段值不重复，则可为该字段添加唯一性约束。与主键约束不同，一个表中可以存在多个唯一性约束，并且满足唯一性约束的字段可以为 NULL。

④ 默认值约束用于在创建字段时指定默认值，当插入数据且未主动输入字段值时，自动为字段添加默认值，默认值与 NOT NULL 配合使用。如学生表中学生的性别有“男”或“女”两种情况，但机电专业的男同学比较多，则可以将性别字段的默认值设为“男”，在录入学生性别信息时，如果没有录入数据，则系统自动设置其性别为“男”。

⑤ 非空约束限制数据表中的字段值不能取 NULL，若学生表中学生的姓名不能为 NULL，则为该字段添加非空约束。

⑥ 检查约束用于检查字段的输入值是否满足指定的条件，输入（或者修改）数据时，若字段值不符合检查约束指定的条件，则数据不能被输入。如在学生表中将学生的年龄字段值约束为 15～35，设置检查约束后，如果输入的学生年龄超 35 或低于 15，则该条记录是一条无效记录，不能输入。

数据类型和完整性约束将在项目四中详细介绍。

经过分析，根据学生技能竞赛管理系统数据库的实体集，可设计以下几个具体的数据表，如表 1-2～表 1-9 所示。

表 1-2　student 表

列　名	数据类型	约　束	备　注
st_id	INT	PRIMARY KEY	学生编号
st_no	CHAR(10)	NOT NULL，UNIQUE	学号
st_password	CHAR(12)	NOT NULL	密码
st_name	VARCHAR(20)	NOT NULL	姓名
st_sex	CHAR(2)	DEFAULT '男'	性别
class_id	INT		班级编号
dp_id	CHAR(10)		院系编号

表 1-3 teacher 表

列 名	数据类型	约 束	备 注
tc_id	INT	PRIMARY KEY	教师编号
tc_no	CHAR(10)	NOT NULL UNIQUE	教师工号
tc_password	CHAR(12)	NOT NULL	密码
tc_name	VARCHAR(20)	NOT NULL	姓名
tc_sex	CHAR(2)	DEFAULT '男'	性别
dp_id	CHAR(10)		院系编号
tc_info	TEXT		信息

表 1-4 project 表

列 名	数据类型	约 束	备 注
pr_id	INT	PRIMARY KEY	项目编号
pr _name	VARCHAR(50)	NOT NULL	项目名称
dp _id	CHAR(10)		院系编号
pr _address	VARCHAR(50)		竞赛地点
pr _time	DATETIME		竞赛时间
pr _ trainaddress	VARCHAR(50)		培训地点
pr _starttime	DATETIME		培训开始时间
pr _ endtime	DATETIME		培训结束时间
pr _ days	INT		培训天数
pr _info	TEXT		项目信息
pr _active	CHAR(2)		是否启用

表 1-5 class 表

列 名	数据类型	约 束	备 注
class_id	INT	PRIMARY KEY	班级编号
class_no	CHAR(10)	NOT NULL	班级号
class_name	CHAR(20)	NOT NULL	班级名
class_grade	CHAR(10)	NOT NULL	年级
dp_id	CHAR(10)		院系编号

表 1-6 department 表

列 名	数据类型	约 束	备 注
dp_id	INT	PRIMARY KEY	院系编号
dp _name	CHAR(16)	NOT NULL	院系名
dp _ phone	CHAR(11)		院系电话
dp _info	TEXT		院系信息

表 1-7 st_project 表

列 名	数据类型	约 束	备 注
st_pid	INT	PRIMARY KEY	AUTO_INCREMENT
st_id	INT		
pr_id	INT		
tc_id	INT		
st_score	INT		
st_aw_level	INT		

表 1-8 tc_project 表

列 名	数据类型	约 束	备 注
tc_pid	INT	PRIMARY KEY	AUTO_INCREMENT
tc_id	INT		
dp_id	INT		
st_id	INT		

表 1-9 admin 表

列 名	数据类型	约 束	备 注
ad_id	INT	PRIMARY KEY	AUTO_INCREMENT
ad_name	VARCHAR(20)	NOT NULL	
ad_password	CHAR(12)	NOT NULL	
ad_type	CHAR(12)	NOT NULL	

设计数据库时，需要制定一个数据表设计的质量标准，根据质量标准检测数据表的质量，减少数据库中冗余的数据，质量好的数据表应该尽量没有冗余数据，避免数据经常发生变化。冗余数据需要额外维护，并且容易导致数据不一致、插入异常、删除异常等问题。

范式（Normal Form）是英国人 E.F.Codd 在 20 世纪 70 年代提出关系型数据库模型后总结出来的，范式是关系型数据库理论的基础，也是我们在设计数据库过程中所要遵循的规则和指导方法。

第一范式（1NF）：第一范式是指数据表中的每个字段都是不可分割的基本数据项，同一个字段中不能有多个值，即实体中的某个属性不能有多个值或者不能有重复的属性。如果一个数据表内同类字段不重复出现，则该表满足第一范式，如果数据表不满足第一范式，则对数据表的操作将会出现如插入异常、删除异常、修改复杂等问题。

例如，表 1-10 所示的学生表中包括学号、姓名、性别、专业、联系方式字段，但在实际生活中，一个人的联系方式有多种，则这个联系方式字段在数据表结构设计中就没有满足 1NF。要满足 1NF，需把联系方式拆分成几种具体的联系方式字段，如手机号码、电子邮箱、QQ、微信等。

表 1-10 学生表

学 号	姓 名	性 别	专 业	联系方式
2001160101	张三	男	计算机网络技术	QQ：123456789000
2001160201	李四	女	计算机网络技术	微信：987654321000
2001160301	赵五	男	计算机网络技术	手机号码：138001380000
2001160102	钱六	女	计算机网络技术	电子邮箱：viptest@abc.com
2001160202	孙七	男	计算机网络技术	手机号码：139001390000
2001160302	李八	男	计算机网络技术	手机号码：136001360000

第二范式（2NF）：第二范式是在第一范式的基础上建立起来的，即要满足第二范式必须先满足第一范式。第二范式要求数据表中的每条记录必须可以被唯一地区分。在一个数据表满足第一范式的基础上，如果每个“非关键字”字段仅仅函数依赖于主键，那该数据表满足第二范式。要满足第二范式，另需包含两部分内容，一是表必须有一个主键；二是没有包含在主键中的字段必须完全依赖于主键，而不能只部分依赖于主键。

例如，有组合关键字（学号，项目编号），由于非主键“项目名称”仅依赖于“项目编号”，对关键字（学号，项目编号）只是部分依赖，而不是完全依赖，因此会导致数据冗余及更新异常等问题。解决办法是将其分为两个关系模式：学生表（学号，项目编号，成绩）和项目表（项目编号，项目名称），新关系模式通过学生表中的外键——项目编号联系，在需要时进行连接。

函数依赖：在一个数据表内，两个字段值之间的一一对应的关系称为函数依赖，如果字段 A 的值能够唯一确定字段 B 的值，那么称字段 B 函数依赖于字段 A，记为 A→B。

第三范式（3NF）：一个数据表满足第二范式，并且不存在“非关键字”字段函数依赖于任何其他“非关键字”字段，那么该数据表满足第三范式，满足第三范式的数据表不会出现插入异常、删除异常、修改复杂等现象。

例如，student（st_no，st_name，dp_id，dp _name，location）表中，关键字 st_no 决定各个属性。由于单个关键字没有部分依赖的问题，所以该表一定满足 2NF。但此表存在大量的冗余，有关学生的几个属性：dp_id，dp_name，location 将重复存储，在插入、删除和修改数据时也将产生类似重复的情况，原因是该表中存在传递依赖，即存在 st_no→dp_id，而不存在 dp_id→st_no，存在 dp_id→location，因此关键字 st_no 对 location 的函数依赖是通过传递依赖 dp_id→location 实现的。也就是说，st_no 不直接决定非主键 location。

解决目的：每个关系模式中不能留有传递依赖。

解决方法：将原表分为两个表 student（st_no，st_name，dp_name）和 department（dp_id，dp_name，location）。

第二范式和第三范式的概念很容易混淆，区分它们的关键点在于：

2NF：非主键字段是完全依赖于主键，还是部分依赖于主键；

3NF：非主键字段是直接依赖于主键，还是直接依赖于非主键。

四、任务总结

本任务根据学生技能竞赛管理系统 E-R 图来设计具体的数据表，并对 MySQL 中的数据类型进行了说明。设计数据表时需要遵循一定的质量规范及设计原则。范式即数据库设计范式，是符合某一种级别的关系模式的集合，构造关系型数据库时必须遵循范式。关系型数据库中的联系必须满足一定的要求，即满足不同的范式。在设计过程中要满足第一范式、第二范式、第三范式。

任务 3　使用 MySQL Workbench 设计数据库

微课视频

MySQL Workbench（MySQL 工作台）是 MySQL 数据库管理系统工具集中的一个软件，可以为数据库架构师、开发人员和数据库管理员（Database Administrator，DBA）提供一个统一的可视化控制台，帮助人们轻松管理 MySQL 环境，并获得更好的数据库可见性。开发人员和 DBA 可以使用可视化工具来配置服务器、管理用户、执行备份和恢复、检查审核数据及查看数据库运行状况等。

MySQL Workbench 提供了许多高级工具，可以让数据库架构师、开发人员或 DBA 直观地设计、生成和管理数据库，包括创建复杂的 E-R 图及正向和反向工程所需的各类组件。MySQL Workbench 还提供了更改和管理文档任务的关键功能，为用户节省大量时间和精力。在针对普通用户的应用场景时，MySQL Workbench 提供了用于创建、执行和优化 SQL 查询的可视化工具。其中 SQL 编辑器提供颜色语法高亮显示、自动完成、SQL 代码段的重用及 SQL 执行历史记录查询等功能。数据库连接面板使开发人员能够轻松管理标准数据库连接，为服务器配置、用户管理、备份等提供了数据建模、SQL 开发和全面的管理工具。MySQL Workbench 提供了跨平台支持，用户可以很方便地在 Windows、Linux 和 Mac OS 等操作系统上使用它。

一、任务描述

使用 MySQL Workbench 设计学生技能竞赛管理系统的数据库。

二、任务分析

从 MySQL 的官方网站中下载 MySQL Workbench 软件包，并进行安装。在本任务中，将采用 Windows 版本的软件包，如图 1-11 所示，下载并安装后，即可启动该软件。

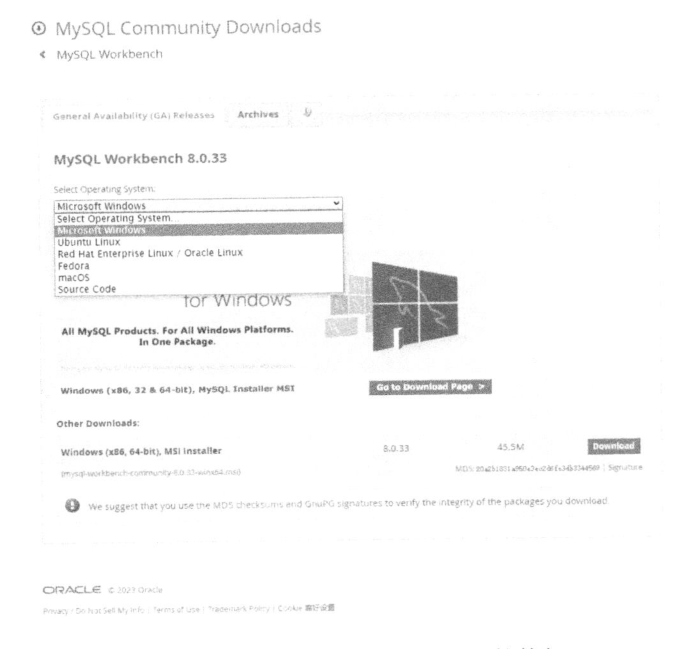

图 1-11　下载 MySQL Workbench 软件包

1. 创建模型

首先通过【开始】菜单，或者双击桌面上的 MySQL Workbench 图标，启动软件。启动后，MySQL Workbench 界面如图 1-12 所示。

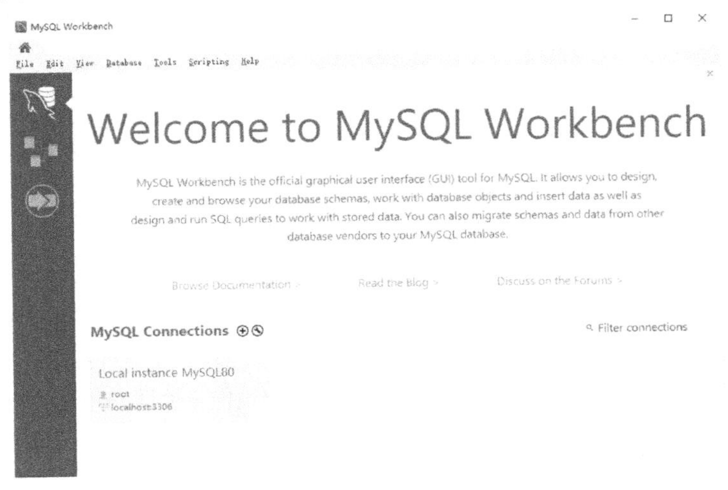

图 1-12　MySQL Workbench 界面

然后，在 MySQL Workbench 界面中，使用快捷键【Ctrl+N】，或者选择【File】-【New Model】选项，创建新的模型，如图 1-13 所示。

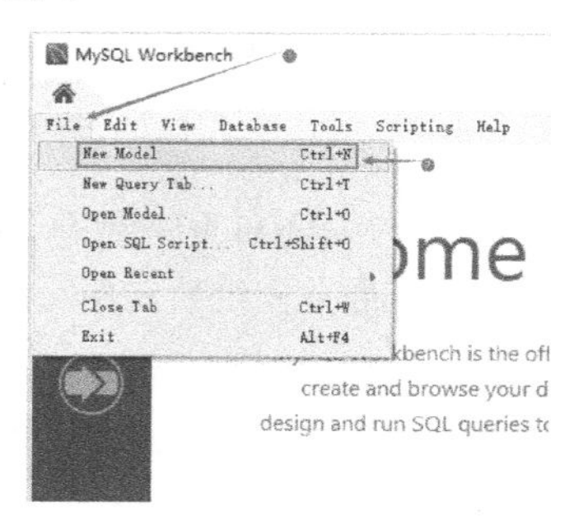

图 1-13　创建新的模型

创建新的模型后，MySQL Workbench 将打开模型的设计界面，如图 1-14 所示。

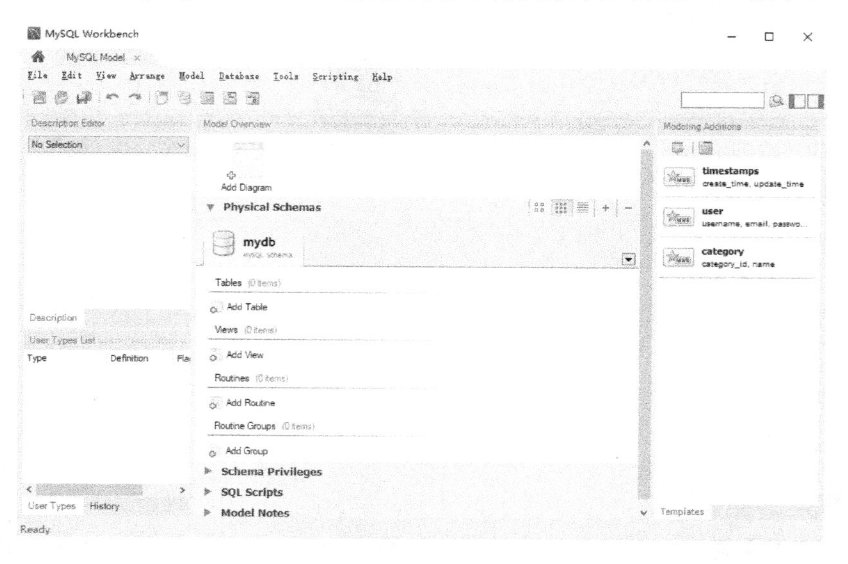

图 1-14　模型的设计界面

在模型的设计界面中，主要有 4 类参数设置功能，如图 1-15 中的编号①至④所示，包括：物理模式（Physical Schemas）、模式权限（Schema Privileges）、SQL 脚本（SQL Scripts）和模型注释（Model Notes）。

创建新的模型后，单击界面上的【Add Diagram】按钮，可创建新的图表，如图 1-16 所示。图表设计界面如图 1-17 所示，编号①所示区域给出了常用的移动、删除操作按钮，编号②所示区域给出了常用的图层的操作按钮，编号③所示区域给出了表、视图的操作按钮，编号④所示区域给出了联系设置按钮。

2．创建数据表

在图 1-17 编号③所示的区域中，先单击 按钮，然后在右侧的空白区域中再次单击鼠标左键，可放置一个新的数据表。在创建数据表时，在图表（Diagram）窗格的空白区域上方可以设置参数，如图 1-18 所示，会出现多个下拉列表，从左到右，依次用于设定：数据表模板（Template）、数据库架构（Schema）、数据库默认引擎（Engine）、默认字符集校验规则（Collation）和表格颜色。

同时，也可以通过按快捷键【T】，并在空白区域单击鼠标左键放置一个新的数据表，实现类似的创建空白数据表的操作。

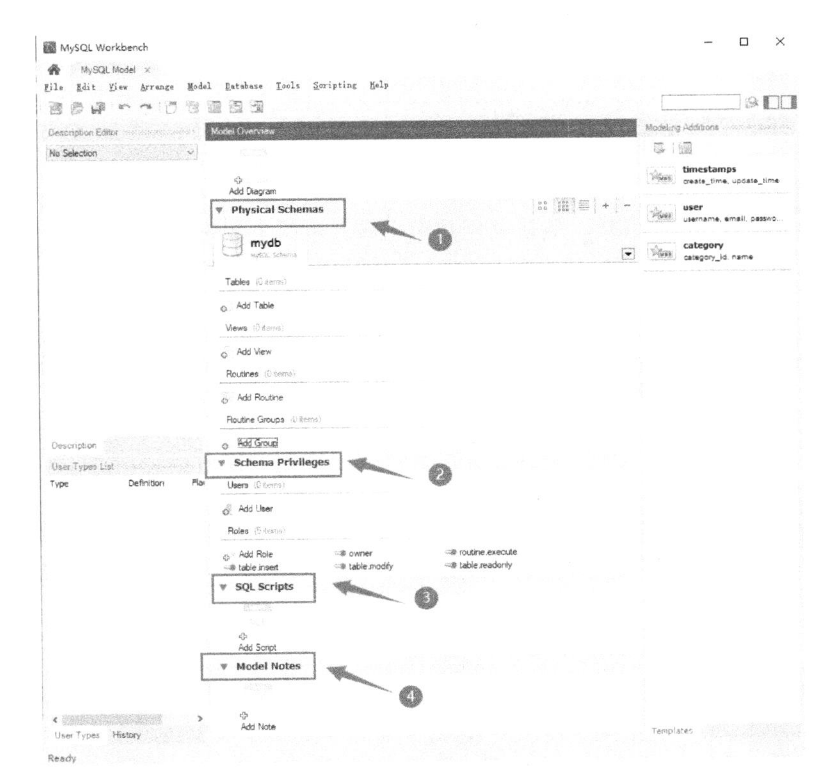

图 1-15　模型参数设计

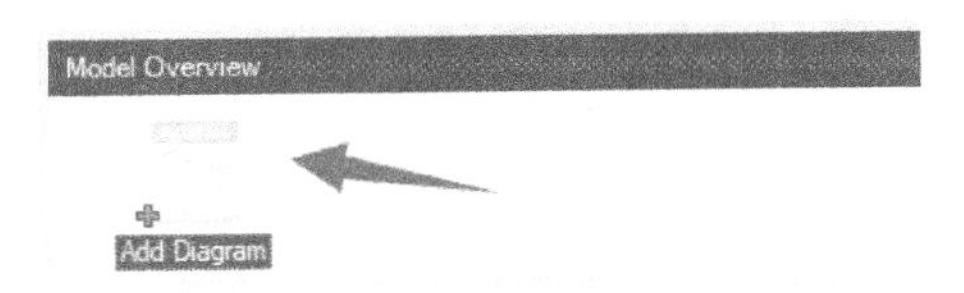

图 1-16　创建新的图表

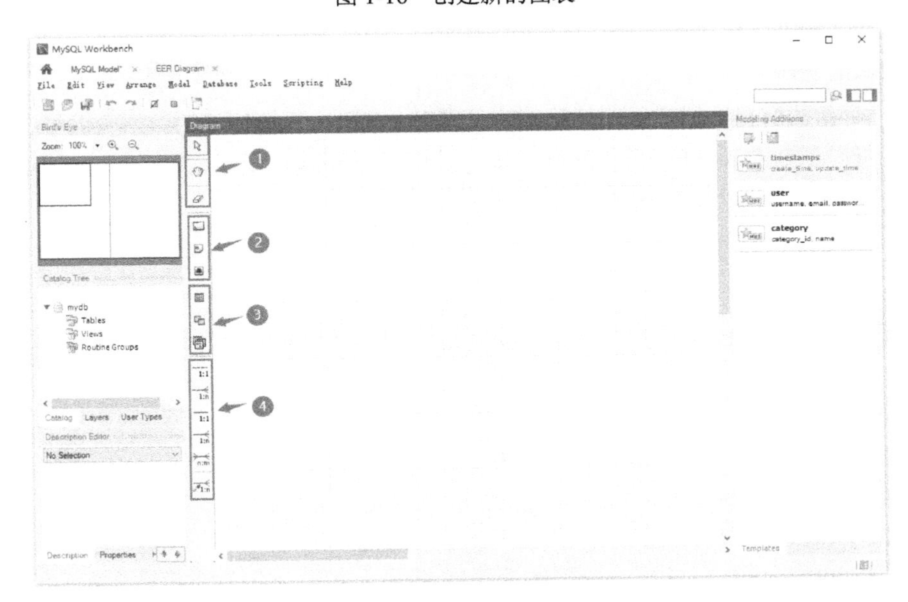

图 1-17　图表设计界面

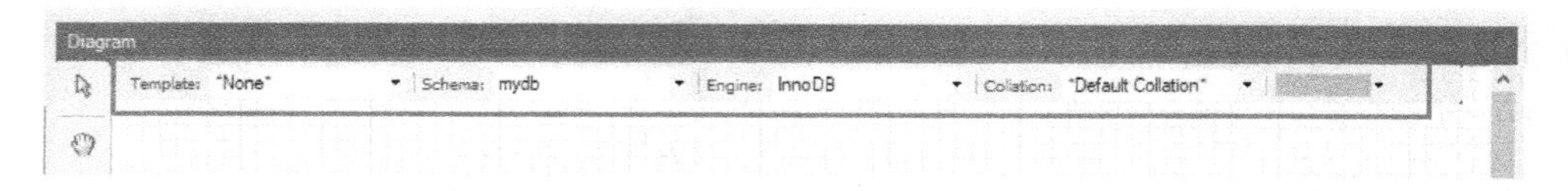

图 1-18　数据表参数设置

mydb 为创建一个新的模型时，默认采用的数据库名称，如果需要调整，可以在创建新的模型时，双击数据库图标，在弹出的修改界面中按需调整默认存储的数据库名称，如图 1-19 所示。

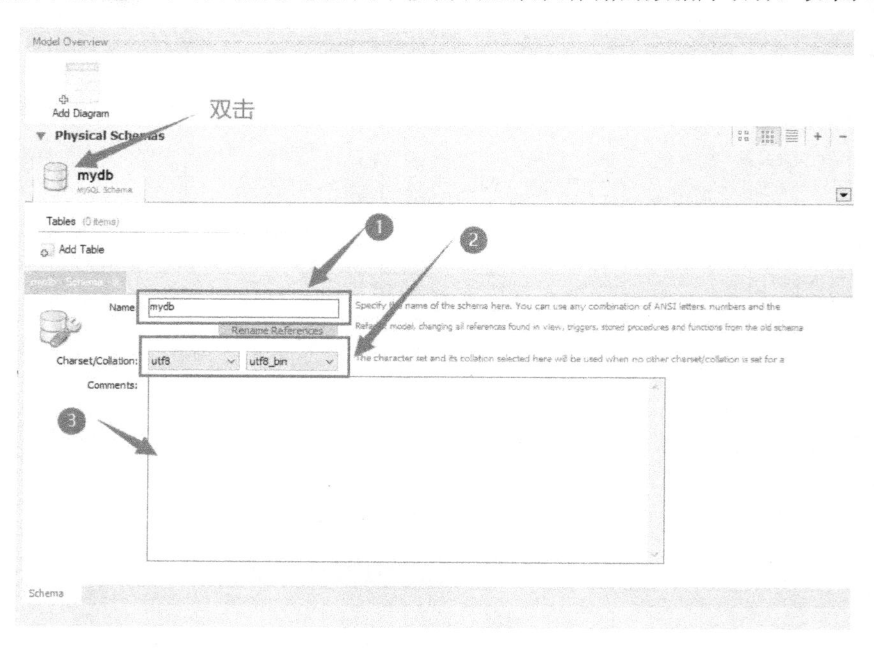

图 1-19　设置模型默认存储的数据库名称

在图 1-19 中，编号①表示数据库的名称，编号②表示默认的字符集和校验规则，在编号③处可以设定额外的一些注释信息。

3. 数据表的常用操作

在创建一个新的空白数据表后，其默认的名称为 table1，后续创建的数据表编号会依次递增。针对数据表，可以在选中表格后，单击鼠标右键，实现常用的剪切（Cut）、复制（Copy）、粘贴（Paste）、删除（Delete）等操作，如图 1-20 所示。

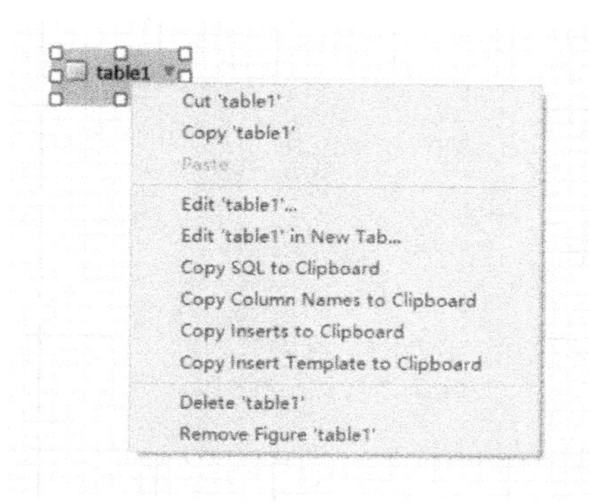

图 1-20　数据表的常用操作

4．数据表的定制

在创建一个新的空白数据表后，可以对其进行属性的修改和定制。双击表格，启动属性编辑界面，如图 1-21 所示，在空白处双击，可生成一个新的属性，默认会根据数据表名称进行设定，数据类型默认为 INT，在新增属性时，还可以调整主键、非空等其他设定。

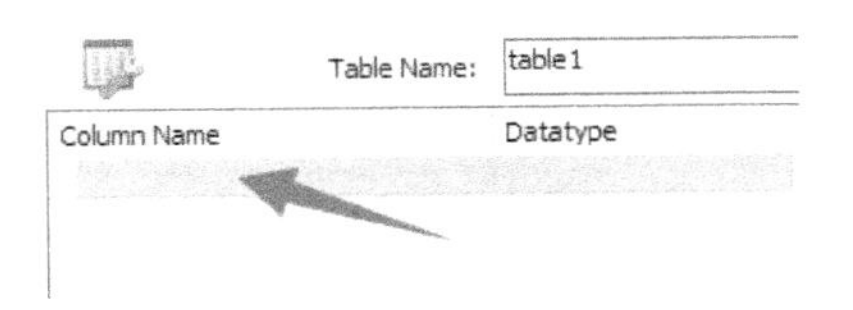

图 1-21　属性编辑界面

图 1-22 所示为数据表完整的属性编辑界面，编号①处用于设定数据表的名称，编号②表示该数据表中的属性编辑区域，与编号③所示的框中的设置功能一致，以便更清晰地看到属性设置情况，编号④表示其他设置功能，如索引（Indexes）、外键（Foreign Keys）、触发器（Triggers）等，编号⑤为属性的注释信息。

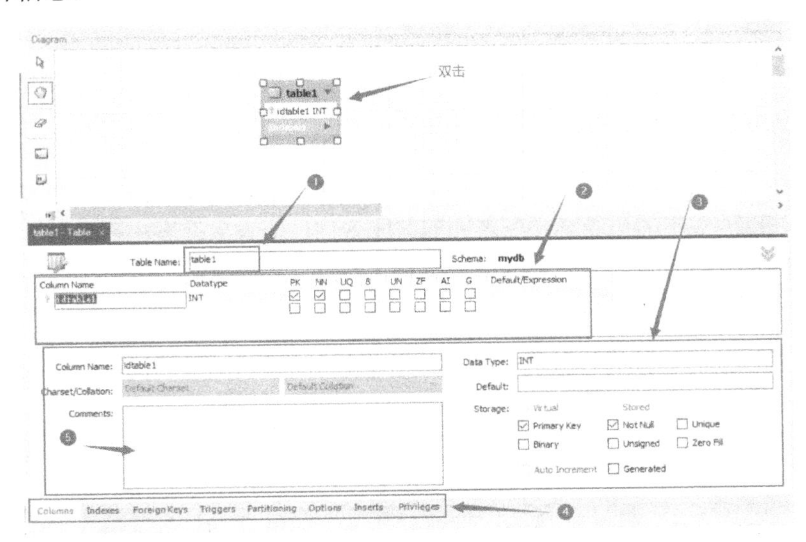

图 1-22　数据表完整的属性编辑界面

以外键设置为例，如图 1-23 所示，选择图 1-23 中编号①所示的选项卡，可进行外键设置，在编号②和编号③所示的位置，可以对所需设置的外键进行关联。

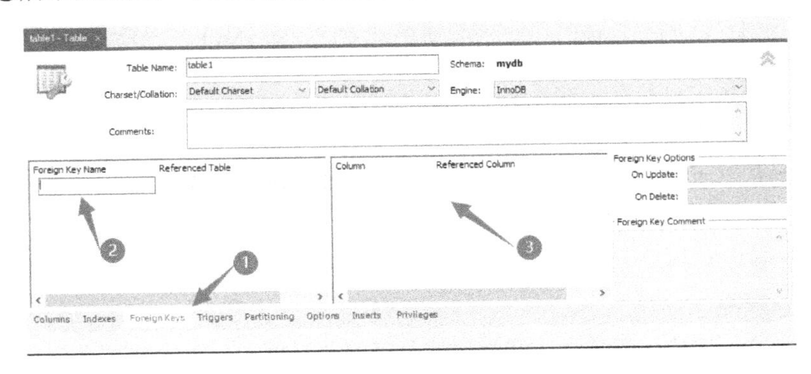

图 1-23　外键设置

5．属性的常用操作

如果需要删除某个属性，可以参考图 1-24 进行，即选中需要删除的属性，单击鼠标右键，打开操作菜单，选择【Delete Selected】选项，完成删除操作。操作菜单中还包括属性的上下移动（Move Up、Move Down）、复制（Copy）、剪切（Cut）、粘贴（Paste）、刷新（Refresh）、默认值设定（Clear Default、Default NULL、Default 0）等选项。

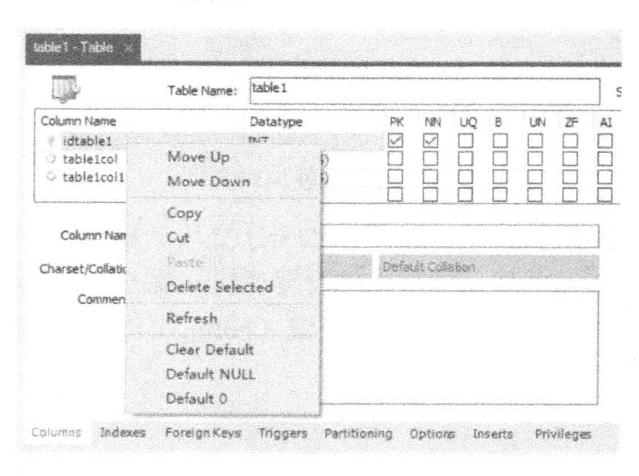

图 1-24　属性的常用操作

6．创建联系

一个数据库中的实体与实体之间，是可能存在一定关联的，要实现关系模型中的联系，可以按照关联创建联系。以现实中的班级和学生之间的关联为例，假设数据库中存在两个简单的数据表，其中一个为班级信息表，另一个为学生信息表，如表 1-11 与表 1-12 所示。

表 1-11　班级信息表

列　名	数据类型	约　束	备　注
class_no	INT	PRIMARY KEY，UNIQUE	班级编号
class_major	VARCHAR(45)	NOT NULL	专业名

表 1-12　学生信息表

列　名	数据类型	约　束	备　注
stu_no	INT	PRIMARY KEY，UNIQUE	学号
class_no	INT	FOREIGN KEY	班级编号
stu_name	VARCHAR(45)	NOT NULL	姓名
stu_gender	VARCHAR(45)	NOT NULL	性别
stu_age	INT	NOT MULL	年龄

根据上述两个表的定义信息，在 MySQL Workbench 中，创建对应的数据表，分别如图 1-25 和图 1-26 所示。

在上述的两个数据表中，班级编号（class_no）是两个表中的关联部分，因此，class_no 作为学生信息表的外键。在 MySQL Workbench 中，通过图 1-27 所示的操作，输入相应的属性名称，可完成外键的关联。

7．导出 SQL 脚本

通过上面的步骤，完成班级信息表和学生信息表的关联后，可以通过 MySQL Workbench 进行导出操作，导出所需的 SQL 脚本，如图 1-28 所示。

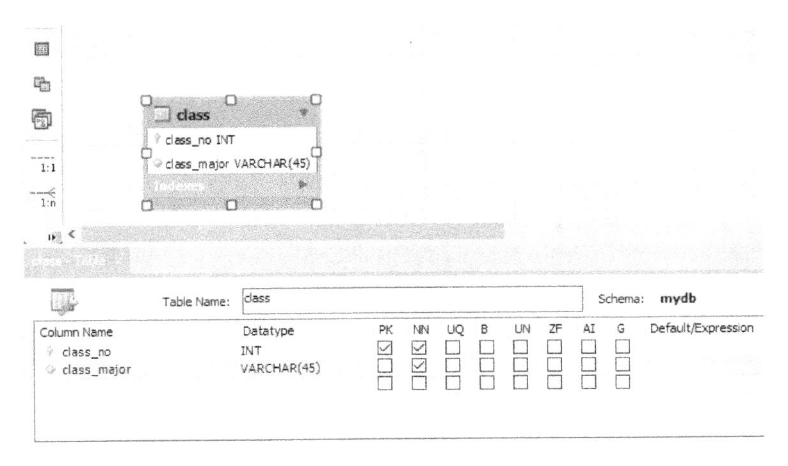

图 1-25　创建班级信息表

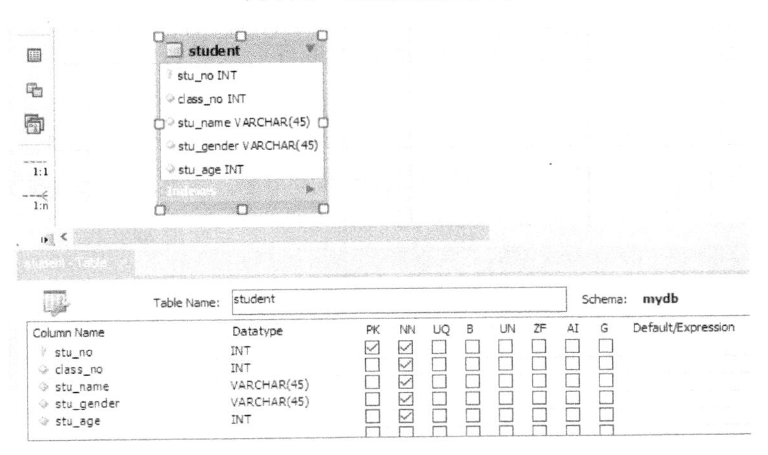

图 1-26　创建学生信息表

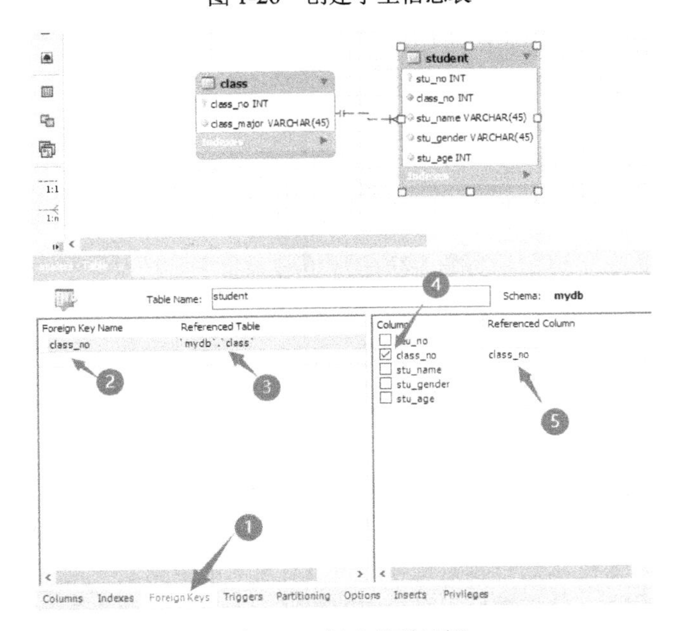

图 1-27　创建关联示例

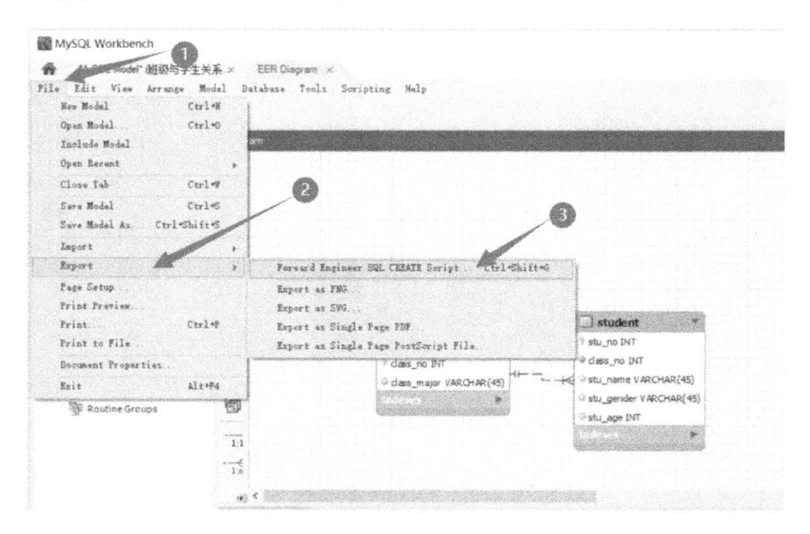

图 1-28　导出 SQL 脚本

导出 SQL 脚本的向导如图 1-29 所示，在该操作界面中，可以设置 SQL 脚本导出的相关选项，如编号①所示。例如，可以使用 DROP 语句，进行创建前的清理操作等。编号②所示的按钮用于打开存储位置，编号③所示的位置用于输入需要存储的文件名称。设置后，单击编号④所示的【保存】按钮，最后单击编号⑤所示的【Next】按钮，进入下一步。

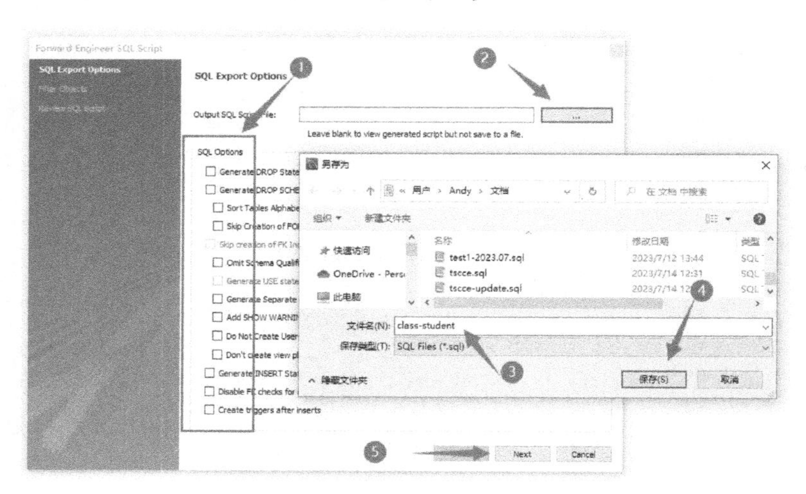

图 1-29　导出脚本设置

如图 1-30 所示，向导还提供了过滤器功能，方便对导出的表格进行增删调整，调整后单击【Next】按钮，进入下一步。

如图 1-31 所示，在正式导出前，可以先对要导出的 SQL 脚本进行预览，然后单击【Finish】按钮完成 SQL 脚本导出操作。

8．实施正向工程

以上述的班级-学生模型为例，在完成模型设计后，可以将其直接导入数据库系统中。但是，在实施正向工程前，需要注意导入的目标数据库中是否有重名的数据表，是否已经存储了相应的数据记录，避免实施正向工程后，丢失数据库系统中的数据。如果需要调整导入数据库的名称，可以参考图 1-19 所示的内容。

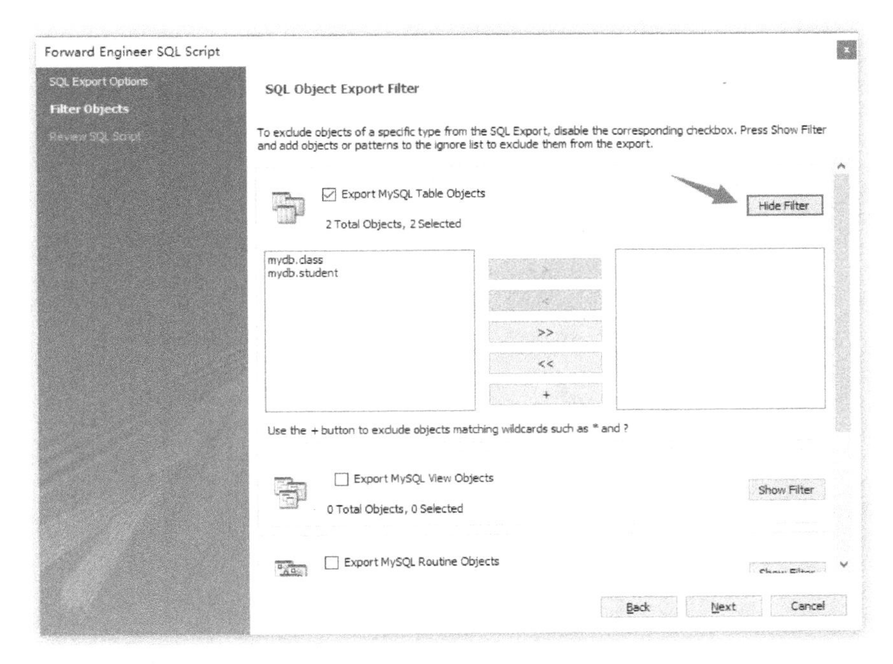

图 1-30　过滤器设置

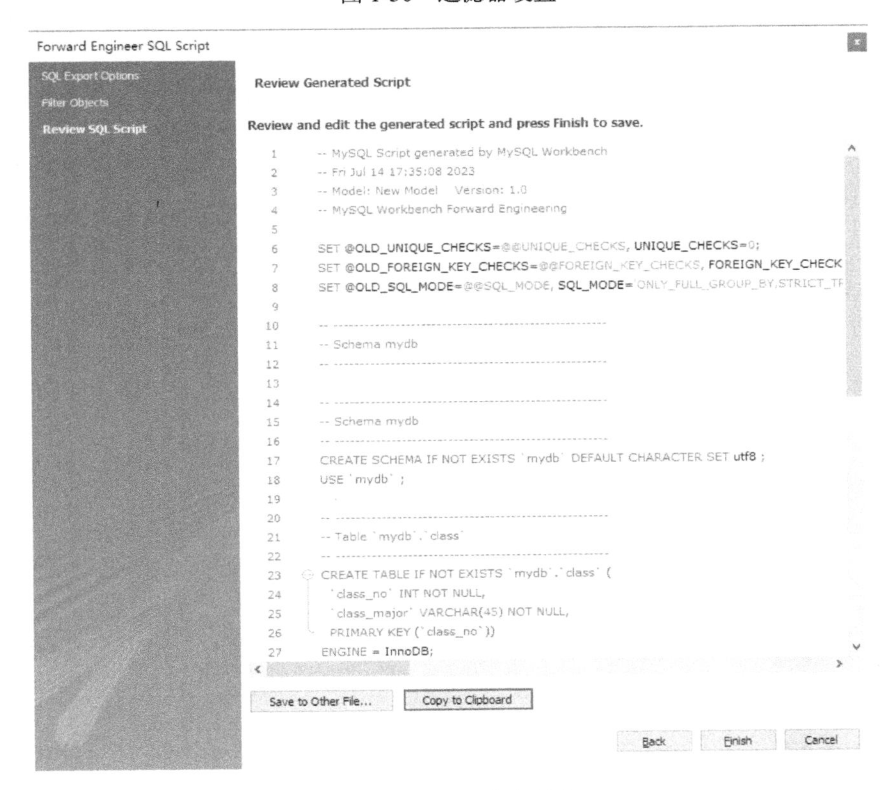

图 1-31　SQL 脚本预览

通常，使用 MySQL Workbench 工具实施正向工程，主要通过以下两个步骤完成。

1）连接到指定的数据库

在本次操作过程中，以本地的数据库为例，可以通过三种方法完成。

方法①：如图 1-32 所示，在 MySQL Workbench 界面中，单击⊕按钮，启动新的数据库连接向导，创建永久性的连接，方便后续的各类操作。

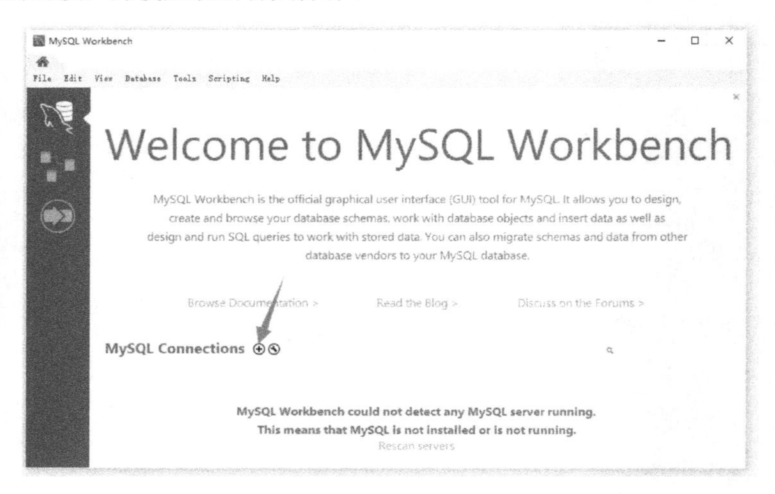

图 1-32　启动新的数据库连接向导

如图 1-33 所示，编号①所示的位置用于设定连接名称，在本任务中，设定为 local-database；编号②所示的位置用于设定连接的方式，默认为 Standard（TCP/IP）；编号③所示的位置用于设置远程数据库服务器的 IP 地址，127.0.0.1 表示本地数据库服务器（即 localhost）；编号④所示的位置用于设置连接端口，默认为 3306；编号⑤所示的位置用于设置登录的用户名，默认为 root；编号⑥所示的位置用于设定登录密码，单击【Store in Vault】按钮后，会打开一个对话框，在编号⑧所示的位置可以输入相应的密码，并存储在当前创建的连接中；编号⑦所示的【Clear】按钮用于清除当前连接中的密码；编号⑨所示的位置输入的名称表示使用当前连接后默认进入的数据库名称，如果设置为空，表示不进入任何数据库；编号⑩所示的【Test Connection】按钮用于测试当前设置情况，若连接成功，则单击【Test Connection】按钮后会弹出如图 1-34 所示的对话框。

完成创建连接的设置后，已保存的数据库连接会在 MySQL Workbench 启动界面中显示，如图 1-35 所示。

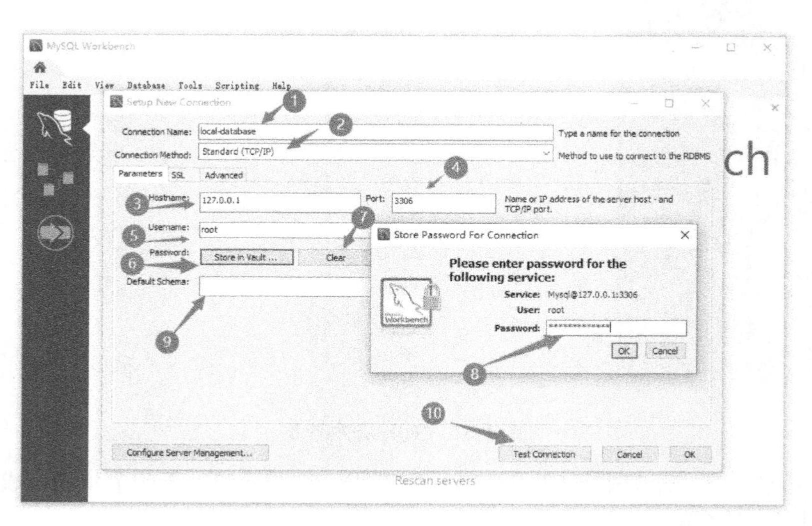

图 1-33　数据库连接设置

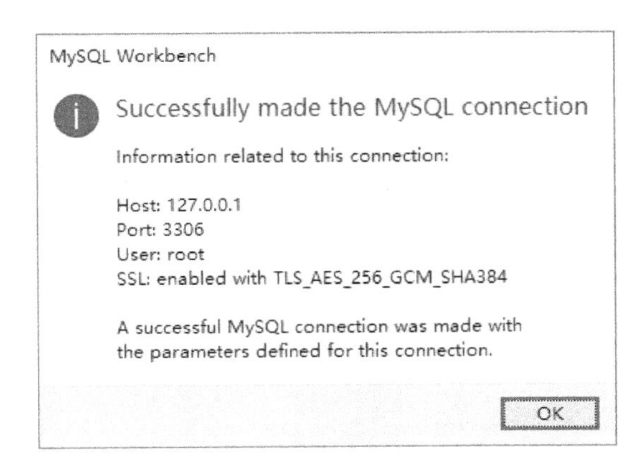

图 1-34　连接成功

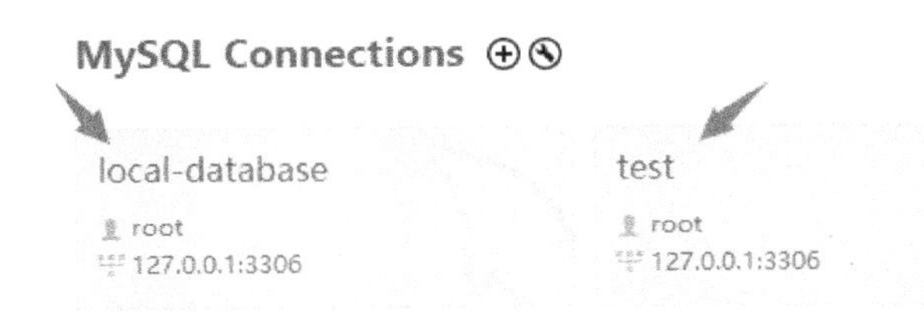

图 1-35　已保存的数据库连接

方法②：按快捷键【Ctrl+U】，启动数据库连接功能。

方法③：在菜单栏中，选择【Database】-【Connect to Database】选项，启动数据库连接功能。

其中通过方法②、方法③，可以直接创建一个新的临时性数据库连接，也可以选择已有的连接，如图 1-36 所示。

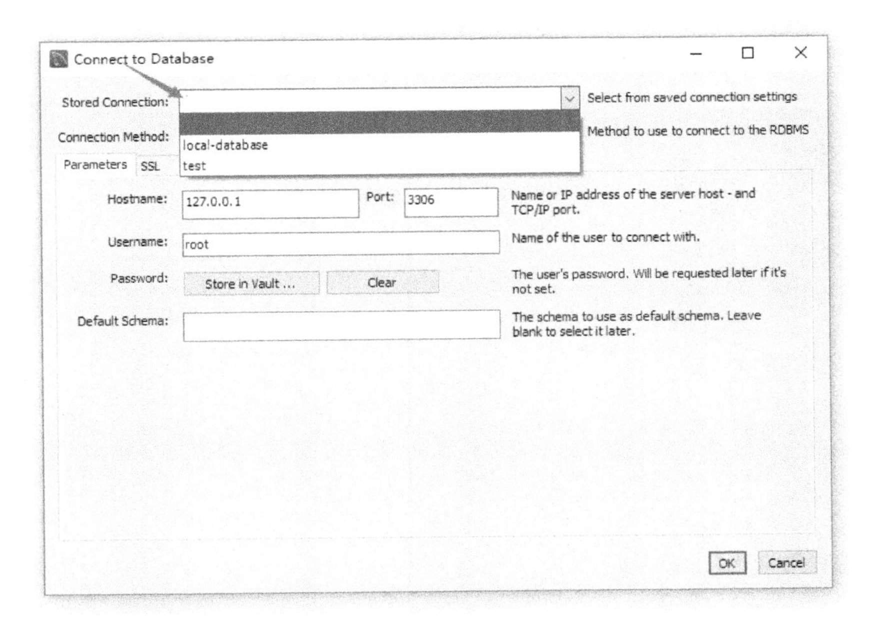

图 1-36　选择已有的连接

在图 1-36 中，选择 local-database 连接，进入数据库后，界面如图 1-37 所示，可以查看到当前连接的数据库的状态信息。

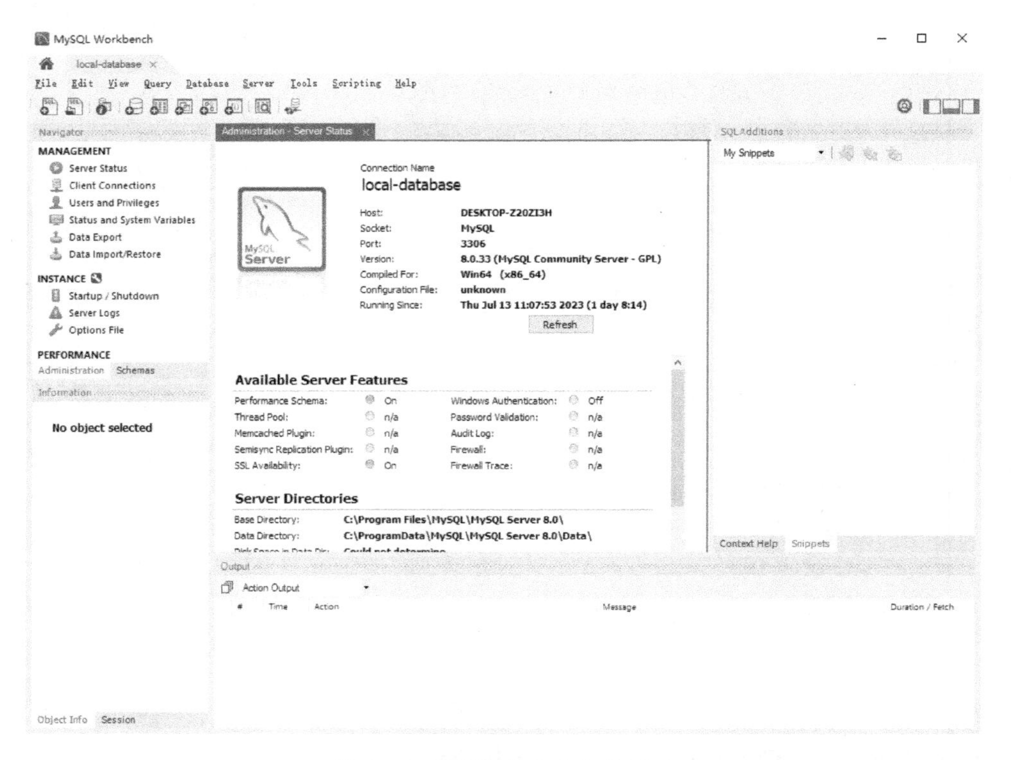

图 1-37 数据库的状态信息界面

2）打开已创建的模型，实施正向工程操作

使用快捷键【Ctrl+G】，或者选择菜单栏中的【Database】-【Forward Engineer】选项，启动正向工程向导，如图 1-38 所示，启动后，可以选择创建一个临时性数据库连接，或者选择一个已有的连接。在本任务中，选择前面创建的 local-database 连接，单击【Next】按钮进入下一步。

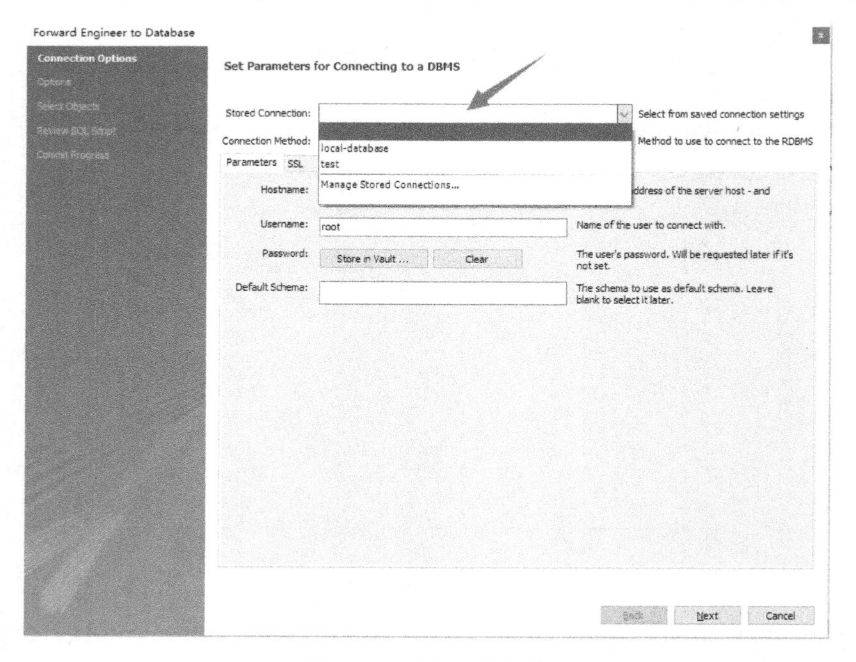

图 1-38 正向工程向导

在过滤器设置时，可以先调整过滤器，选择最终导入的 MySQL 数据表对象，如图 1-39 所示，然后单击【Next】按钮进入下一步。

图 1-39　数据表对象过滤器设置

如图 1-40 所示，预览最终需要导入的数据库脚本，单击【Next】按钮进入下一步。

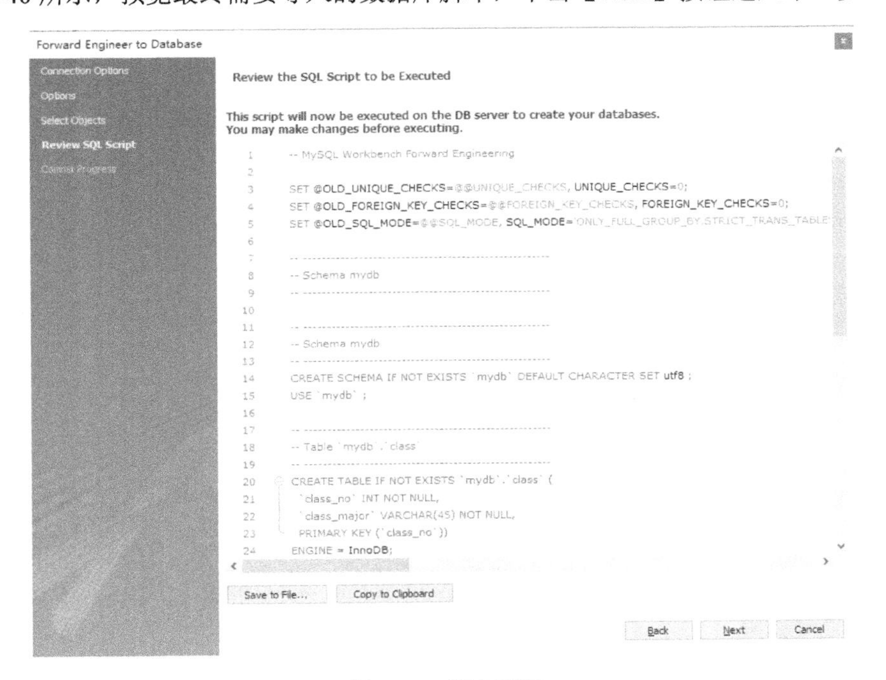

图 1-40　脚本预览

如图 1-41 所示，MySQL Workbench 将按步骤执行正向工程，单击【Close】按钮可关闭正向工程向导界面。

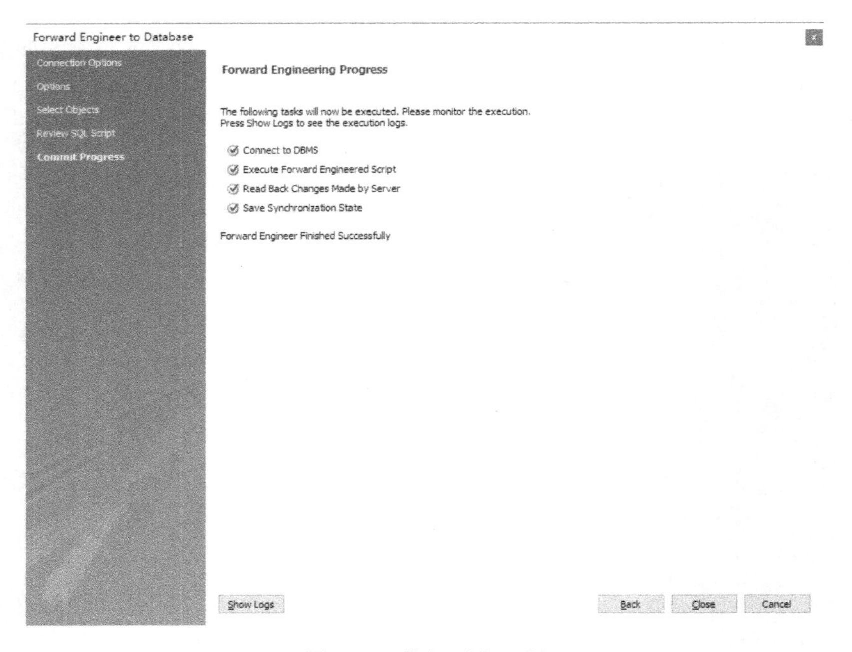

图 1-41　执行正向工程

如图 1-42 所示，在数据库连接后的界面中，找到【Navigator】窗格，选择【Schemas】选项卡。在【Schemas】选项卡中，找到实施正向工程导入的 mydb 数据库，查看其实施效果，如图 1-43 所示。

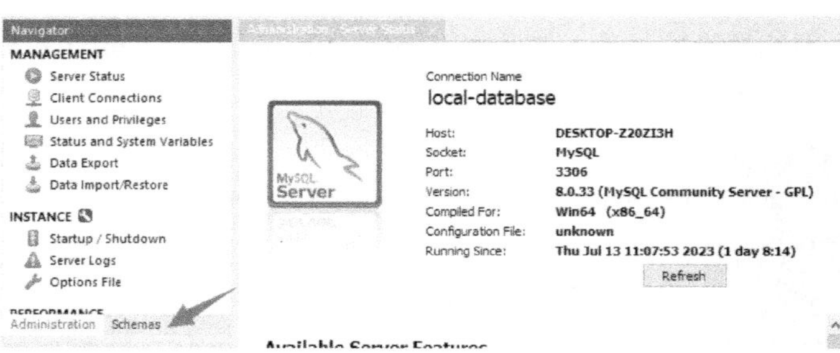

图 1-42　选择【Schemas】选项卡

图 1-43　正向工程实施效果

三、任务完成

1．创建 E-R 图

采用任务二中表 1-2～表 1-9 所示的内容，完成学生技能竞赛管理系统数据库中数据表的设计。

① 依据 student 表，student（st_id，st_no，st_password，st_name，st_sex，class_id，dp_id），来创建 student 实体，并为实体添加属性，结果如图 1-44 所示。

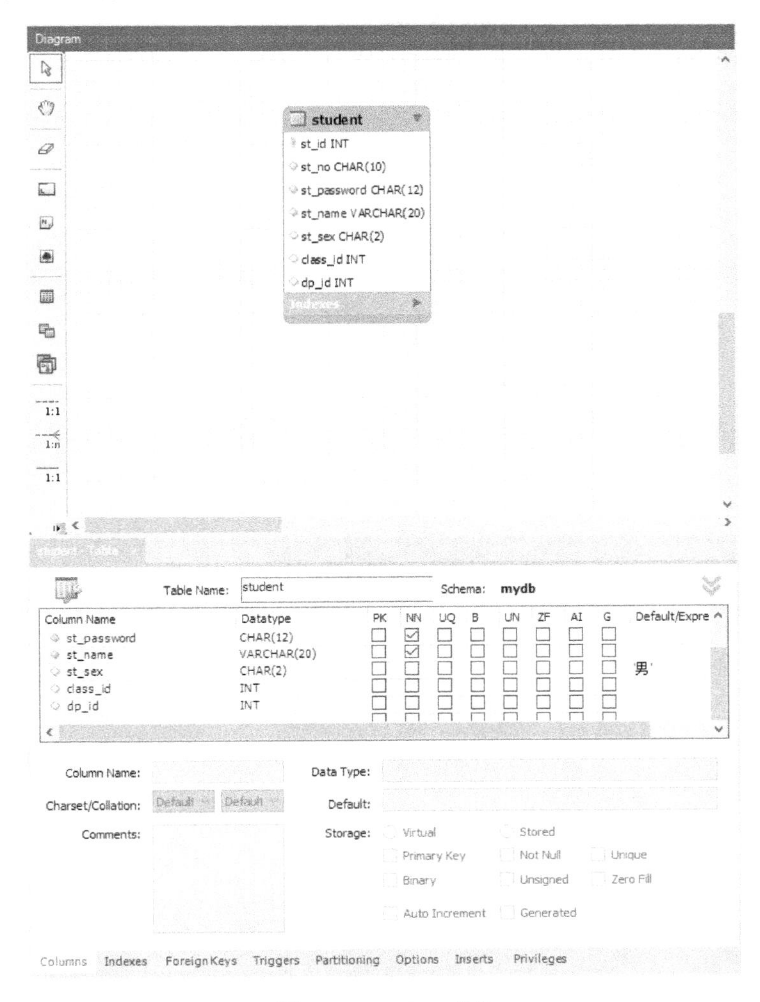

图 1-44　student 实体

② 依据 teacher 表，teacher（tc_id，tc_no，tc_password，tc_name，tc_sex，dp_id，tc_info），来创建 teacher 实体，并为 teacher 实体添加属性，结果如图 1-45 所示。

③ 依据 project 表，project（pr_id，pr_name，dp_id，pr_address，pr_time，pr_trainaddress，pr_starttime，pr_endtime，pr_days，pr_info，pr_active），来创建 project 实体，并为 project 实体添加属性，结果如图 1-46 所示。

④ 依据 class 表，class（class_id，class_no，class_name，class_grade，dp_id），来创建 class 实体，并为 class 实体添加属性，结果如图 1-47 所示。

⑤ 依据 department 表，department（dp_id，dp _name，dp _ phone，dp _info），来创建 department 实体，并为实体添加属性，结果如图 1-48 所示。

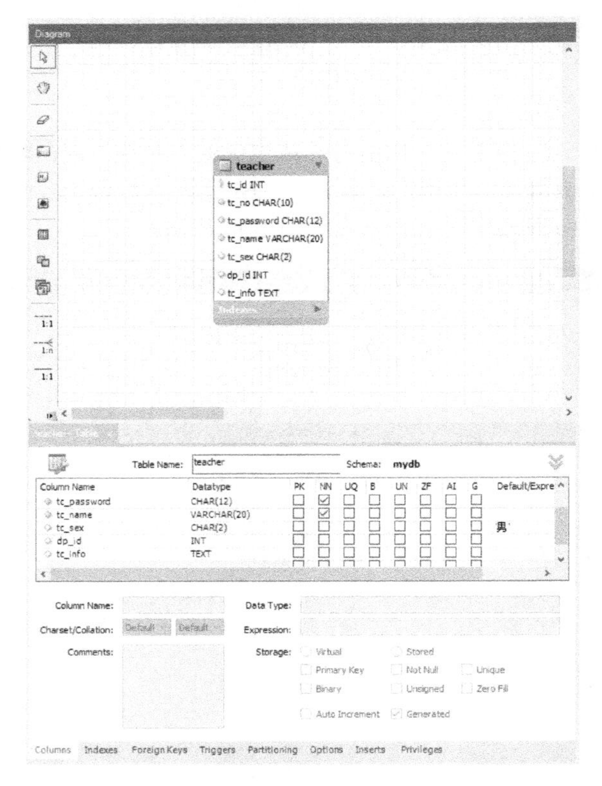

图 1-45 teacher 实体

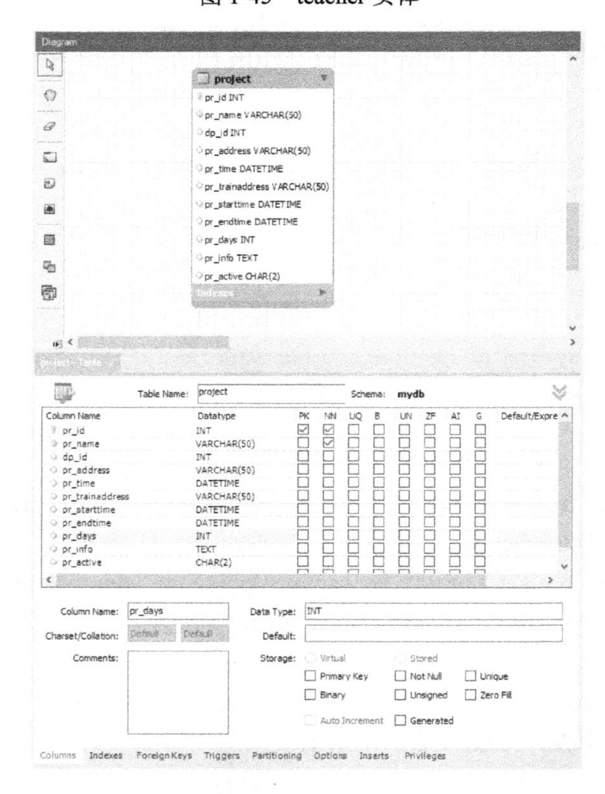

图 1-46 project 实体

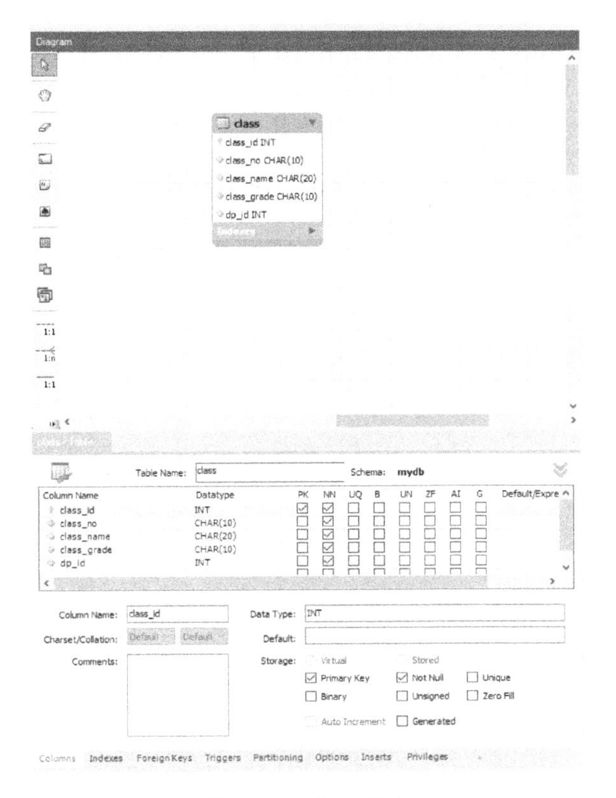

图 1-47　class 实体

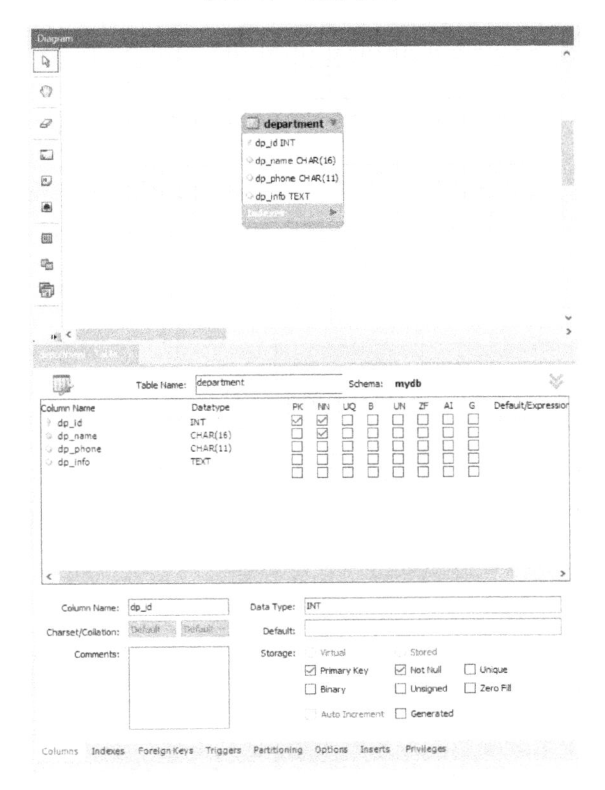

图 1-48　department 实体

⑥ 依据 st_project 表，st_project（st_pid，st_id，pr_id，tc_id，st_score，st_aw_level），来创建 st_project 关系，并为关系添加属性，结果如图 1-49 所示。

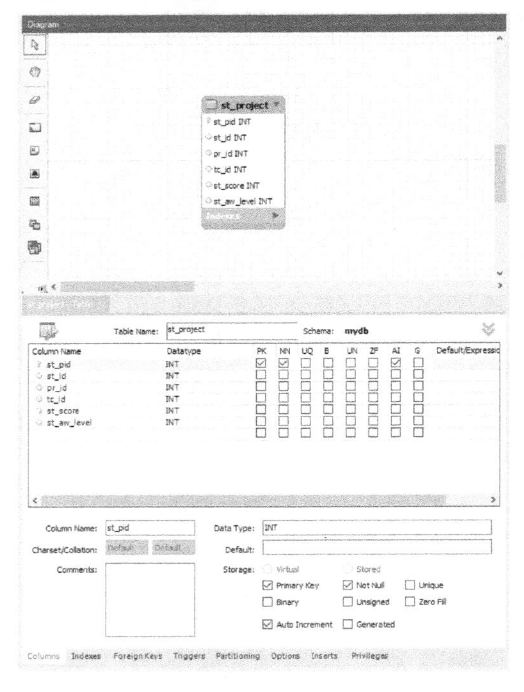

图 1-49 st_project 关系

⑦ 依据 tc_project 表，tc_project（tc_pid，tc_id，dp_id，st_id），来创建 tc_project 关系，并为关系添加属性，结果如图 1-50 所示。

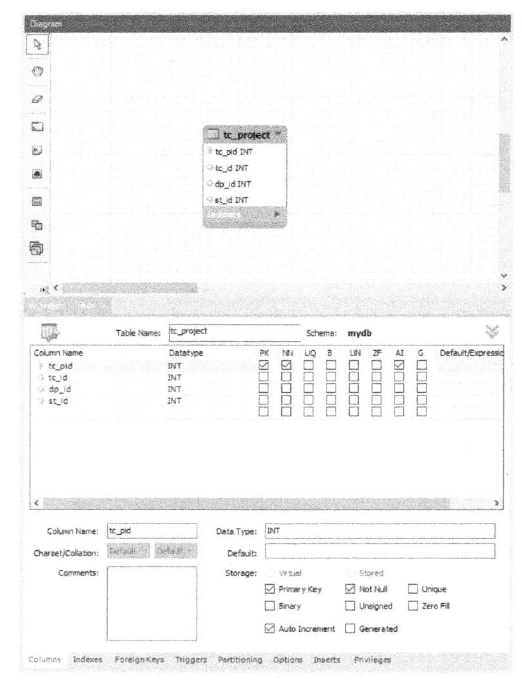

图 1-50 tc_project 关系

⑧ 依据 admin 表，admin（ad_id，ad_name，ad_password，ad_type），来创建 admin 实体，并为实体添加属性，结果如图 1-51 所示。

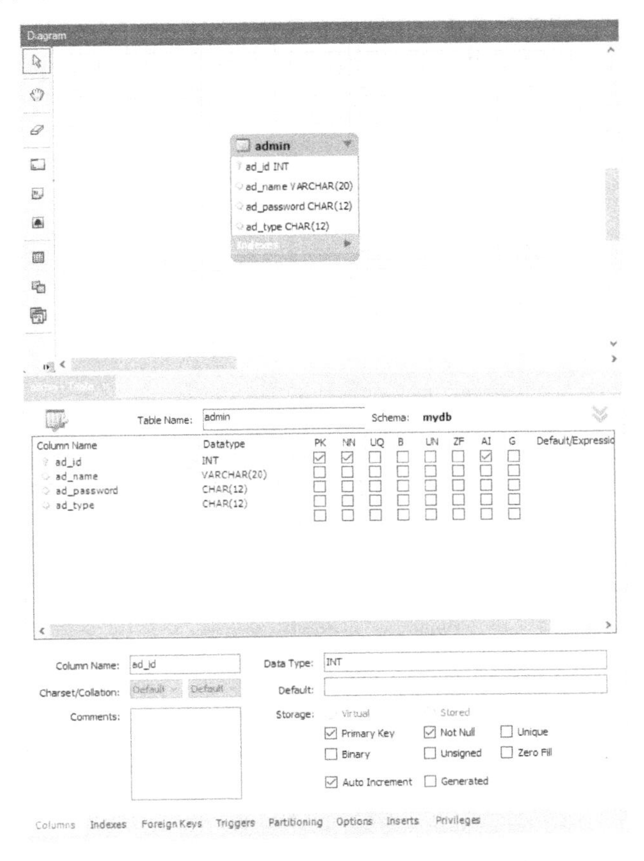

图 1-51 admin 实体

⑨ 在 MySQL Workbench 中，根据需求分析结果，可明确各实体间的联系，实体间的联系包括五种：Identifying Relationship，Non-Identifying Relationship、Mandatory Relationship，Non-Identifying Relationship、Optional Relationship，One-To-To Relationship 和 Non-Specific Relationship，其中 Identityfying Relationship 是确定联系，是一种一定存在的联系。子实体中必须有充当外键的属性，而且这个外键必须要成为父实体的主键，这种联系也最终产生一个组合主键来决定父实体。Non-Identifying Relationship、Optional Relationship 是非确定联系，对于子实体非主键属性而言，会产生一个父实体主键，因为这个联系可选，所以没有要求外键在子实体中。但如果有外键存在于子实体中，那么在父实体的主键中就一定能找到该外键。Non-Identifying Relationship、Mandatory Relationship 联系一方面针对子实体的非主键属性而言产生父实体的主键，另一方面要求子实体必须有外键，而且该外键一定可以在父实体的主键中找到。Non-Specific Relationship（非具体联系）主要用于实现多对多联系。现在多对多联系还没有被很好解决，在这种类型下也不能产生任何的外键。这种类型在数据库模型中很少使用，若要将数据库模型标准化，最好在实体间将此联系去除。在确定联系中，父实体中的外键也充当主键，与父实体本身的主键来共同决定父实体身份；在非确定联系中，父实体中的外键就是纯粹的外键，只由父实体的本身主键来决定父实体的身份。

在根据各个数据表之间的联系添加相应外键时，要注意外键的名称不能重复，否则在正向工程向导中，在将 SQL 脚本转化为物理模型的步骤中，将提示错误，输出如下信息：“ERROR: Error 1826:

Duplicate foreign key constraint name‘某个具体的外键名称’”。此时，应注意检查模型中外键名称重复的情况。在本任务中，采用如图1-52所示的规则进行外键设计，其中编号①所示的位置表示外键名称，这里应注意采用唯一的命名方式，例如，需要在tc_project表中，针对tc_id属性创建一个外键，该外键来自teacher表，因此，可以将外键名称设置为“tc_id_for_tc_project”，表示该外键是针对tc_id的，且用于tc_project表中。编号②所示的位置表示关联到哪个具体的数据表，编号③和编号④所示的位置用于设置关联。

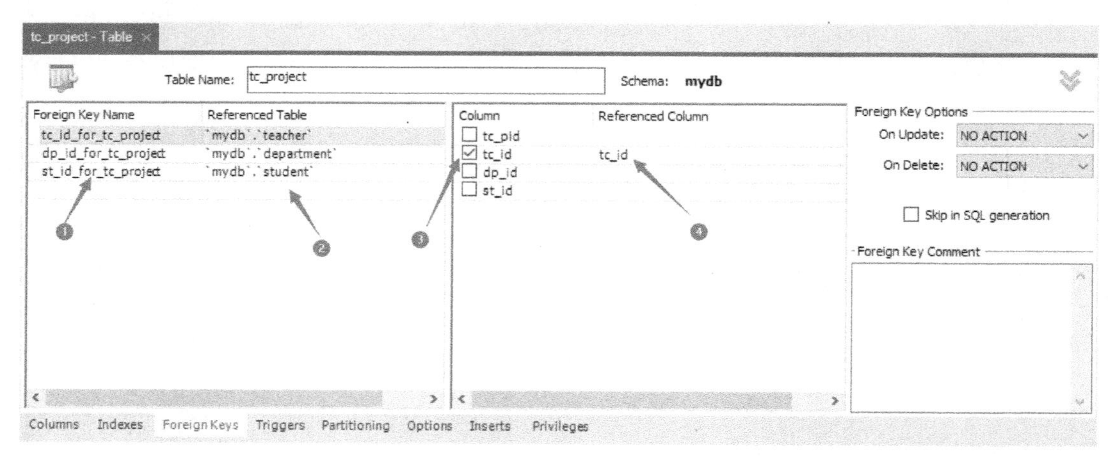

图1-52 外键命名及关联

经过分析，设计出学生技能竞赛管理系统数据库E-R图，如图1-53所示。

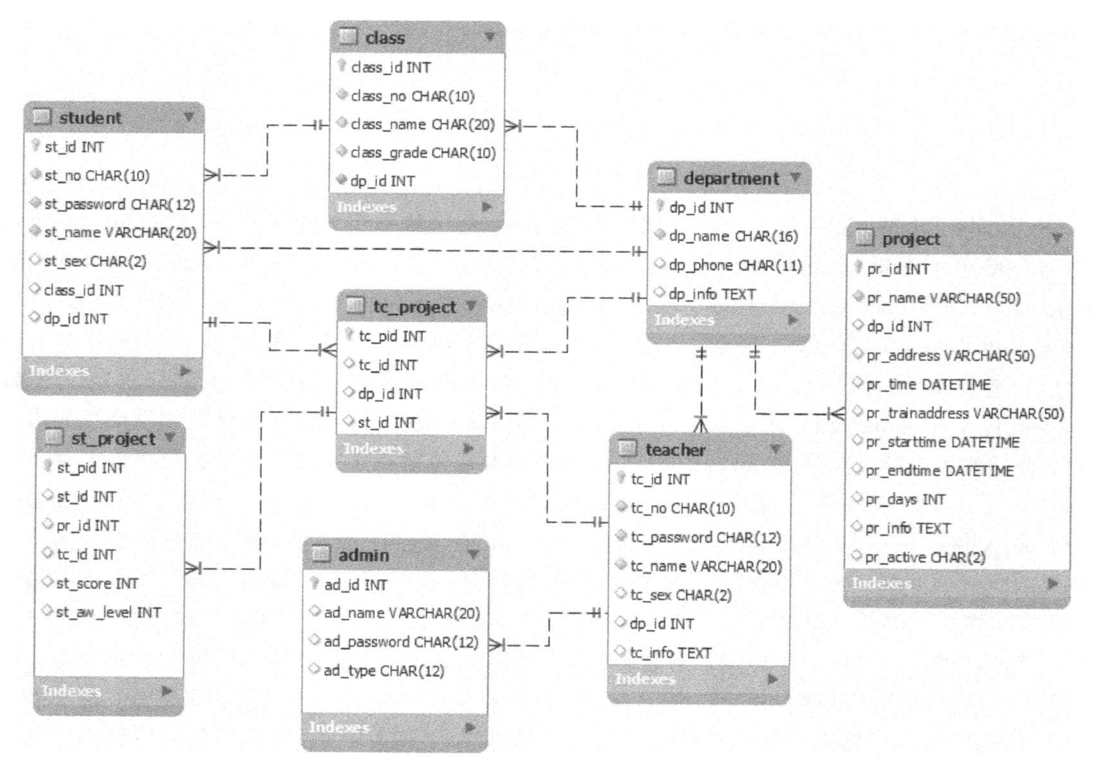

图1-53 学生技能竞赛管理系统数据库E-R图

2．实施正向工程

将图 1-53 所示的 E-R 图通过正向工程向导转化为物理模型。完成转化后，数据库中的具体内容如图 1-54 所示，图 1-54 中以 tc_project 表为例，展示了数据表的设计情况。

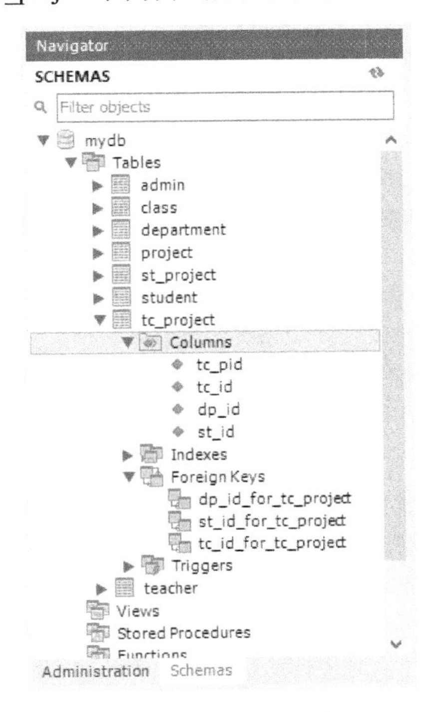

图 1-54　正向工程实施效果

四、任务总结

本任务通过 MySQL Workbench 工具，通过可视化的方式设计了学生技能竞赛管理系统数据库。本任务首先根据数据表来创建实体，并为实体添加属性，然后正确选择实体属性的数据类型，通过实体与实体之间的关联来建立联系，并根据建立的联系设计学生技能竞赛管理系统数据库 E-R 图，最后通过正向工程向导将 E-R 图转化为物理模型。

拓展阅读

1．软件国产化与信创领域的发展

2018 年以来，软件国产化及自主可控的重要性凸显。实现自主可控意味着产品和服务一般不存在“他控性”的恶意后门并可持续升级和修补漏洞，也不会受制于人，这对我国软件国产化提出了更高的要求。目前，已经提出的“等保 2.0”及“自主可控”均要求我国软件实现自主化，以保证国家安全。

近年来，在国家大力支持下，国产操作系统在核心技术自主创新领域不断取得新突破，产品性能、可靠性、安全性等方面取得全面提升，和国外同类产品差距进一步缩小，在广泛应用于党政、金融、电信等关键行业领域的同时，还在航天探月、轨道交通、电力工控等领域得到积极的探索应用，成为保障国家安全和国民经济发展的重要支撑。“没有网络安全就没有国家安全。”操作系统这个最基础、最底层的计算机软件是否能实现国产替代，影响着整个互联网生态的自主可控。网络安全硬件平台是网络安全的核心基础设施，实现网络安全产业操作系统的国产化，是确保安全稳定地建设数字中国的必经之路。

随着信息技术领域的飞速发展，信息技术在各行各业的渗透逐渐加大，从某种意义上来讲，数据库是整个信息系统的基础和核心。在数据库领域，国内市场基本由国外厂商主导，参考 Gartner 发布的数据，数据库领域前五大企业均为国外厂商，大部分数据库市场都由 Oracle 和 Microsoft SQL Server 等商业数据库所占据，占据国内超过 70%的市场份额。因此，数据库领域的自主与安全，我们目前无法保障。数据库发展成为信息产业领域改革过程中一个绕不过去的问题，国产替代空间巨大。

面对复杂的安全形势，为尽力解决关键基础设施领域的“卡脖子”问题，我国于 2019 年提出了信创产业的要义，提出实现关键技术的国产化，以内生的需求作为推动产业革命的核心力量和动力源泉。

2023 年是“十四五”承上启下的攻坚克难之年，也是继“二十大”后网络信息安全产业步入高质量发展期的关键之年。网络信息安全产业事关国家整体安全观的落实和实现“中国梦”的前途命运。信息技术应用创新产业（即信创）是数据安全、网络安全的基础，也是新基建的重要组成部分，是当今形势下国家经济发展的新动能。

2．需求分析与沟通能力

在企业中，不同角色都可能基于自身的理解和要求提出不同的需求，但是这些需求通常只是一种简单的想法或思路。因此，了解清楚需求提出的背景相当重要，这是后面向开发人员阐述需求的前提，也是做好后续产品规划的重要环节。这时候相应的负责人要认真分析需求，与需求提出方开展有成效的沟通，并且就产品目标和需求提出方达成一致，以免发生最终开发效果与需求提出方的设想严重不符的情况。在数据库的设计方面，技术人员在进行分析和设计时，需要在需求双方的沟通下完成，避免因重复多次修改降低整个团队的开发效率。

实践训练

【实践任务 1：仓库管理】

（1）分析下面实体的属性，并确定各属性的数据类型。

仓库：仓库号、面积、电话号码。

零件：零件号、名称、规格、单价、描述。

供应商：供应商号、姓名、地址、电话号码、账号。

项目：项目号、预算、开工日期。

职工：职工号、姓名、年龄、职称。

（2）找出上述实体之间的联系。

（3）确定联系的映射基数及其是否具有属性。

① 一个仓库可以存放多种零件，一种零件可以存放在多个仓库中。仓库和零件具有多对多联系。用库存量来表示某种零件在某个仓库中的数量，此联系的属性是库存量。

② 一个仓库有多名职工当仓库保管员，一名职工只能在一个仓库工作，仓库和职工之间的联系是一对多联系。职工实体之间具有一对多联系。

③ 职工之间具有领导和被领导关系，即仓库主任领导若干保管员。

④ 供应商、项目和零件三者之间具有多对多联系，此联系的属性是供应量。

（4）分析仓库管理 E-R 图，如图 1-55 所示。

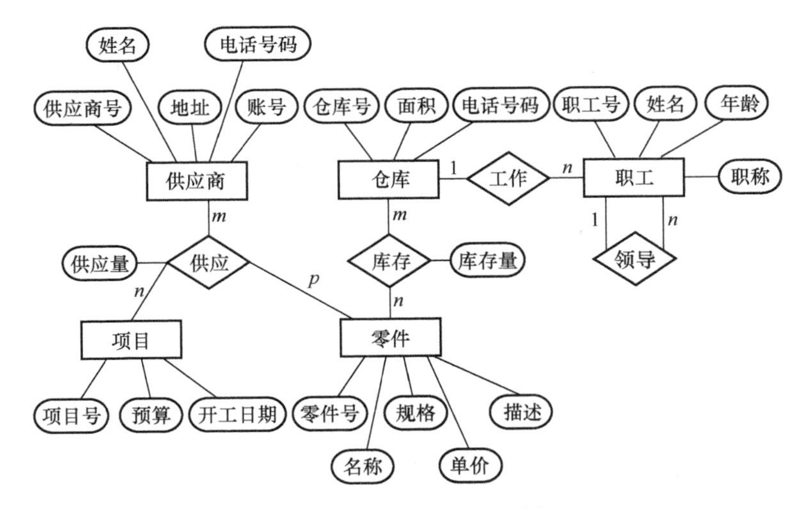

图 1-55　仓库管理 E-R 图

【实践任务 2：学生选课】

（1）分析下面实体的属性，并确定各属性的数据类型。

学生：学号、姓名、性别、系别、出生日期、入学日期、奖学金。

课程：课程号、课程名、教师、学分、类别。

（2）找出上述实体之间的联系。

（3）确定联系的映射基数及其是否具有属性。

学生与课程之间具有选课的联系。一名学生可以选修多门课程，一门课程可以被多名学生选修，此联系是多对多联系，此联系的属性是成绩。

（4）分析学生选课 E-R 图，如图 1-56 所示。

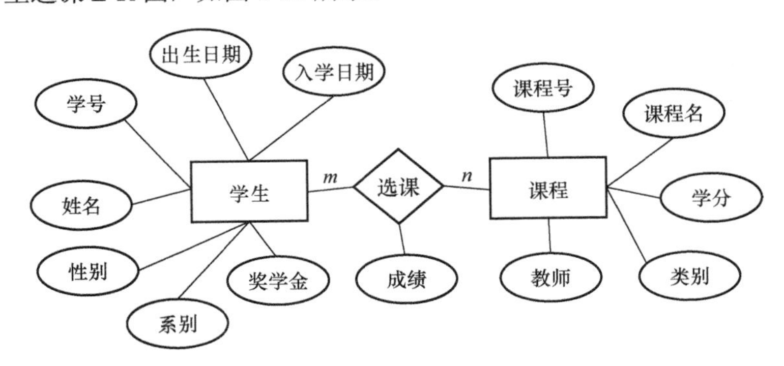

图 1-56　学生选课 E-R 图

【实践任务 3：绘制 E-R 图】

使用 MySQL Workbench 工具，绘制“仓库供应系统”和“学生选课系统”的 E-R 图。

【实践任务 4：实施正向工程】

根据实践任务 3 中绘制的两个 E-R 图，使用 MySQL Workbench 工具，通过正向工程将其转化为物理模型。

项目二　MySQL 数据库环境配置

学习目标

☑ **项目任务**

任务 1　MySQL 数据库的下载与安装

任务 2　MySQL 服务器的配置

任务 3　MySQL 服务器启动与数据库登录

☑ **知识目标**

（1）了解 MySQL 数据库的特点、优势

（2）了解 MySQL 数据库相关概念

☑ **能力目标**

（1）能够安装 MySQL

（2）能够配置 MySQL 服务器

（3）能够启动、停止 MySQL 服务器

（4）能够登录 MySQL 数据库

（5）能够设置系统环境变量

☑ **素质目标**

（1）形成勤奋好问、好学上进的学习态度

（2）养成务实解决问题的习惯

（3）培养团队协作精神

☑ **思政引领**

（1）了解主流数据库产品的历史，以及中国数据库产品的发展历程，分析产品的优劣，理解基础设施软件国产化的重要意义。

（2）了解 MySQL 产品的历史及 MySQL 创始人的个人经历，理解对专业的学习应该保有热情，坚持不懈，培养坚韧不拔的品格。

知识导图

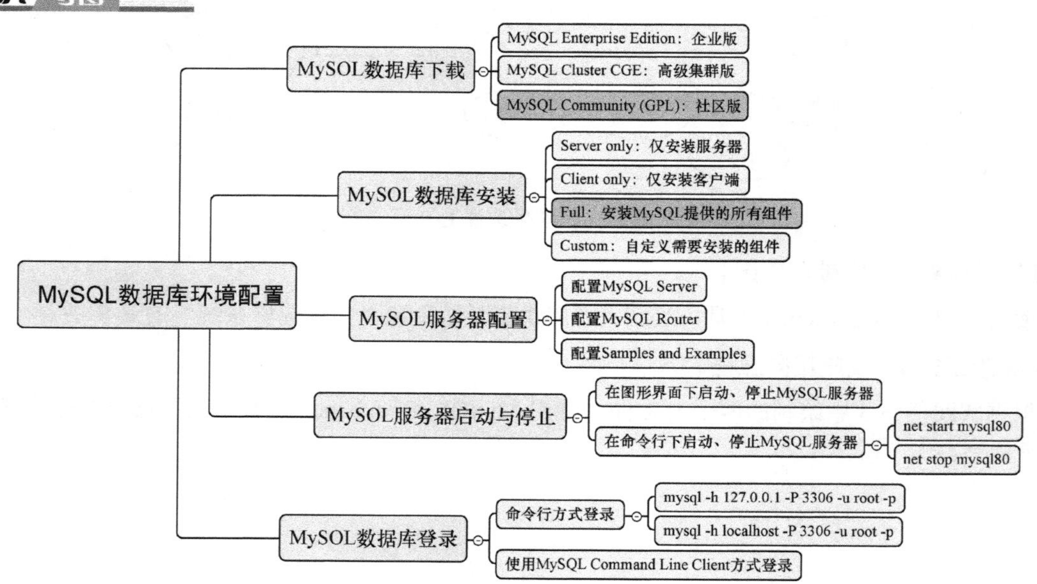

任务 1　MySQL 数据库的下载与安装

一、任务描述

微课视频

下载 MySQL 8.0，并在个人计算机上安装。

二、任务分析

MySQL 是一个关系型数据库管理系统，是建立数据库驱动和动态网站的优秀数据库之一，被许多大公司（如 Facebook、Twitter、Booking 和 Verizon 等）广泛采用，能够支持 Linux、Windows 等多种平台。对于初学者来说，Windows 操作系统更易使用，本书选用 Windows 10 操作系统作为开发平台；为了便于安装，本书使用图形化的安装包，通过详细的安装向导一步一步地完成 MySQL 8.0 的安装。

三、任务完成

1. 下载 MySQL 安装文件

下载 MySQL 安装文件的具体操作步骤如下。

① 打开网页浏览器，进入 MySQL 官方网站，选择【DOWNLOADS】选项卡，在【DOWNLOADS】选项卡中，可以看到多个 MySQL 版本。

MySQL Enterprise Edition：企业版，需要交付维护费用，可以试用 30 天，提供官方技术支持。

MySQL Cluster CGE：高级集群版，需付费。

MySQL Community (GPL)：社区版，开源免费，但不提供官方技术支持。

本书以 MySQL Community 为例进行下载和安装。单击【MySQL Community (GPL) Downloads】链接，如图 2-1 所示。

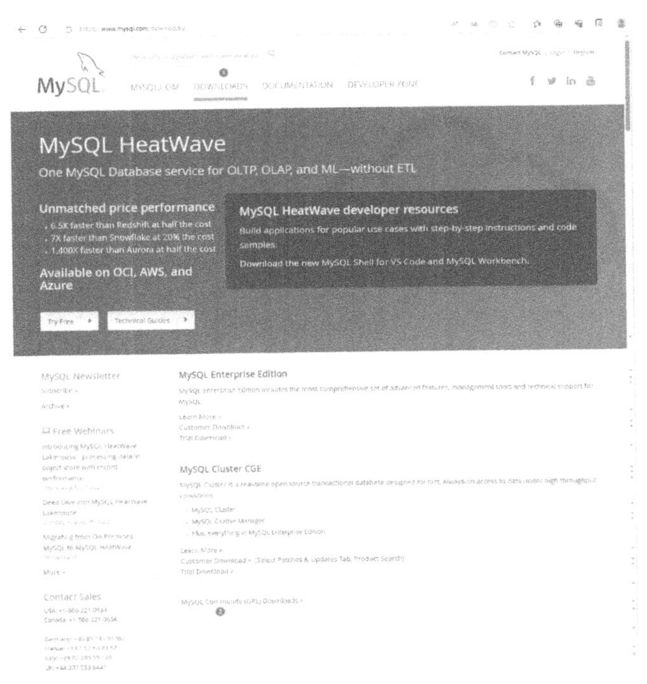

图 2-1　MySQL 下载

② 在打开的 MySQL Community Downloads 页面中，单击【MySQL Installer for Windows】链接，如图 2-2 所示。

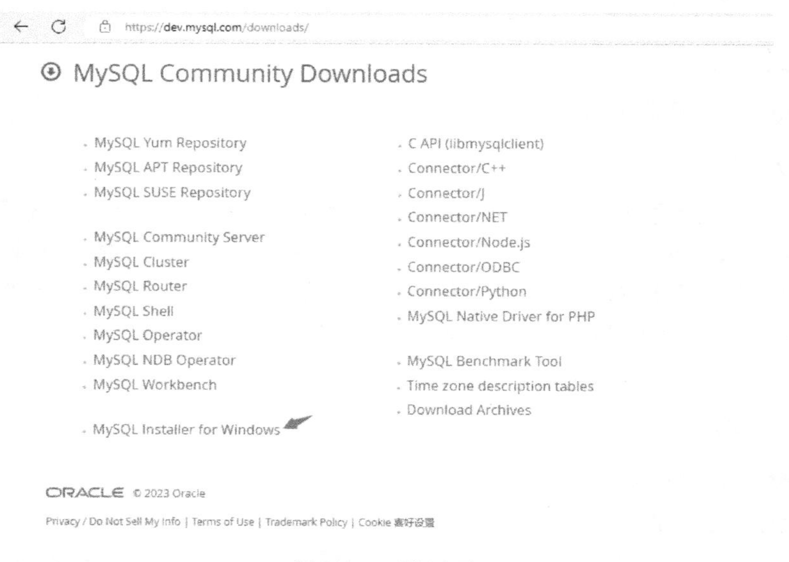

图 2-2　下载页面

③ 在弹出的页面中，包含正式发布版本（General Availability（GA）Releases）和存档版本（Archives）两部分，根据需要选择版本，本书选择正式发布版本。该版本提供两种下载方式，在线安装文件（mysql-installer-web-community-8.0.34.0.msi）和完整安装文件（mysql-installer-community-8.0.34.0.msi）。本书选择 mysql-installer-community-8.0.34.0.msi，单击其右侧的【Download】按钮下载，如图 2-3 所示。

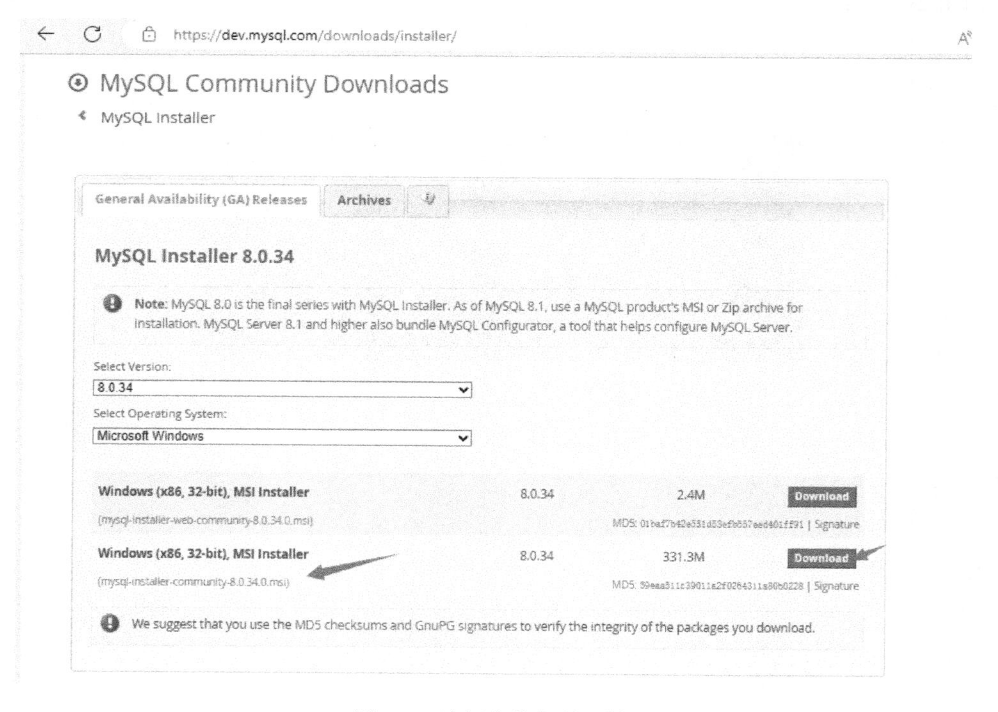

图 2-3　选择安装包并下载

④ 在打开的页面中，单击下方的【No thanks, just start my download】链接，跳过注册登录账号步骤，直接下载，如图 2-4 所示。

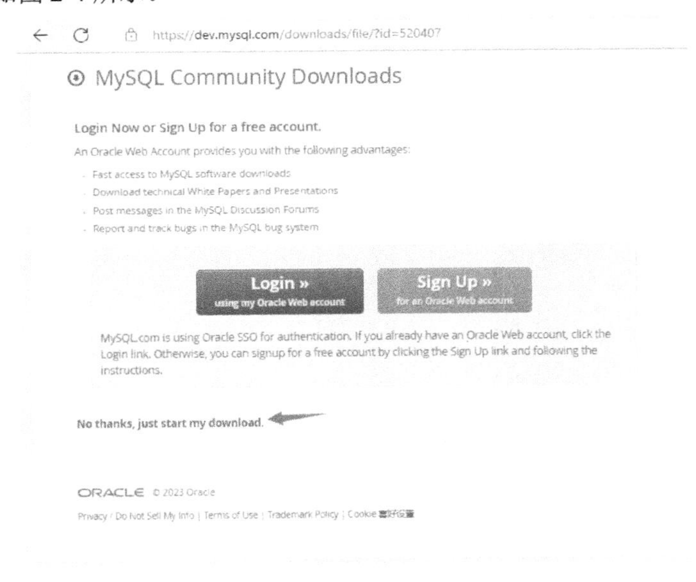

图 2-4　跳过注册登录账号步骤，直接下载

⑤ 下载好的安装文件如图 2-5 所示。

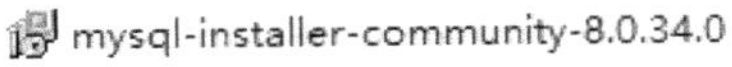

mysql-installer-community-8.0.34.0

图 2-5　安装文件

2．安装 MySQL 8.0

MySQL 安装文件下载完成后，找到下载的文件，即可进行安装，具体操作步骤如下。

① 双击 mysql-installer-community-8.0.34.0.msi 文件，弹出【Choosing a Setup Type】（选择安装类型）界面，安装类型分为 Server only（仅安装服务器）、Client only（仅安装客户端）、Full（完全安装类型）和 Custom（用户自定义安装类型）。

Server only：仅安装服务器，适用于仅部署 MySQL 服务器，但不开发 MySQL 应用程序的情况。

Client only：仅安装客户端，包括 MySQL Shell（新的 MySQL 客户端应用程序，用于管理 MySQL 服务器和 InnoDB 集群实例）、MySQL Router（用于在应用程序节点上安装 InnoDB 集群设置的高可用性路由器守护程序）和 MySQL Workbench（开发和管理服务器的 GUI 应用程序），但不包括 MySQL 服务器本身，适用于已存在 MySQL 服务器，进行 MySQL 应用程序开发的情况。

Full：安装 MySQL 提供的所有组件，包括 MySQL 服务器、MySQL Shell、MySQL Router、MySQL Workbench、文档、示例等。

Custom：自定义需要安装的组件。

为方便初学者了解整个安装过程，本书选择 Full 安装类型，单击【Next】按钮，如图 2-6 所示。

② 弹出【Installation】（程序安装）界面，如图 2-7 所示。勾选安装的组件，包括 MySQL Server、MySQL Workbench、MySQL Shell、MySQL Router、MySQL Documentation 和 Samples and Examples，单击【Execute】按钮执行安装操作。

③ 当所有组件的 Status（状态）都显示为 Complete（完成）后，安装过程中所做的设置将在安装完成之后生效，如图 2-8 所示。

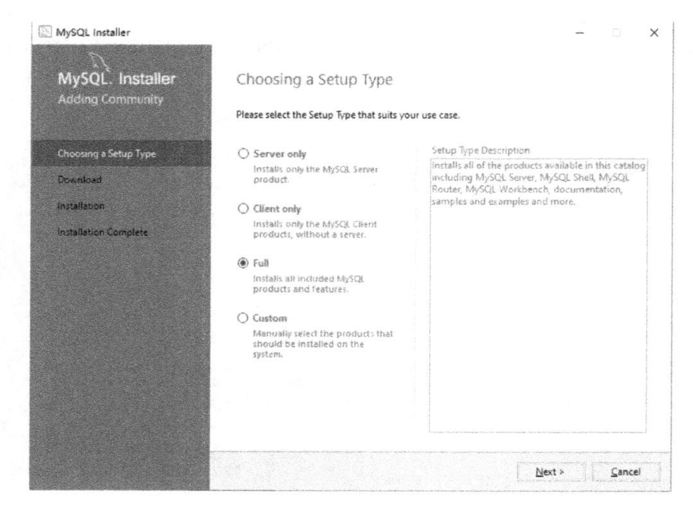

图 2-6　选择 Full 安装类型

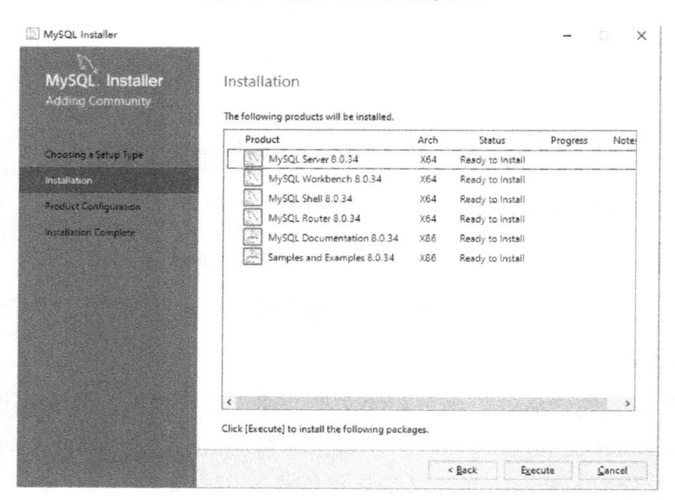

图 2-7　程序安装

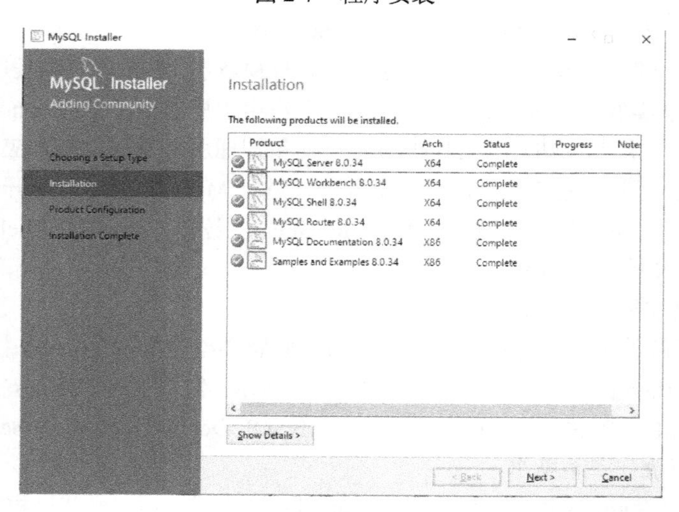

图 2-8　安装完成

四、任务总结

本任务主要介绍在 Windows 10 系统下下载和安装 MySQL 的方法。下载 MySQL 时，要根据计算机操作系统的位数，选择合适的 MySQL 安装版本。安装过程比较简单，但操作过程中可能会出现一些问题，需要多实践、多总结。安装过程中若遇到错误或其他障碍，应该认真阅读弹出的提示，根据提示信息解决问题，或借助搜索引擎、论坛寻求解决方法。

重新安装 MySQL 失败时，多数原因是删除 MySQL 时不能自动删除相关的信息，这时需要删除 C 盘 Program Files 文件夹下面的 MySQL 安装目录，同时删除 MySQL 的 data 目录，该目录一般为隐藏目录，其所在位置为“C:\Documents and Settings\All Users\Application Data\MySQL”，删除后重新安装即可。

任务 2 MySQL 服务器的配置

一、任务描述

微课视频

安装完 MySQL 8.0 之后，需要对服务器进行配置，从而实现使用本机或另一台计算机的客户端能够登录和管理 MySQL 服务器。

二、任务分析

MySQL 服务器是一个安装有 MySQL 服务（也称 MySQL 数据库服务，正在运行的 MySQL 数据库服务是一个进程，注意区分）的主机系统。同一台 MySQL 服务器可以安装多个 MySQL 服务，也可以同时运行多个 MySQL 数据库。用户访问 MySQL 服务器的数据库时，需要登录一台主机，在该主机下开启 MySQL 客户端，输入正确的用户名、密码，建立一条 MySQL 客户端和 MySQL 服务器之间的“通信链路”。

在同一台 MySQL 服务器上能够运行多个 MySQL 数据库，这些数据库是通过端口号来区分的。启动和管理 MySQL 服务器必须具有权限，例如，只有管理员或者其他合法用户才能完成相应操作。远程客户端连接还需要使用网络协议，MySQL 8.0 程序安装完成后，需要对服务器进行配置，才能实现这些功能。

三、任务完成

本任务在任务 1 的基础上，通过配置向导进行 MySQL 服务器的配置，具体步骤如下。

① 在任务 1 的最后一步中单击【Next】按钮，进入 Product Configuration（产品配置）界面，开始配置，如图 2-9 所示，单击【Next】按钮。

② 进入配置 MySQL 服务器的 Type and Networking（类型和网络）界面，如图 2-10 所示，对于小型应用或教学而言，Server Configuration Type（服务器配置类型）中的 Config Type 应首选 Development Computer，Connectivity 中的 Port Number（端口号）默认为 3306，也可以输入其他数字，但要保证该端口号不被其他网络程序占用。其他选择默认设置，单击【Next】按钮。

③ 弹出 Authentication Method（身份验证方式）界面，如图 2-11 所示。有两种验证方式，从上到下依次为：使用强密码加密进行身份验证（推荐）；使用旧版身份验证方式（保持 MySQL 5.x 兼容性）。本书使用第一种方式，单击【Next】按钮。

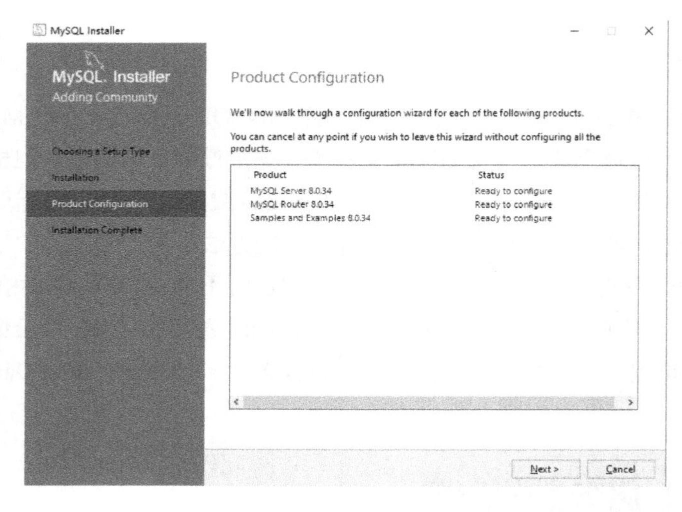

图 2-9　产品配置界面

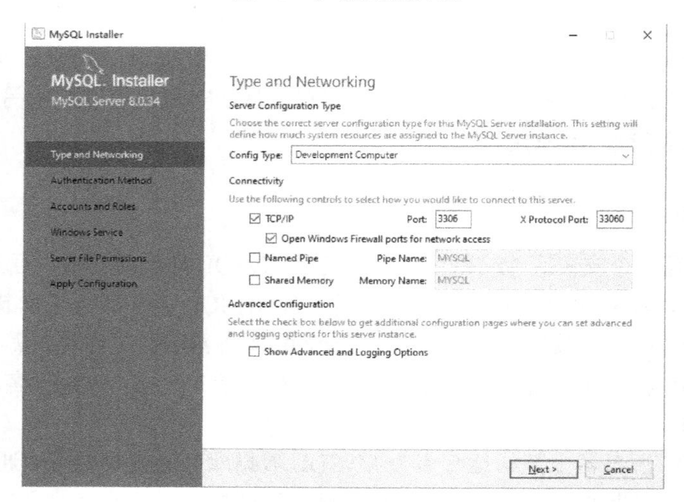

图 2-10　类型和网络界面

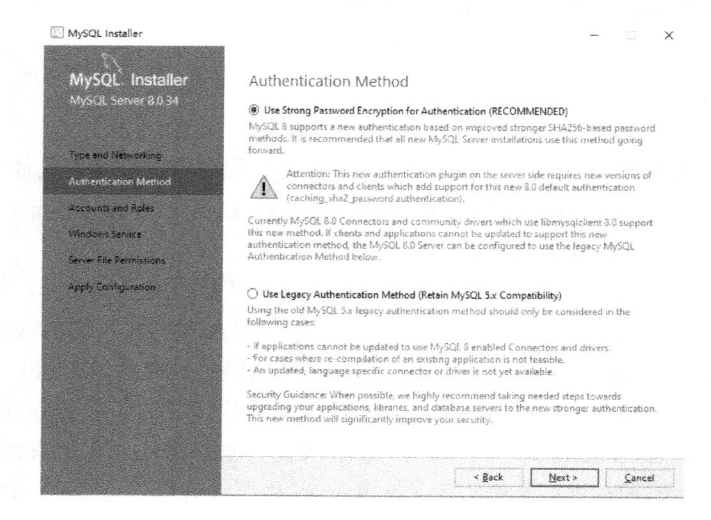

图 2-11　身份验证方式界面

④ 进入 Accounts and Roles（用户和角色）界面，如图 2-12 所示，在 MySQL Root Password 密码框中输入 root 用户（根用户）的密码，此密码是登录密码（需要记住），在 Repeat Password 密码框中重复输入密码以确认，MySQL User Accounts（非根）用户是用来添加其他管理员的，其目的是便于数据库权限的管理，为远程访问者提供安全用户。单击【Add User】按钮，输入用户名、密码，单击【OK】按钮（若添加的管理员只允许在本地登录，则将 Host 改成 Local），回到原界面之后，单击【Next】按钮。

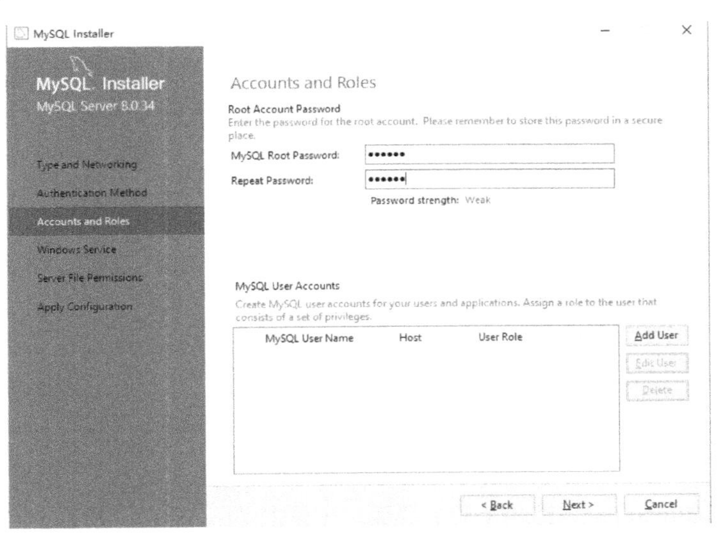

图 2-12 用户和角色界面

⑤ 进入 Windows Service（服务器设置）界面，如图 2-13 所示，在 Windows Service Name 框中输入服务器在 Windows 系统中的名字，这里选择默认名称 MySQL80，也可以另行指定。【Start the MySQL Server at System Startup】复选框用来选择是否开机启动 MySQL 服务器。运行 MySQL 的用户需要是操作系统的合法用户，在 Run Windows Service as 区域下面，一般选择【Standard System Account】（标准系统用户）选项，而不选择【Custom User】（自定义用户）选项。设置完成后，单击【Next】按钮。

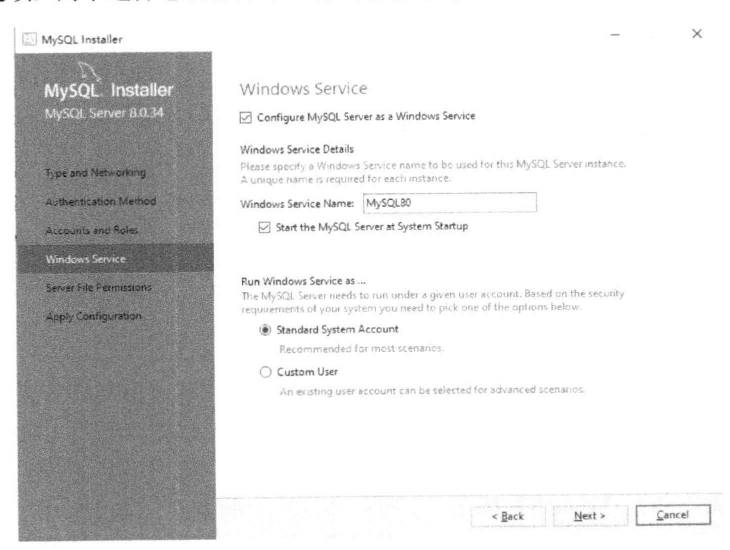

图 2-13 服务器设置界面

⑥ 在 Server File Permissions（服务器文件权限）界面中，选择是否需要 MySQL 安装文件更新服务器文件权限，从上到下有三个选项，依次为：仅向运行 Windows 服务和管理员组的用户授予完全访问权限，其他用户组将没有访问权限；查看并配置访问级别；不需要，将在服务器配置后管理权限。选择最后一个选项，如图 2-14 所示，单击【Next】按钮。

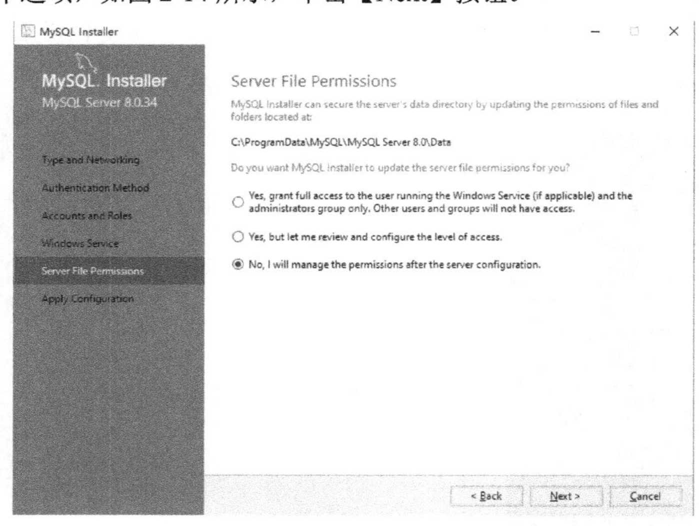

图 2-14 服务器文件权限界面

⑦ 在 Apply Configuration（应用配置）界面，先单击【Execute】按钮进行安装，安装完成后，再单击【Finish】按钮，如图 2-15 所示。

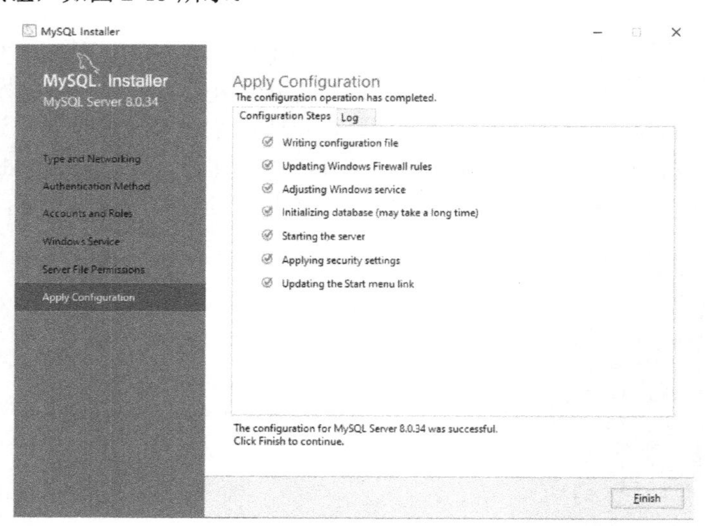

图 2-15 应用配置界面

⑧ 安装程序回到 Product Configuration（产品配置）界面，此时可以看到 MySQL Server 的 Status（状态）为 Configuration complete（配置完成）界面，如图 2-16 所示，单击【Next】按钮。

⑨ 弹出 MySQL Router Configuration（路由器配置）界面，如图 2-17 所示，使用默认配置，也可根据需要进行配置，单击【Finish】按钮。

⑩ 安装程序回到 Product Configuration（产品配置）界面，此时可以看到 MySQL Router 的 Status（状态）为 Configuration not needed（不需要配置），如图 2-18 所示，单击【Next】按钮。

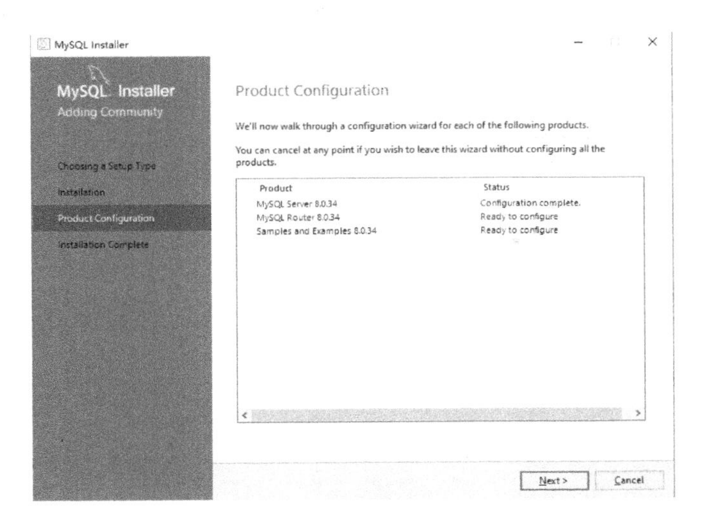

图 2-16　MySQL 服务器配置完成界面

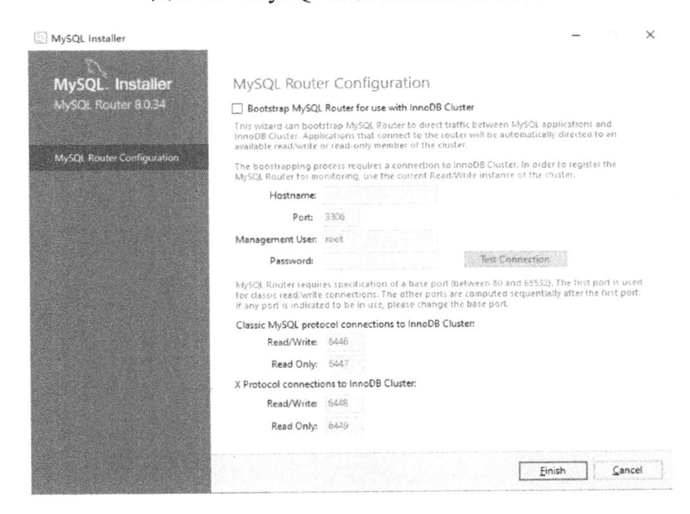

图 2-17　路由器配置界面

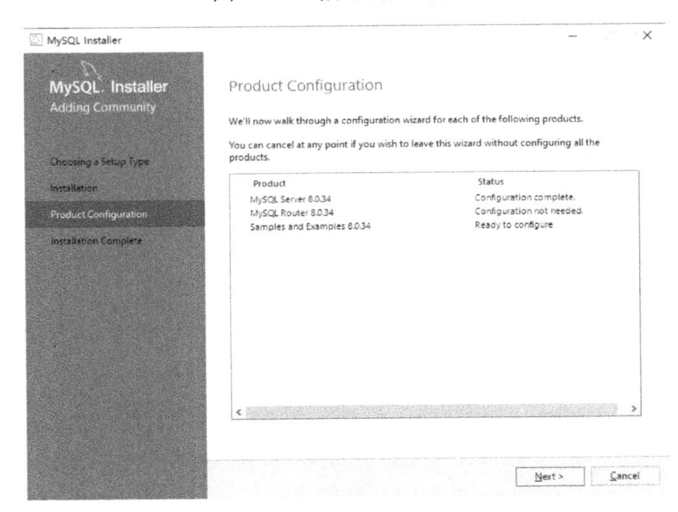

图 2-18　路由器配置完成界面

⑪ 弹出 Connect To Server（连接到服务器）界面，如图 2-19 所示，输入用户名 root 及其密码，单击【Check】按钮，测试服务器是否连接成功，连接成功后，单击【Next】按钮。

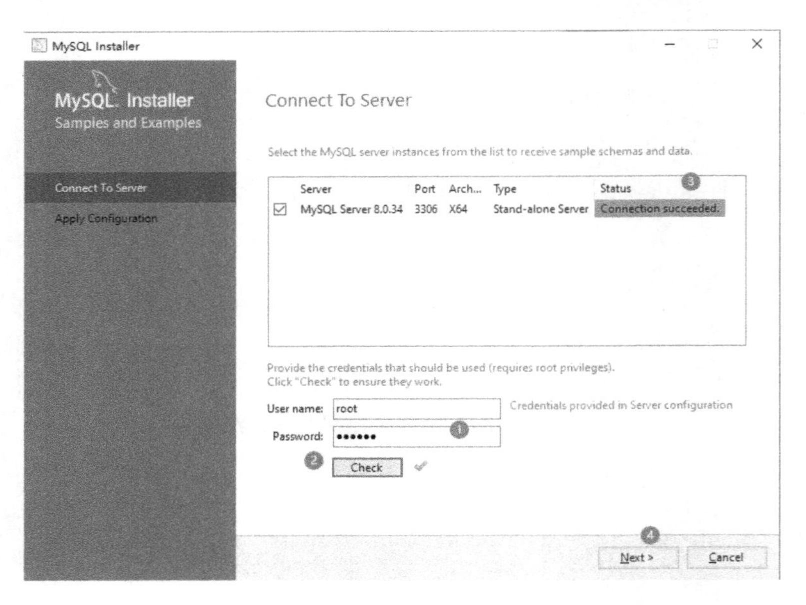

图 2-19 连接到服务器界面

⑫ 回到 Apply Configuration（应用配置）界面，先单击【Execute】按钮，配置成功后，再单击【Finish】按钮，如图 2-20 所示。

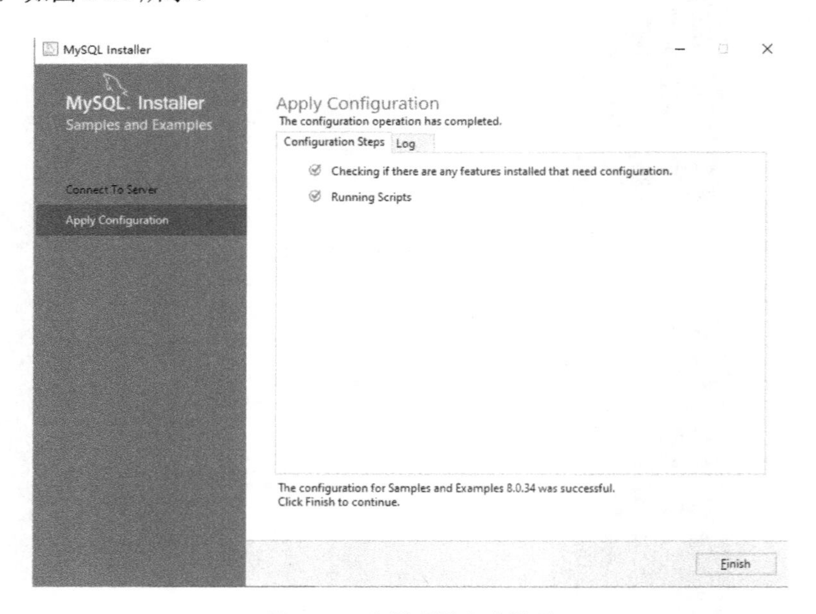

图 2-20 应用配置完成界面

⑬ 再次回到 Product Configuration（产品配置）界面，此时可以看到 Samples and Examples 的 Status（状态）为 Configuration complete（配置完成），如图 2-21 所示，单击【Next】按钮。

⑭ 最后，在 Installation Complete 界面中，单击【Finish】按钮，如图 2-22 所示，此时 MySQL 数据库系统配置完成。

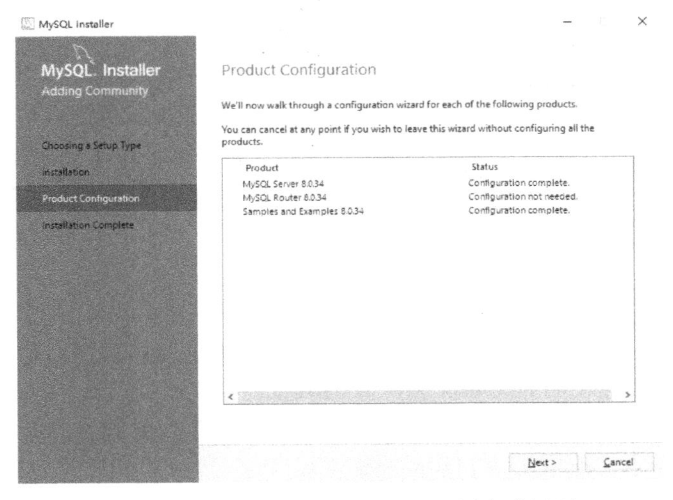

图 2-21　Samples and Examples 配置完成界面

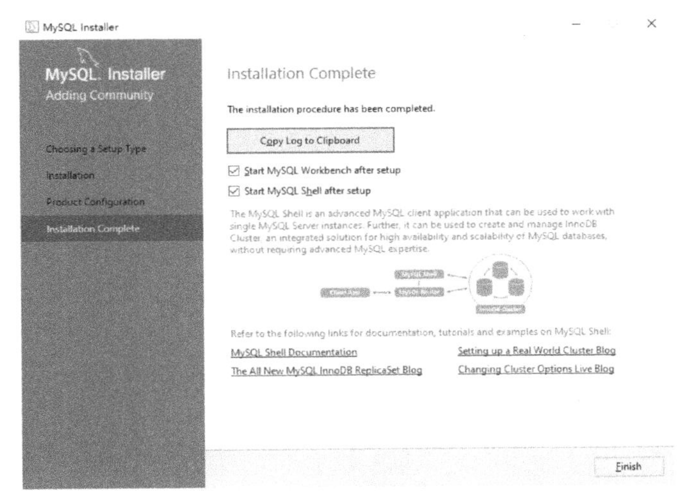

图 2-22　MySQL 数据库系统配置完成界面

四、任务总结

本任务通过安装向导对 MySQL 服务器进行一步步配置，比较简单，多数选项可以使用默认，在用户和角色界面中，必须记住 root 用户的密码，因为登录服务器和数据库还原时都要用到它，若添加了其他管理员用户，用户名和密码也需记住。

服务器的配置不是一成不变的，配置后如果要更改，可以通过修改 MySQL 数据库中 my.ini 配置文件的参数来完成，my.ini 文件存放在“C:\Program Data\MySQL\MySQL Server 8.0”目录下，修改这个文件可以达到更新配置的目的。

任务 3　MySQL 服务器启动与数据库登录

一、任务描述

微课视频　微课视频

以管理员身份启动、停止服务器，并实现用本地计算机或另一台计算机的客户端登录 MySQL 数据库。

二、任务分析

对 MySQL 数据库进行管理，需要经过几个步骤。首先，数据库用户启动 MySQL 客户端，MySQL 服务器接收到连接信息后，对连接信息进行身份认证，身份认证后建立 MySQL 客户端和 MySQL 服务器之间的通信链路，继而 MySQL 客户端才可以享受 MySQL 数据库中的信息服务。MySQL 客户端向 MySQL 服务器提供的连接信息包括如下内容。

① 合法的登录主机：解决源头从哪里来的问题。

② 合法的用户名和正确的密码：解决是谁的问题。

③ MySQL 服务器的主机名或 IP 地址：解决到哪里去的问题，当 MySQL 客户端和 MySQL 服务器是同一台主机时，可以使用 localhost 或者 IP 地址 127.0.0.1。

④ 端口号：解决服务器多项数据库系统问题，如果 MySQL 服务器使用 3306 之外的端口号，在连接 MySQL 服务器时，MySQL 客户端需要提供端口号。

基于以上分析，在服务器的启动和停止前必须进行管理员身份的核实，客户端用户登录 MySQL 数据库前也必须核实其合法身份。

三、任务完成

1. MySQL 服务器启动与停止

1）图形界面下启动、停止 MySQL 服务器

在 Windows 系统下安装 MySQL 数据库，当安装向导进行到图 2-13 时，如果勾选了【Start the MySQL Server at System Startup】复选框，选择了开机启动 MySQL 服务器，那么 Windows 系统启动、停止时，MySQL 服务器也会自动跟着启动、停止。如果未勾选该复选框，则进入系统后可以通过图形界面启动、停止 MySQL 服务器，具体步骤如下。

单击【开始】菜单，在菜单中找到【运行】命令，输入 services.msc，按下【Enter】键（也可以选择【控制面板】-【管理工具】-【服务】选项），弹出【服务】窗口，在【服务】窗口中找到【MySQL80】服务，状态显示为【正在运行】，如图 2-23 所示，表明该服务已经启动，单击鼠标右键，可实现该服务的停止、暂停、重启操作。

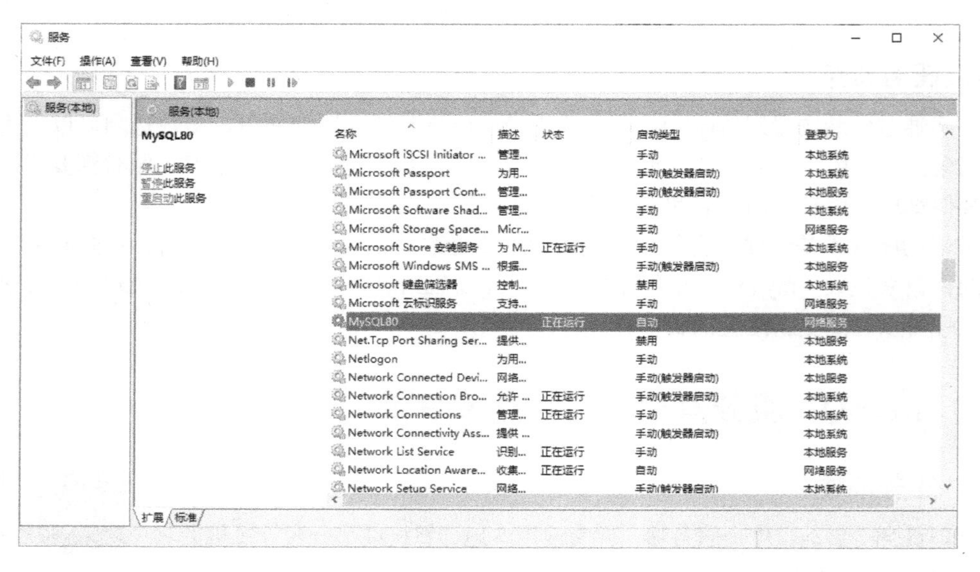

图 2-23 Windows 操作系统的【服务】窗口

② 在【服务】窗口中找到【MySQL80】服务，右键单击该服务，选择【属性】选项，在弹出的【MySQL80 的属性】对话框中，单击【启动】按钮，如图 2-24 所示，这时【MySQL80】服务会显示【已启动】状态，刷新服务列表，其也会显示【已启动】状态。若要停止服务，则单击【MySQL80 的属性】对话框中的【停止】按钮即可。

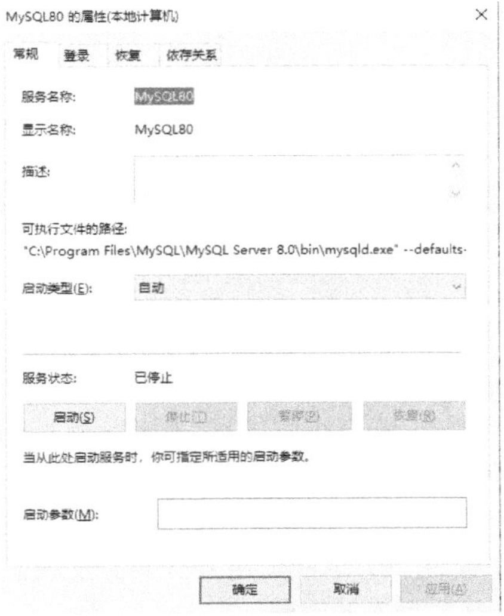

图 2-24 【MySQL80 的属性】对话框

2）命令行下启动、停止 MySQL 服务器

命令行窗口可以是 Windows 系统中的命令提示符窗口，也可以是 MySQL 自带的命令行（MySQL Command Line Client）或其他第三方客户端程序，本书采用命令提示符窗口启动、停止 MySQL 服务器，具体步骤如下。

① 在【开始】菜单中选择【Windows 系统】选项，右键单击【命令提示符】选项，在弹出的快捷菜单中选择【以管理员身份运行】选项（或者使用快捷键【Win+R】，启动【运行】对话框，输入 cmd，打开命令提示符窗口）。

② 在弹出的命令提示符窗口中输入：

```
net start mysql80
```

mysql80 是 MySQL 安装时默认的服务器名称，用户安装时若更改了名称，应自行更换。

③ 按下【Enter】键，启动 MySQL 服务器。

④ 停止服务器时，在命令提示符窗口中输入：

```
net stop mysql80
```

在命令提示符窗口中启动、停止 MySQL 服务器的操作如图 2-25 所示。

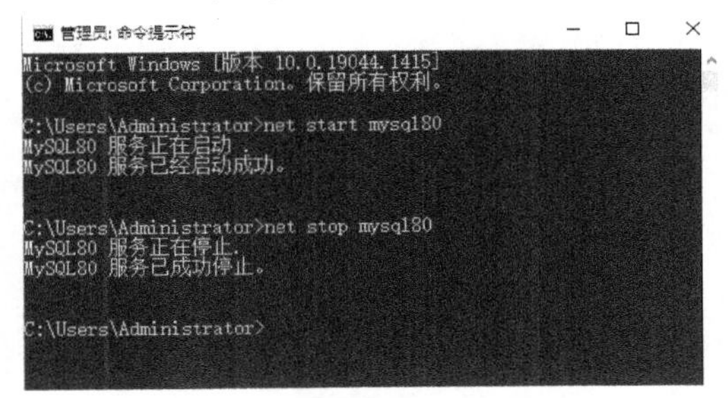

图 2-25 在命令提示符窗口中启动、停止 MySQL 服务器的操作

2．登录 MySQL 数据库

MySQL 服务器启动后，在客户端中可以登录 MySQL 数据库，在 Windows 系统中可以通过两种方式登录 MySQL 数据库。

1）命令行方式登录

当 MySQL 客户端与 MySQL 服务器是同一台主机时，登录 MySQL 服务器，在命令提示符窗口中输入：

```
mysql -h 127.0.0.1 -P 3306 -u root -p
```

或者

```
mysql -h localhost -P 3306 -u root -p
```

各参数的含义如下：

① mysql 是登录命令；

② -h 指定连接的主机名或主机 IP 地址。因为 MySQL 服务器在本地计算机上，故主机 IP 地址是 127.0.0.1，主机名为 localhost。连接指定主机名时，需要客户端一定能够解析到所连接服务器的主机，可以通过 ping 主机名进行测试，若有响应信息，则表示客户端能够解析到数据库服务器主机；

③ -P 指定连接服务器时所使用的端口号，默认为 3306；

④ -u 指定连接服务器时所使用的用户名，本次使用 root 用户登录；

⑤ -p 指定连接服务器时用户的密码，本次使用 root 用户的密码，为了数据库的安全，可以省略密码，直接在登录窗口中输入访问数据库的密码。

输入命令后按【Enter】键，命令提示符窗口中出现“Enter password”的提示，输入 MySQL 服务器登录密码（以加密的形式显示），即可实现本地 MySQL 客户端与本地 MySQL 服务器之间的连接，如图 2-26、图 2-27 所示。

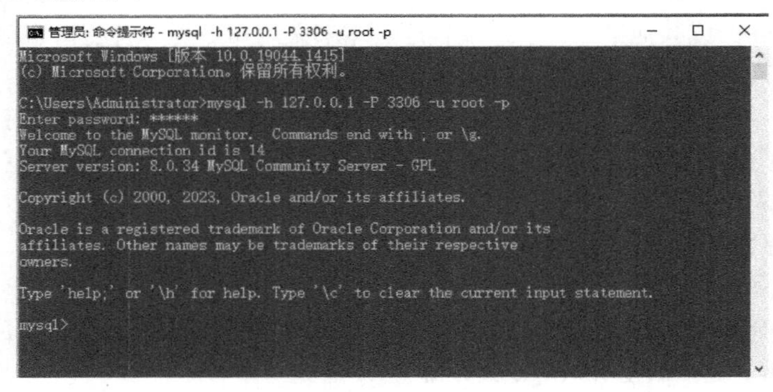

图 2-26　在命令提示符窗口中登录数据库（1）

```
管理员: C:\windows\system32\cmd.exe - mysql -h localhost -P 3306 -u root -p
Microsoft Windows [版本 10.0.19044.1415]
(c) Microsoft Corporation。保留所有权利。

C:\Users\Administrator>mysql -h localhost -P 3306 -u root -p
Enter password: ******
Welcome to the MySQL monitor.  Commands end with ; or \g.
Your MySQL connection id is 13
Server version: 8.0.34 MySQL Community Server - GPL

Copyright (c) 2000, 2023, Oracle and/or its affiliates.

Oracle is a registered trademark of Oracle Corporation and/or its
affiliates. Other names may be trademarks of their respective
owners.

Type 'help;' or '\h' for help. Type '\c' to clear the current input statement.

mysql>
```

图 2-27　在命令提示符窗口中登录数据库（2）

登录成功后，出现“Welcome to the MySQL monitor”的提示。在“mysql>”提示符后面可输入 SQL 语句对 MySQL 数据库进行操作，每个 SQL 语句以分号“;”或者“\g”结束，并通过按【Enter】键来运行 SQL 语句。

如果用户在使用 mysql 命令登录 MySQL 数据库时，出现如图 2-28 所示的出错信息，则必须将目录切换到 MySQL 安装目录下，在命令提示符窗口下输入 cd“MySQL 安装目录”命令，不同用户的 MySQL 数据库的具体安装目录有所不同，因此“MySQL 安装目录”要视各用户安装 MySQL 的具体位置而定。例如，本书中 MySQL 服务器的 bin 文件夹的位置为“C:\Program Files\MySQL\MySQL Server 8.0\bin”，则在命令提示符窗口输入：

```
cd C:\Program Files\MySQL\MySQL Server 8.0\bin
```

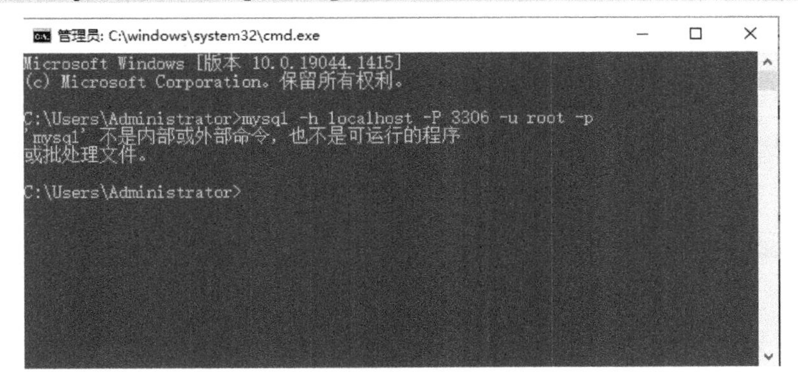

图 2-28　登录 MySQL 数据库出错信息提示

按【Enter】键后，进入 MySQL 服务器的 bin 文件夹中，再输入登录服务器命令：

```
mysql -h localhost -P 3306 -u root -p
```

按【Enter】键后，输入登录密码（以加密的形式显示），连接数据库，登录成功后命令提示符变成了“mysql>”，表示登录 MySQL 服务器成功，如图 2-29 所示。

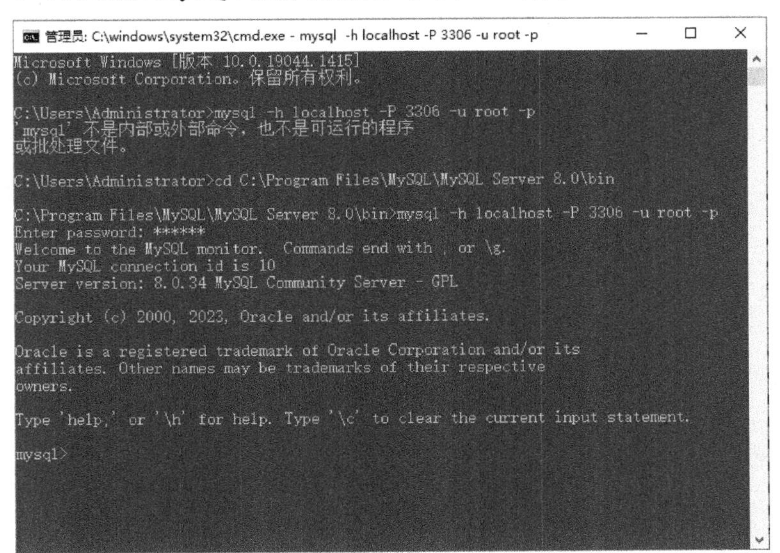

图 2-29　登录 MySQL 服务器成功

显然，每次在命令提示符窗口中需要输入路径比较麻烦，为了快速高效地输入 MySQL 的相关命令，可以手动配置 Windows 操作系统环境变量中的 Path 系统变量，具体步骤如下。

① 右键单击【此电脑】图标，在弹出的快捷菜单中选择【属性】选项，在弹出的窗口中选择【高级系统设置】选项。

② 在打开的【系统属性】对话框中，选择【高级】选项卡，单击【环境变量】按钮，如图 2-30 所示。

③ 在弹出的【环境变量】对话框的【系统变量】区域找到 Path 变量，双击 Path 变量，如图 2-31 所示。

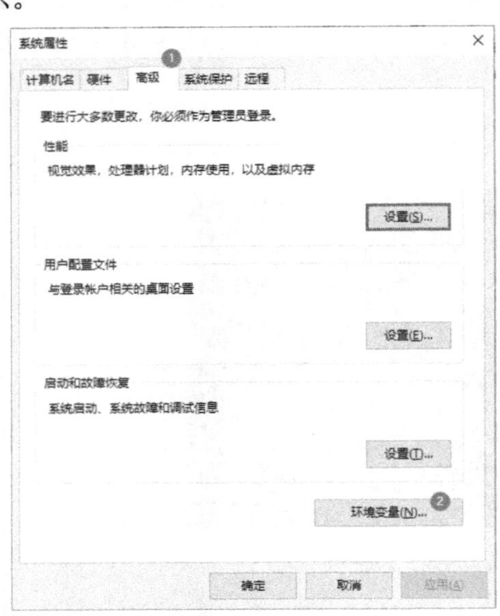

图 2-30 【高级】选项卡

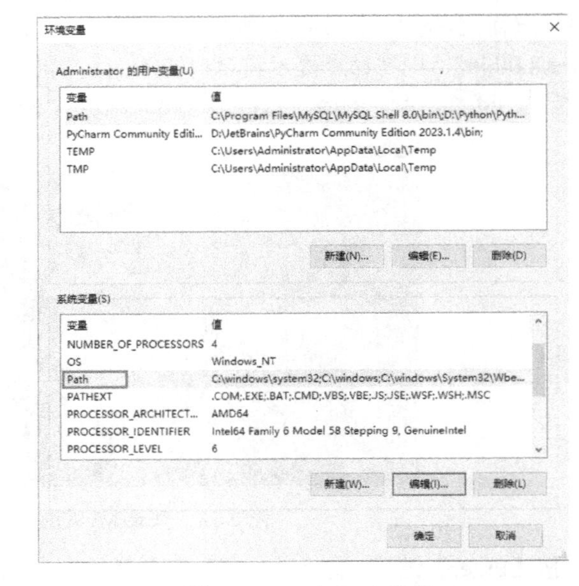

图 2-31 双击 Path 变量

④ 在弹出的【编辑系统变量】对话框中，单击【新建】按钮，在新增加的文本框中输入 MySQL 服务器 bin 文件夹的路径（本书为“C:\Program Files\MySQL\MySQL Server 8.0\bin”），单击【确定】按钮，系统变量配置完成，如图 2-32 所示。

图 2-32 系统变量配置完成

2）使用 MySQL Command Line Client 方式登录

单击【开始】菜单，找到安装好的 MySQL 软件包，在下拉列表中选择【MySQL 8.0 Command Line Client】选项，如图 2-33 所示，弹出如图 2-34 所示的窗口，输入正确的密码后，就可以登录 MySQL 数据库了。

图 2-33　在下拉列表中选择【MySQL 8.0 Command Line Client】选项

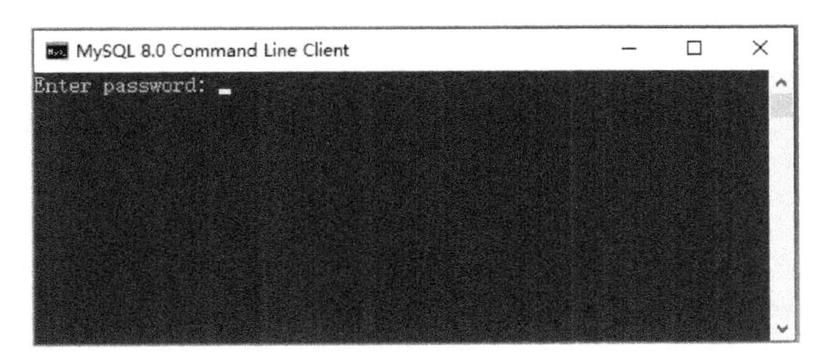

图 2-34　使用 MySQL Command Line Client 方式登录数据库

四、任务总结

本任务主要介绍在图形界面和命令行下启动、停止 MySQL 服务器，并在服务器启动后通过命令提示符窗口和 MySQL Command Line Client 方式登录 MySQL 数据库。

在命令提示符窗口中登录 MySQL 数据库时应该注意两点，一是权限问题，需要以管理员身份运行；二是命令格式必须书写正确。登录 MySQL 数据库的两种方式都需要输入密码，基于安全考虑，建议以加密的方式显示密码，即按【Enter】键后再输入密码。在命令提示符窗口下登录数据库时，可以配置操作系统的 Path 环境变量，方便命令的执行。总体来说，本任务比较简单。

拓展阅读

1. 数据库产业发展情况综述

当前，全球产业生态加速变革，产品形态日益丰富；中国产业热度持续升温，创新能力不断增强。从地域看，美国和中国是全球数据库产业的主力军，根据中国通信标准化协会大数据技术标准推进委员会（简称 CCSA TC601）的统计，截至 2023 年 6 月，全球有共计 472 家数据库厂商，总部设在美国和中国的数据库厂商数量遥遥领先，分别为 157 家和 150 家，占比为 33.3%和 31.8%。全球数据库产品数量为 655 款。美国和中国的数据库产品数量以 242 款和 238 款领先，占比分别为 36.9%和 36.3%。

数据模型主要有以下几种：层次模型、网状模型、关系模型、面向对象模型、半结构化模型。

关系模型为主流数据模型，所以一般将主流数据库类型分为关系型数据库和非关系型数据库。

关系型数据库是创建在关系模型基础上的数据库，借助于集合代数等数学概念和方法来处理数据库中的数据。现实世界中的各种实体及实体之间的联系均采用关系模型来表示。典型的关系型数据库代表为：MySQL、Oracle、DB2、Microsoft SQL Server、Sybase 等。

非关系型数据库也称为 NoSQL（Not Only SQL 的缩写）数据库，是对不同于传统的关系型数据库的数据库管理系统的统称，可用于超大规模数据的存储。其典型代表有 MongoDB、CouchDB 等。

Oracle、Microsoft SQL Server、DB2 等数据库管理系统基本都是美国企业的产品，占据了绝大部分数据库的市场，截至 2023 年 8 月，Oracle 仍然是市场占有率最高的关系型数据库。部分数据库 2023 年 8 月的市场占有率排名如图 2-35 所示。

Rank			DBMS	Database Model	Score		
Aug 2023	Jul 2023	Aug 2022			Aug 2023	Jul 2023	Aug 2022
1.	1.	1.	Oracle	Relational, Multi-model	1242.10	-13.91	-18.70
2.	2.	2.	MySQL	Relational, Multi-model	1130.45	-19.89	-72.40
3.	3.	3.	Microsoft SQL Server	Relational, Multi-model	920.81	-0.78	-24.14
4.	4.	4.	PostgreSQL	Relational, Multi-model	620.38	+2.55	+2.38
5.	5.	5.	MongoDB	Document, Multi-model	434.49	-1.00	-43.17
6.	6.	6.	Redis	Key-value, Multi-model	162.97	-0.80	-13.43
7.	↑8.	↑8.	Elasticsearch	Search engine, Multi-model	139.92	+0.33	-15.16
8.	↓7.	↓7.	IBM Db2	Relational, Multi-model	139.24	-0.58	-17.99
9.	9.	9.	Microsoft Access	Relational	130.34	-0.38	-16.16
10.	10.	10.	SQLite	Relational	129.92	-0.27	-8.95
11.	11.	↑13.	Snowflake	Relational	120.62	+2.94	+17.50
12.	12.	↓11.	Cassandra	Wide column, Multi-model	107.38	+0.86	-10.76
13.	13.	↓12.	MariaDB	Relational, Multi-model	98.65	+2.55	-15.24
14.	14.	14.	Splunk	Search engine	88.98	+1.87	-8.46
15.	↑16.	15.	Amazon DynamoDB	Multi-model	83.55	+4.75	-3.71
16.	↓15.	16.	Microsoft Azure SQL Database	Relational, Multi-model	79.51	+0.55	-6.67
17.	17.	17.	Hive	Relational	73.35	+0.48	-5.31
18.	18.	↑22.	Databricks	Multi-model	71.34	+2.87	+16.72
19.	19.	↓18.	Teradata	Relational, Multi-model	61.31	+1.06	-7.76
20.	20.	↑24.	Google BigQuery	Relational	53.90	-1.52	+3.87

图 2-35　部分数据库市场占有率排名（数据来源：DB-Engines，2023 年 8 月）

2．中国数据库产品

根据 CCSA TC601 的调研分析，中国数据库产业链包括数据库产品提供商、数据库生态工具提供商、数据库服务提供商、数据库安全供应商、数据库生态社区、数据库人才培养等多个环节，各领域参与者专攻术业，发挥竞争优势，积极拓展生态圈，为中国的数据库生态不断注入活力。CCSA TC601 测算，预计到 2027 年，中国数据库市场总规模将达到约 1286 亿元，市场年复合增长率（CAGR）约为 26.1%。

中国数据库产业始于 20 世纪末，并在 2013 年后迎来繁荣发展。截至 2023 年 6 月，中国数据库产品提供商共有 150 家，2022 年新增企业数量较 2021 年增长 12.8%。2014—2022 年，中国数据库产业迎来发展的高峰，其中 2015 年、2018—2022 年，每年新增企业数量均为两位数。

目前，国产数据库产品主要有达梦（DM）、人大金仓 （Kingbase）、南大通用（GBase）、神舟通用（OSCAR）、OceanBase、PolarDB、GaussDB、CynosDB 等。截至 2023 年 10 月，国产数据库排名如图 2-36 所示。

排行	上月	半年前	名称	模型	数据处理	部署方式	商业模式	专利	论文	软著	案例	资质	得分
	1	1	OceanBase +	关系型				151	26	27	26	9	628.99
	2	↑↑↑ 6	PolarDB +	关系型				592	70	321	2	5	618.31
	↑↑ 5	↑ 4	openGauss +	关系型				573	11	37	0	3	607.77
4	4	↑↑↑ 7	GaussDB +	关系型				630	14	147	9	6	602.05
5	↓↓ 3	↓↓↓ 2	TiDB +	关系型				40	54	21	8	4	595.73
6	↑ 7	↓ 5	人大金仓 +	关系型				327	0	145	0	5	472.39
7	↓ 6	↓↓↓ 3	达梦数据库 +	关系型				518	0	293	0	8	460.12
8	8	↑ 9	GBASE +	关系型				152	1	117	1	5	403.42
9	9	↓ 8	TDSQL +	关系型				39	19	148	12	8	360.31
10	↑ 11	↑ 11	AntDB +	关系型				40	0	162	6	4	212.60

图 2-36　国产数据库排名（数据来源：墨天轮，2023 年 10 月）

实践训练

【实践任务 1】

使用图形化管理工具 MySQL Workbench 管理 MySQL 数据库（MySQL 数据库安装完成后，会自动安装 MySQL Workbench，用于创建并管理数据库）。

提示步骤：

① 单击【开始】菜单，找到 MySQL 软件包，在下拉列表中选择【MySQL Workbench 8.0 CE】选项，打开 MySQL Workbench，如图 2-37 所示。

图 2-37　打开 MySQL Workbench

② 单击【Local instance MySQL80】链接，打开输入用户名和密码的对话框，在该对话框中输入 root 用户的密码（与安装时输入的密码一致），如图 2-38 所示。

③ 单击【OK】按钮，打开如图 2-39 所示的 MySQL Workbench 窗口，在该窗口中，可以进行创建/管理数据库、创建/管理数据表、编辑数据表、查询数据表、导入/导出数据表等操作。

图 2-38　输入 root 用户的密码

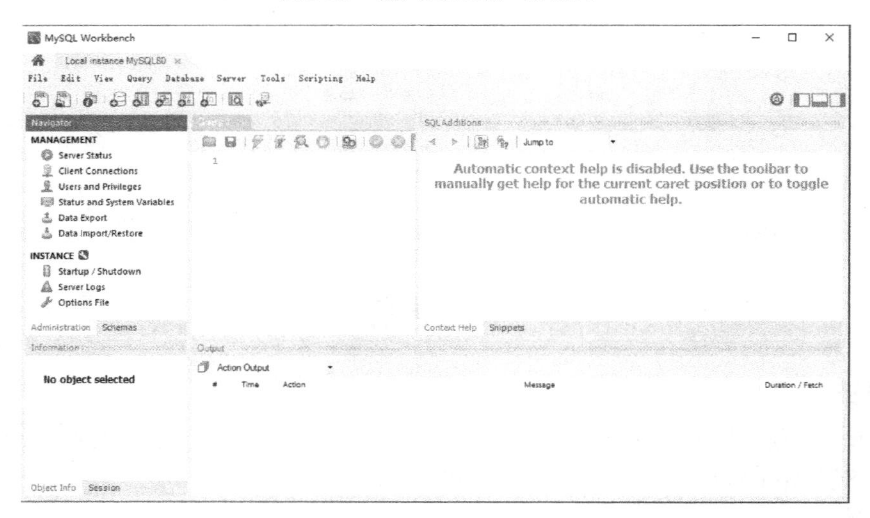

图 2-39　MySQL Workbench 窗口

【实践任务 2】

如何查看 MySQL 的安装目录？

提示：使用 MySQL Command Line Client 方式登录数据库，输入“SELECT @@basedir”命令。

【实践任务 3】

MySQL 中的 my.ini 文件有什么用？如何找到该文件？

提示：my.ini 是 MySQL 数据库中常用的配置文件，修改这个文件可以达到更新配置的目的。在“C:\Program Data\MySQL\MySQL Server 8.0”下可找到该文件，如图 2-40 所示。ProgramData 是隐藏文件，可通过文件夹选项，在【查看】菜单中取消【隐藏受保护的操作系统文件】的勾选，或者在 MySQL Command Line Client 中，输入“SELECT @@datadir”命令，复制“C:\Program Data\MySQL\MySQL Server 8.0”到计算机中进行查找。

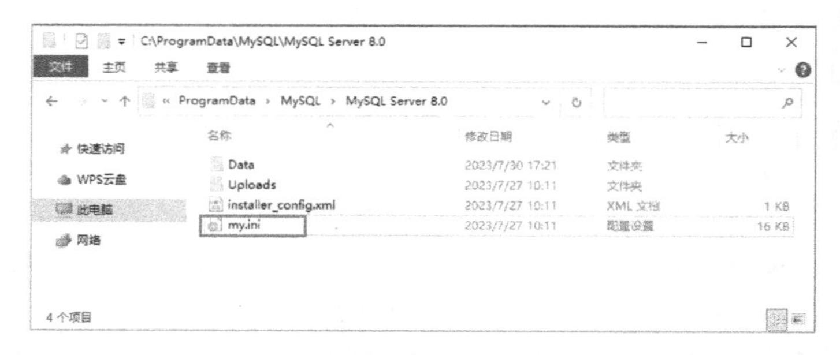

图 2-40　my.ini 文件所在位置

项目三　数据库管理

学习目标

☑ 项目任务

任务 1　数据库管理的常用操作

任务 2　数据库的备份与恢复

任务 3　数据库中表的导入与导出

☑ 知识目标

（1）掌握 SQL 语言的特点

（2）掌握 MySQL 管理工具的特点

（3）掌握 MySQL 数据库中常用的存储引擎的特点

（4）掌握 MySQL 数据库管理的常用操作，如创建、查看等

（5）掌握 MySQL 数据库的备份与恢复操作

（6）掌握 MySQL 数据库中表的导入与导出方法

☑ 能力目标

（1）具有创建数据库的能力

（2）具有修改和删除数据库的能力

（3）具有备份数据库/恢复数据库的能力

（4）具有导入/导出数据表的能力

☑ 素质目标

（1）培养独立思考数据存储问题的意识

（2）培养数据库安全意识

（3）培养对数据库进行备份的意识

☑ 思政引领

（1）在任何行业中，养成良好的职业习惯和防患于未然的意识都是十分关键的，这不仅可以提升工作效率，还可以增加职业竞争力，为个人职业发展打下坚实的基础。

（2）养成严谨细致的工作作风，遵守法律法规及行业规范。

知识导图

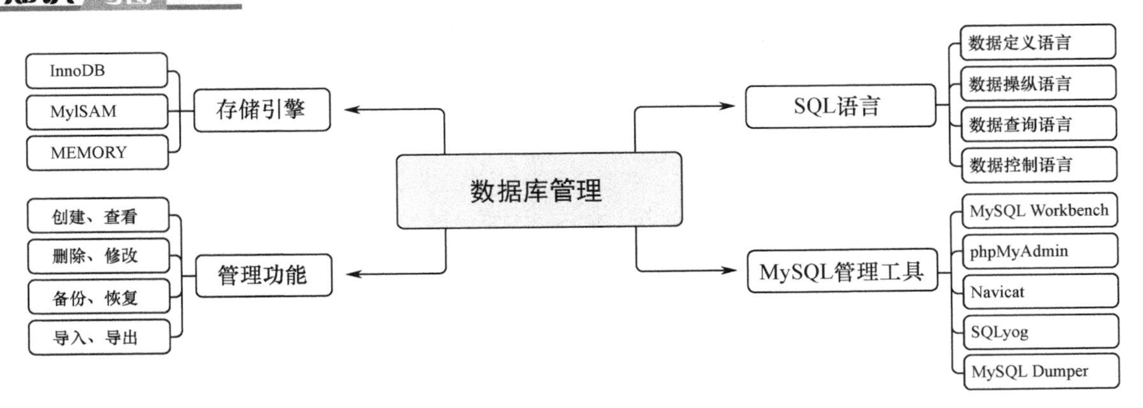

任务 1 数据库管理的常用操作

一、任务描述

微课视频

本任务通过 MySQL Workbench 连接数据库服务器，创建学生技能竞赛管理系统数据库 competition，并实现查看、修改和删除数据库的操作。

MySQL 服务器安装完成后，用户可以通过 MySQL 客户端连接 MySQL 服务器，也可以通过一些其他工具软件或者图形化的数据库客户端管理工具连接到 MySQL 数据库，并创建数据库，以及对数据库进行管理。

二、任务分析

1. SQL

SQL 的英文全称是 Structured Query Language（结构化查询语言），是计算机编程语言中的一种，主要用于关系型数据库操作，是数据库学习中不可或缺的内容之一。

SQL 语句非常简洁，但是功能非常强大，其核心功能如表 3-1 所示。

表 3-1 SQL 核心功能

功能分类	动作	含义	主要功能
数据定义语言（Data Definition Language，DDL）	CREATE	创建	用于数据库及视图等的创建、修改、删除
	ALTER	修改	
	DROP	删除	
数据操纵语言（Data Manipulation Language，DML）	INSERT	插入	用于对数据表中的记录进行插入、更新、删除等操作
	UPDATE	更新	
	DELETE	删除	
数据查询语言（Data Query Language，DQL）	SELECT	查询	用于从数据库中获取所需的内容，是数据库中使用频率最高语句，通过 DQL，可使用 WHERE、ORDER BY 等关键字对查询结果进行筛选、排序等操作，也可以组合使用关键字，构成复杂的数据查询操作
数据控制语言（Data Control Language，DCL）	GRANT	授权	用于实现对用户和数据对象的权限等内容进行调整
	REVOKE	撤销/废除	

2. MySQL 管理工具

MySQL 管理工具有很多，可以使用基于命令行的工具，也可以使用基于图形化界面的工具。其中，基于命令行的工具可以是 MySQL 数据库自带的 MySQL 命令行窗口（即 MySQL Command Line Client），Windows 系统中的命令提示符窗口，或类 UNIX 操作系统中的各类终端工具。以 Windows 系统为例，启动命令提示符窗口，通过调用 mysql.exe 可执行程序，可对数据库进行各种操作。

当前，基于图形化界面的工具有很多，主要有 phpMyAdmin、MySQL Dumper、Navicat、SQLyog 和 MySQL 官方提供的 MySQL Workbench 等。本书将主要通过 MySQL Workbench 工具连接数据库，并对数据库中的对象进行操作。

phpMyAdmin 是基于 PHP 语言开发的一个 Web 界面管理工具，也是常用的 MySQL 管理工具之一，支持多种语言，管理数据库非常方便快捷。

MySQL Dumper 是使用 PHP 语言开发的 MySQL 数据库备份恢复程序，相对 phpMyAdmin 而言，MySQL Dumper 工具对数据库的管理能力较弱，其专长在数据库的备份和恢复方面。MySQL Dumper

采用了 AJAX 技术，其设计初衷是解决绝大部分空间上 PHP 文件执行的速度问题，大型数据库难以备份、下载速度太慢和下载容易中断等问题，使得备份与恢复的效率提升、显示更加直观。

Navicat 是一个桌面版 MySQL 数据库管理和开发工具，类似 Microsoft SQL Server 数据库的管理器，它使用图形化的用户界面，使用和管理更为轻松，易学易用。

SQLyog 是 Webyog 公司出品的一款简洁高效、功能强大的图形化 MySQL 数据库管理工具。它可以帮助数据库开发人员自动比较和同步架构、计划备份及查询等，还可以让开发人员获得可靠的数据库备份和数据同步，帮助数据库管理员在物理、虚拟和云环境中轻松管理 MySQL 和 MariaDB 等数据库。

MySQL Workbench 是 MySQL 官方提供的一个统一的可视化开发和管理平台，相关的特性在项目一中已有介绍，在此不再阐述。

3．存储引擎

通常，在数据库中存储的信息，就是一个个有着千丝万缕关系的数据表，所以数据表设计得好坏，将直接影响着整个数据库。而在设计数据表的时候，技术人员都会关注一个问题——使用什么存储引擎。那么，什么是存储引擎呢？

关系型数据库的数据表是用于存储和组织信息的数据结构，可以将数据表理解为由行和列组成的表格，类似于 Excel 中电子表格的形式。在实际的数据库系统中，有的表包含的信息很简单，有的表却很复杂，有的表仅用于存储临时数据，有的表读取速度非常快，但是插入数据的速度非常慢，存取操作的效率差距很大。面对现代越来越复杂的信息系统，在实际开发过程中，我们可能需要各种各样的表，不同的表，意味着存储不同类型的数据，在数据的处理上也会存在着差异。

在 MySQL 中，存储引擎是数据库底层软件组件，简单来说就是表的类型，它决定了数据库中的表在计算机中的存储方式。不同的存储引擎提供不同的存储机制、索引技巧、锁定水平等，使用不同的存储引擎可以获得特定的不同功能。

MySQL 针对不同的应用场景和业务需求提供了多种存储引擎，可以根据数据处理的需求，选择不同的存储引擎，从而最大限度地利用 MySQL 强大的性能。MySQL 8.0 系列数据库支持的存储引擎包括 InnoDB、MyISAM、Memory 等，在 MySQL Workbench 查询窗口中，可以使用“SHOW engines;”语句，查看 MySQL 8.0 系列数据库支持的存储引擎，如图 3-1 所示。

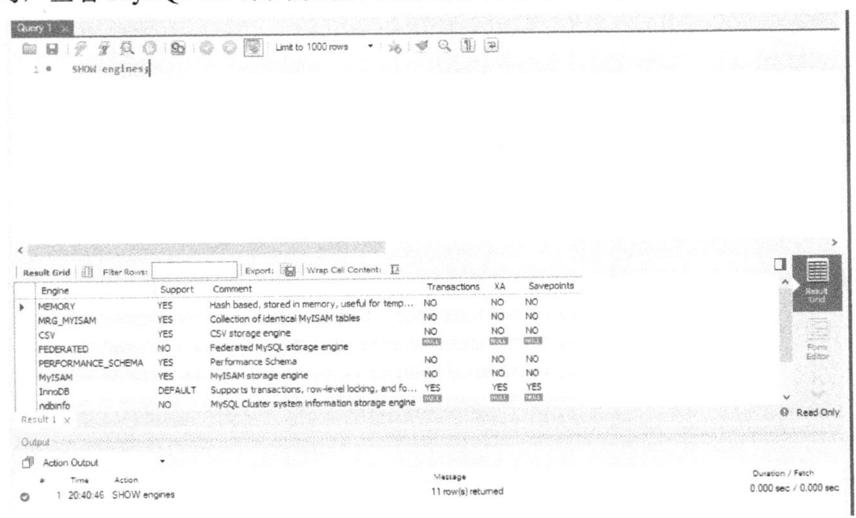

图 3-1　MySQL 8.0 系列数据库支持的存储引擎

在图 3-1 中，相应查询结果中各字段的含义如表 3-2 所示。

表 3-2 数据库存储引擎说明

字段名称	说明
Engine	存储引擎的名称
Support	当前 MySQL 数据库是否支持该引擎，DEFAULT 表示默认引擎
Comment	对该引擎的描述信息
Transcations	是否支持事务（Transaction）
XA	是否支持分布式交易处理的规范
Savepoints	是否提供保存点功能，以便进行事务回滚（Roll Back）操作

在 MySQL 中，存储引擎类型较多，下面简单地对 InnoDB、MyISAM、MEMORY 三种常用的存储引擎进行对比，如表 3-3 所示。

表 3-3 常用的 MySQL 数据库存储引擎对比

功能	InnoDB	MyISAM	MEMORY
存储空间限制	64TB	256TB	限于内存空间（RAM）
空间利用率	高	低	低
内存使用率	高	低	中
是否支持事务	是	否	否
是否支持锁机制	支持行级别锁定	支持表级别锁定	支持表级别锁定
是否支持 B+tree 索引	是	是	是
是否支持全文索引	否	是	否
是否支持外键	是	否	否
是否支持数据压缩	否	是	否
数据更新操作的速度	慢	快	快

因此，在选择存储引擎时，应该根据应用系统的特点选择合适的存储引擎。对于复杂的应用系统，还可以根据实际情况选择多种存储引擎的组合。

三、任务完成

在 MySQL 中，SQL 语句关键字是不区分英文字母大小写的，如 SELECT 和 select 的作用是相同的，INT 和 int 指的是同一种数据类型。但是，许多开发人员习惯使用大写字母表示 SQL 语句中的关键字，而使用小写字母表示 SQL 语句中的字段和表名，读者也应该养成良好的编程习惯，这样写出来的代码更容易阅读和维护。

1．创建数据库

创建数据库使用“CREATE DATABASE databasename”语句实现。一般情况下，如果数据库中的数据涉及中文汉字，可以在创建数据库时指定数据库字符集，创建数据库的语法格式如下：

```
    CREATE DATABASE databasename DEFAULT CHARACTER SET utf8 COLLATE utf8_
general_ci;
```

① CREATE DATABASE databasename：创建数据库 databasename。

② DEFAULT CHARACTER SET utf8：指定数据库字符集。设置数据库的默认编码方式为 utf8，这里 utf8 中间没有“-”。

③ COLLATE utf8_general_ci：指定数据库的校验规则，ci 是 case insensitive 的缩写，意思是大小写不敏感；相对的是 utf8_general_cs，cs 即 case sensitive，表示大小写敏感；还有一种是 utf8_bin，是指将字符串中的每个字符用二进制数据存储，区分大小写。

创建学生技能竞赛管理系统数据库 competition 的 SQL 语句如下：

```
CREATE DATABASE competition DEFAULT CHARACTER SET utf8 COLLATE utf8_general_ci;
```

参考“项目一”中关于启动数据库连接的步骤，使用 MySQL Workbench 登录到数据库，使用 SQL 语句创建 competition 数据库，过程如图 3-2 所示。

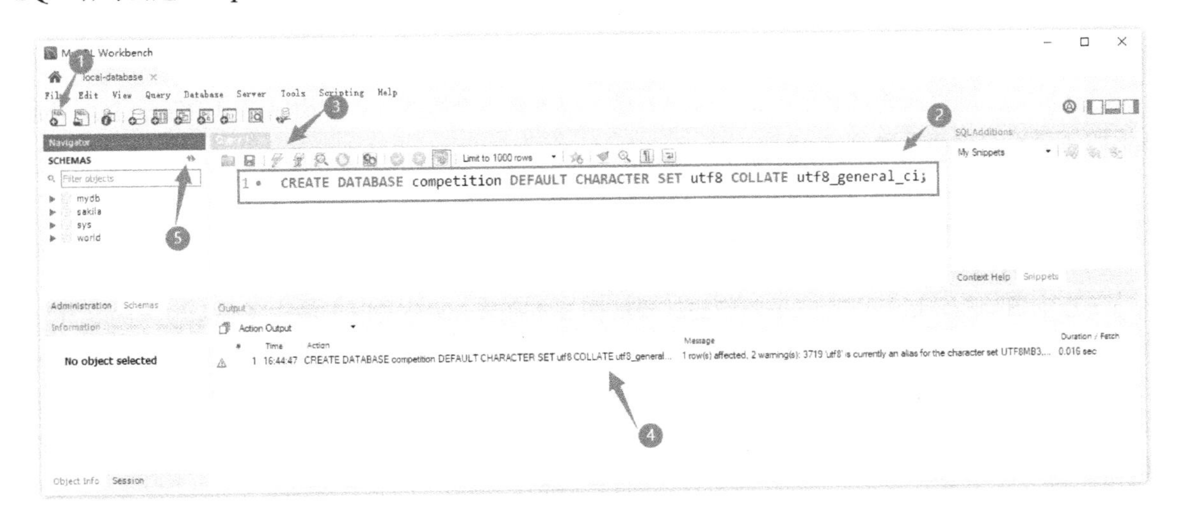

图 3-2　创建数据库

首先，如果连接数据库后，没有启动查询窗口，单击编号①所示的按钮，打开一个新的查询窗口，如果已经启动了一个查询窗口，则直接在编号②所示的位置输入需要运行的 SQL 语句即可；然后，单击编号③所示的按钮，运行 SQL 语句。SQL 语句运行时，会在编号④所示的位置输出相应的日志信息，如果需要对输出的日志信息进行处理，可以在【Action Output】窗格中，选中相应的日志信息，单击鼠标右键，在弹出的菜单中选择【Copy Action】选项，复制日志信息的内容，如图 3-3 所示；最后，单击编号⑤所示的按钮，查看系统中已创建的数据库情况，结果如图 3-4 所示，完成 competition 数据库的创建。

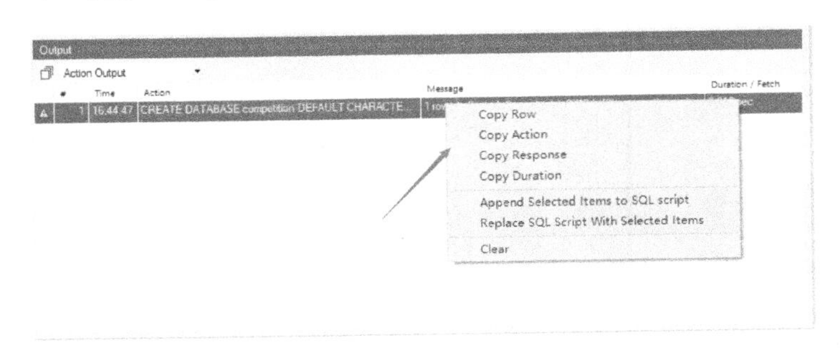

图 3-3　日志信息处理

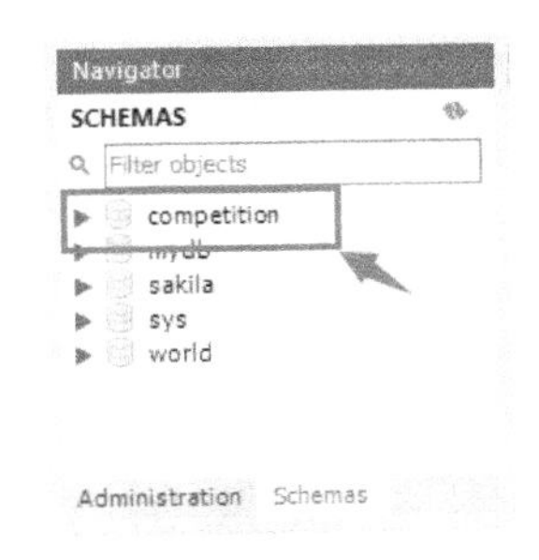

图 3-4　查看系统中已创建的数据库情况

在完成数据库连接后，直接单击 MySQL Workbench 工具上方的创建数据库按钮，可以在图形化界面下的开始创建数据库操作，如图 3-5 和图 3-6 所示，最后单击【Apply】按钮，完成数据库的创建。

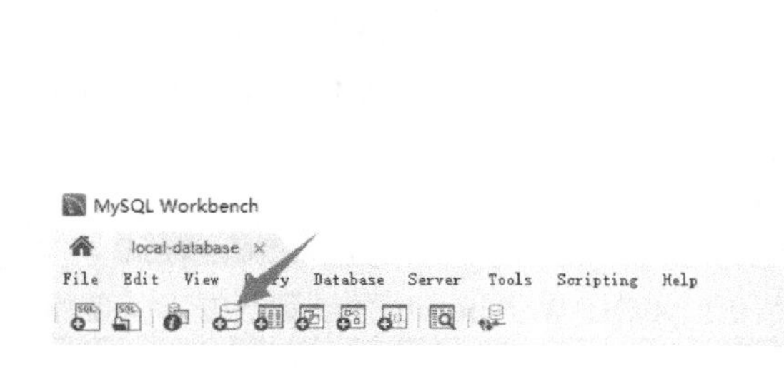

图 3-5 创建数据库

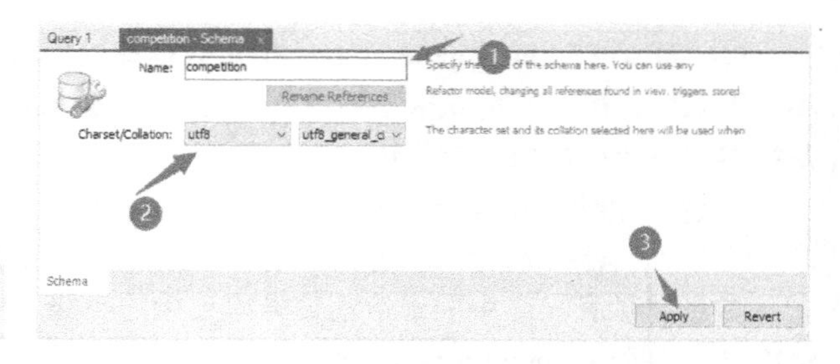

图 3-6 数据库设置（含字符集设置等）

2. 查看数据库

在 MySQL 数据库管理系统中，一台服务器可以创建多个数据库，下面以简单的三条 SQL 语句展示如何查看数据库及数据表。

① SHOW DATABASES：查看数据库服务器中有哪些数据库。

② USE databasename：进入 databasename 数据库。

③ SHOW TABLES：查看数据库内所有的数据表，前提是已经进入了数据库。

在查询窗口中，运行以上三条语句的结果如图 3-7 所示。编号①所示的位置表示输入的 SQL 语句，单击编号②所示的按钮，可运行三条语句。编号③和编号④所示的位置分别表示上述三条语句中的输出结果，通常输出结果的选项卡编号会随着语句的运行依次递增。编号⑤所示的位置表示运行 SQL 语句时输出的日志信息。在【Navigator】窗格下，单击数据库名称左侧的三角形图标，可查看数据库的具体细节，如编号⑥所示，其与在查询窗口中看到的输出结果一致。

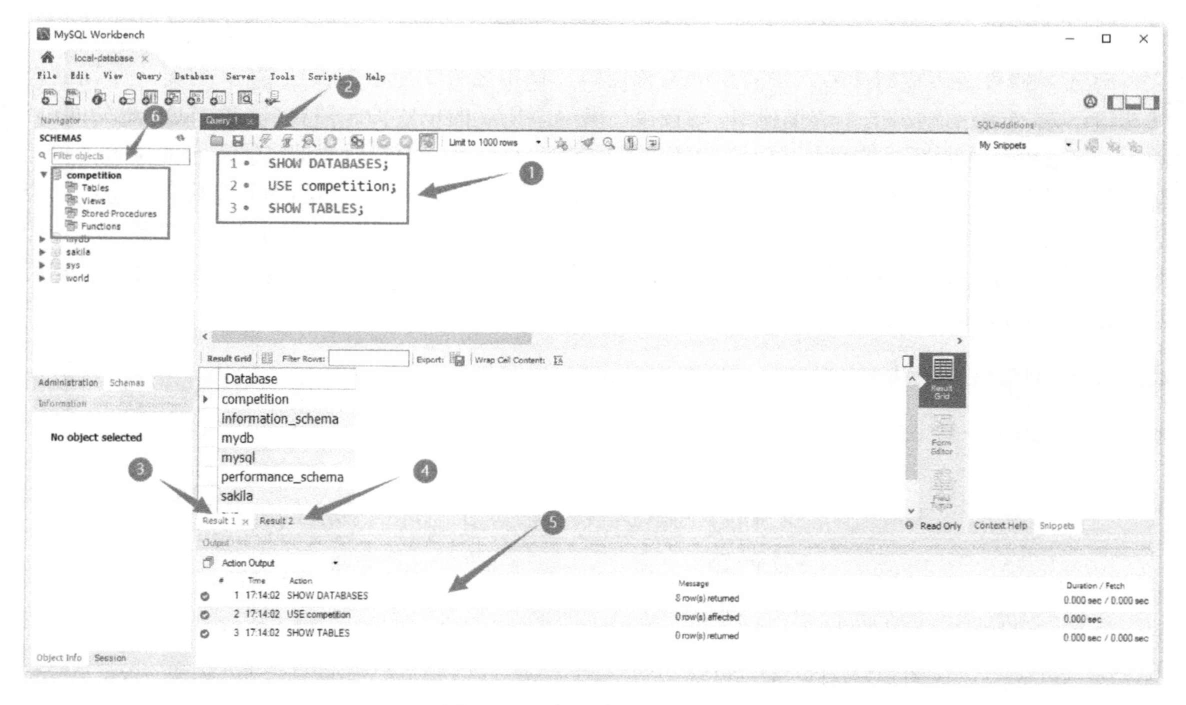

图 3-7 运行三条语句的结果

如图 3-8 所示，由于当前 competition 数据库中没有创建数据表，因此【Result 2】选项卡的内容为空。

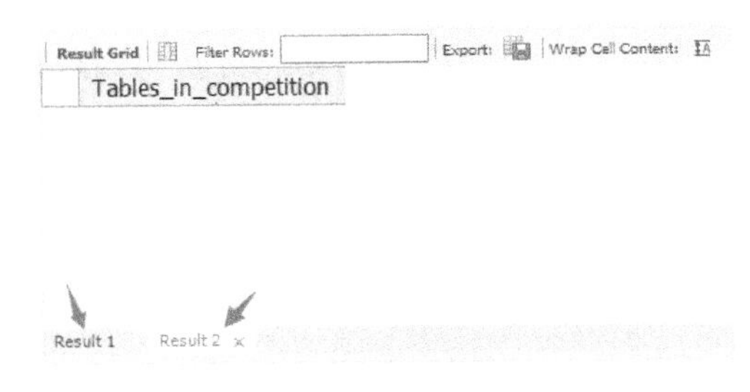

图 3-8　查看运行结果

3. 修改数据库

数据库创建后，如果需要修改其字符集和校验规则，可使用“ALTER DATABASE databasename”语句，其语法格式如下：

```
ALTER DATABASE databasename CHARACTER SET 新的字符集 COLLATE 新的校验规则;
```

在查询窗口中，运行修改数据库的语句，将 competition 数据库的字符集设置为 gbk，校验规则设置为 gbk_chinese_ci，如图 3-9 所示。

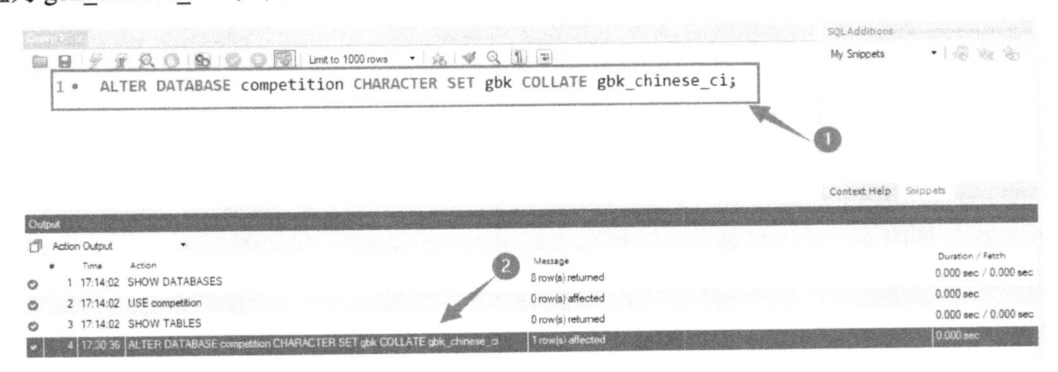

图 3-9　修改字符集和校验规则

如图 3-10 和图 3-11 所示，在图形化界面中，选择需要修改的数据库，单击鼠标右键，在弹出的菜单中选择【Alter Schema】选项，也可以方便地修改指定数据库的字符集和校验规则。

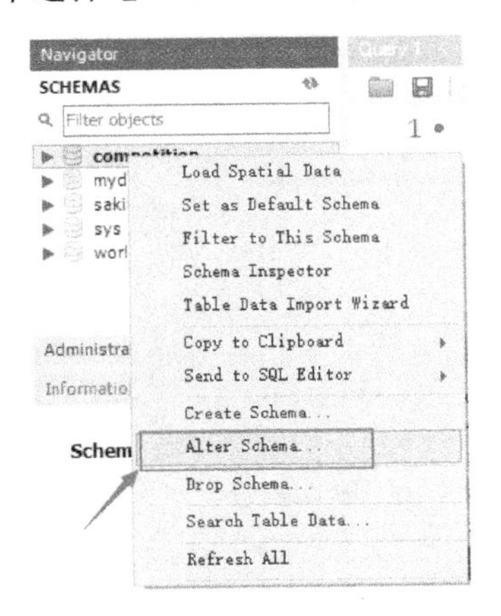

图 3-10　选择【Alter Schema】选项

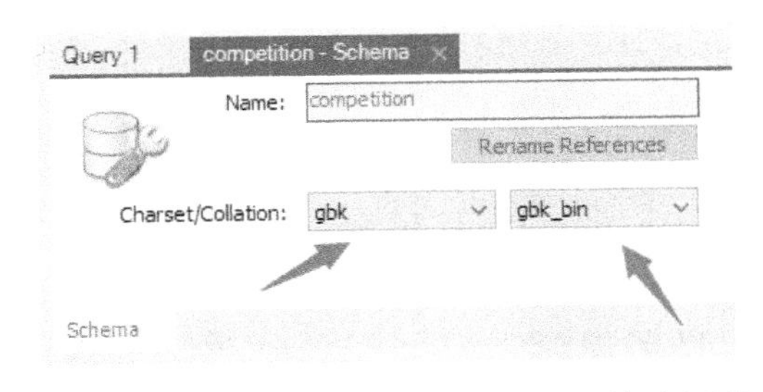

图 3-11　修改指定数据库的字符集和校验规则

4. 删除数据库

在 MySQL 中，不需要的数据库可以删除，以节省系统存储空间。但需要注意的是，使用普通用户登录 MySQL 服务器时，需要用户有相应的删除权限才可以删除指定的数据库，否则需要使用 root 用户登录。MySQL 数据库中的 root 用户拥有最高权限。在删除数据库的过程中，操作应该十分谨慎，因为执行删除操作后，数据库中所有数据将会丢失。删除数据库的语法格式如下：

```
DROP DATABASE databasename;
```

删除数据库 competition 的结果如图 3-12 所示。

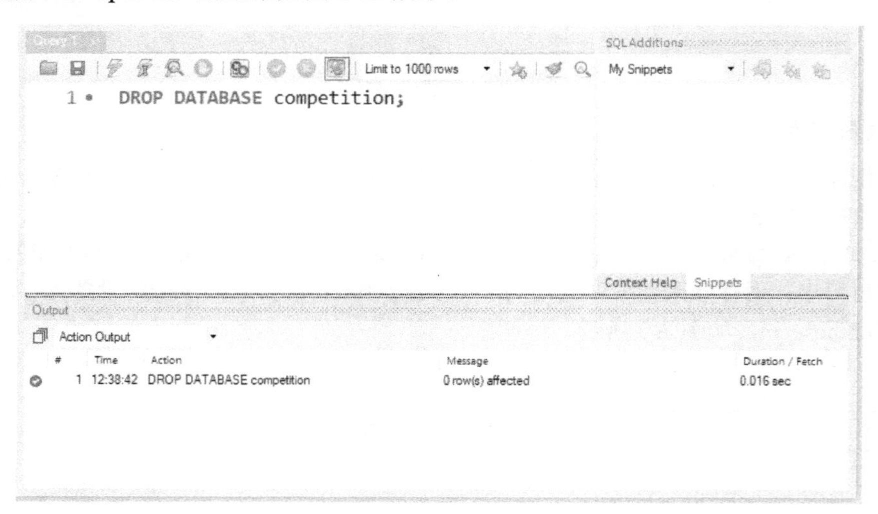

图 3-12 删除数据库 competition 的结果

在图形化界面中，选中需要删除的数据库，单击鼠标右键，先在弹出的菜单中选择【Drop Schema】选项，然后在弹出的对话框中选择【Drop Now】选项确认删除，也可以删除数据库，如图 3-13 和图 3-14 所示。

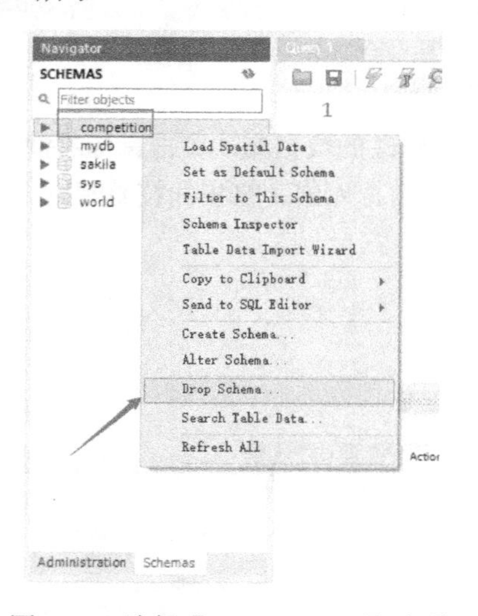

图 3-13 选择【Drop Schema】选项

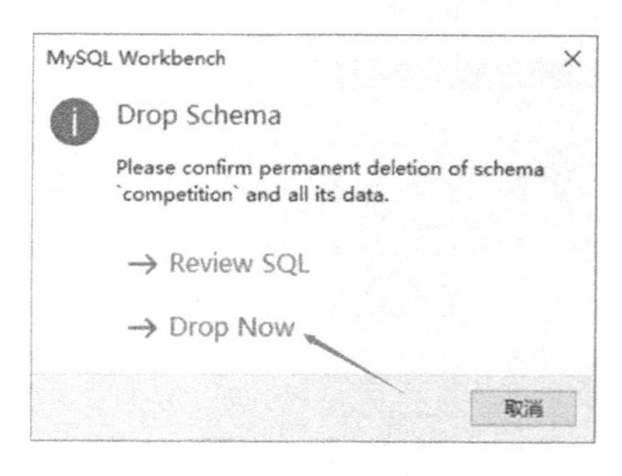

图 3-14 确认删除

四、任务总结

MySQL 数据库提供了较为丰富的功能，需要合理设置各项参数。本任务通过输入 SQL 语句和图形化界面操作两种方式实现了创建数据库、查看数据库、修改数据库、删除数据库操作，并给出了结果。

任务 2　数据库的备份与恢复

数据库是信息管理系统数据存储及数据管理的仓库，数据库中的数据非常重要，需要经常对数据库中的数据进行备份，以防丢失。服务器故障、磁盘损坏等情况都会造成数据丢失，数据库中的数据丢失，将会给管理系统造成损失，因此要经常对数据库进行备份，确保数据安全可靠，减少数据丢失造成的损失。

微课视频

一、任务描述

使用 MySQL 数据库管理系统的备份工具对数据库进行备份，用备份好的数据库文件进行恢复。

二、任务分析

通常，在备份数据库前需要停止数据库服务，防止在备份数据库时还有用户继续向数据表中添加数据，这样将会导致备份不全面。MySQL 在备份数据库时，使用 mysqldump 命令将数据库中的数据备份成一个 sql 文件。表的结构和表中的数据将存储在生成的 sql 文件中。使用 mysqldump 命令备份数据库时，MySQL 会先查找出需要备份的表的结构，再在文本文件中生成一个 CREATE 语句，然后，将表中的所有记录转换成一条 INSERT 语句。通过这些语句，MySQL 就能够创建表并插入数据，最终完成数据库备份工作。

三、任务完成

1．备份数据库

1）备份单个数据库

使用 mysqldump 命令备份数据库时，应先使用 MySQL 数据库命令 FLUSH TABLES WITH READ LOCK 将服务器内存中的数据刷新到数据库文件中，同时锁定所有表，禁止所有数据表的更新操作（但无法禁止数据表的查询操作），以保证备份期间不会有新的数据写入，从而避免"数据不一致"问题的发生，如图 3-15 所示。

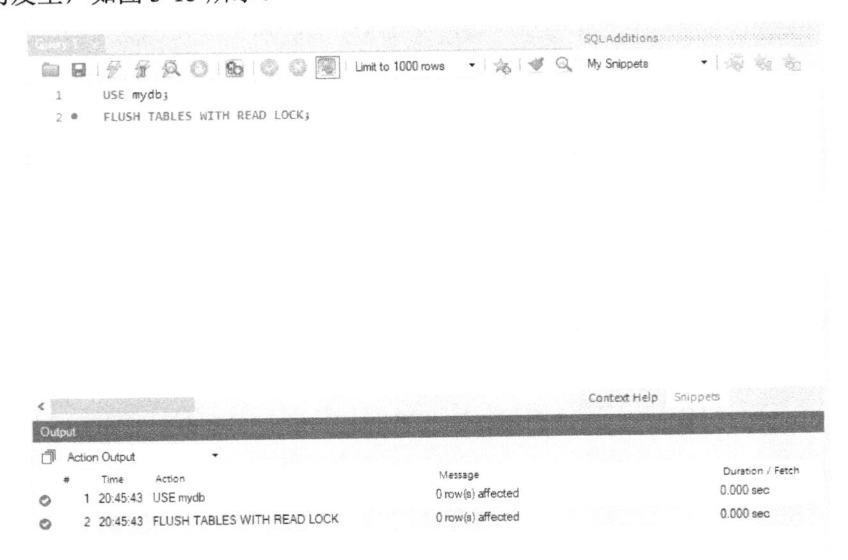

图 3-15　禁止更新数据表

mysqldump 是 MySQL 用于转存储数据库的命令，它将产生一个 sql 文件，其中包含从头重新创建数据库所必需的命令 CREATE、TABLE、INSERT 等。使用 mysqldump 命令导出数据时，需要使用 --tab 选项指定导出文件的目录，该目录必须是“可写”的。

以 Windows 系统为例，在命令行窗口中输入如下命令，再输入数据库系统 root 用户的密码，如图 3-16 所示，可完成 mydb 数据库的备份。

```
mysqldump -u root -p mydb > d:\mysql\mydb.sql
```

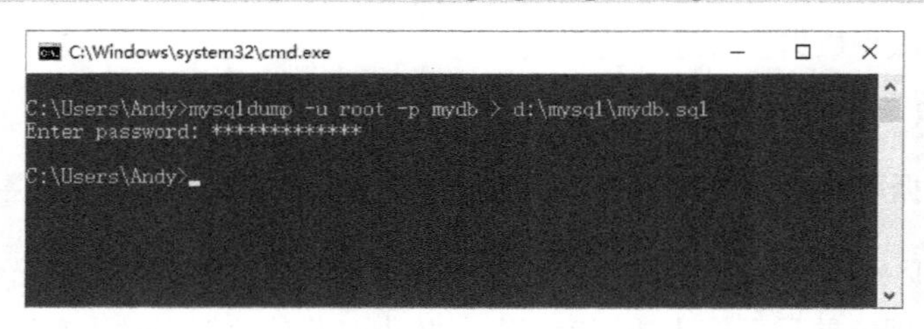

图 3-16　输入命令

执行备份操作后，会在指定的 d:\mysql 目录中，生成一个 mydb.sql 文件，mydb.sql 文件可以使用文本编辑器打开，其内容如图 3-17 所示。

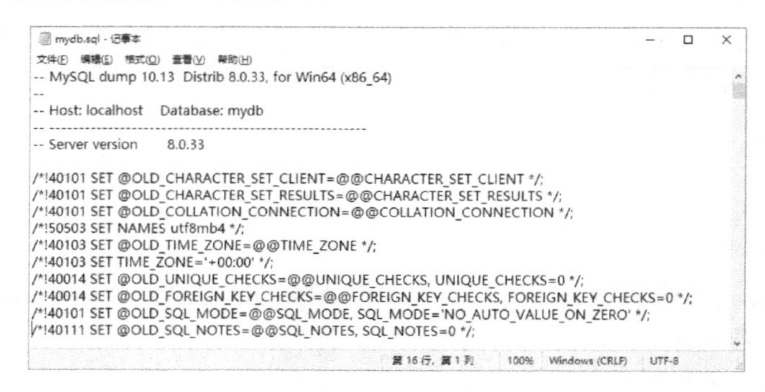

图 3-17　mydb.sql 文件内容

将备份文件复制到其他指定的存储目录后，使用 MySQL 命令 UNLOCK TABLES 解锁数据表，如图 3-18 所示。解锁后，MySQL 服务实例即可重新提供数据更新结果。

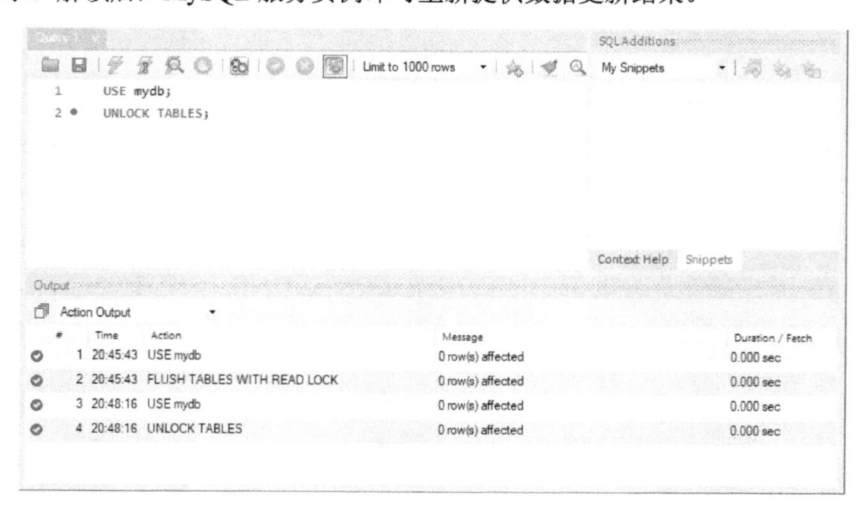

图 3-18　解锁数据表

2）备份多个数据库

使用 mysqldump 命令，加上--databases 选项可以实现一次性备份多个数据库，其语法格式如下：

```
mysqldump -u username -p --databases dbname2 dbname2 > Backup.sql
```

在--databases 选项后面，可以写上多个数据库名称，进行多个数据库的备份。

例如：

```
mysqldump -u root -p --databases test mysql > d:\Backup.sql
```

3）备份所有数据库

使用 mysqldump 命令，加上-all-databases 选项可以实现一次性备份所有数据库，其语法格式如下：

```
mysqldump -u username -p -all-databases > BackupName.sql
```

例如：

```
mysqldump -u -root -p -all-databases > d:\all.sql
```

4）使用 SQL 语句备份数据表的操作

备份数据表的具体操作如下：首先，为需要备份的数据表加上一个读锁定；然后，用 FLUSH TABLES 命令将内存中的数据写回硬盘上的数据库；最后，将需要备份的数据表文件复制到目标目录中。以 student 表为例，备份数据表的过程如下。

① SHOW MASTER STATUS：查看当前二进制文件状态。

② LOCK TABLES student READ：为数据表添加一个读锁定，避免在备份过程中，该表被更新。

③ SELECT * INTO OUTFILE 'student.bak ' FROM student：导出数据。

④ UNLOCK TABLES：解锁表。

相应的恢复数据表的过程如下。

① LOCK TABLES student WRITE：为数据表增加一个写锁定。

② LOAD DATA INFILE 'student.bak'2 REPLACE INTO TABLE student。

③ LOAD DATA LOW_PRIORITY INFILE 'student.bak' REPLACE INTO TABLE student。

④ UNLOCK TABLES：解锁表。

恢复数据表时如果指定 LOW_PRIORITY 关键字，就不需要对表进行锁定了，因为数据的导入将被推迟到没有用户读表为止。

操作中若因汉字问题出现恢复异常现象，可以把表默认的字符集和所有字符列（CHAR, VARCHAR, TEXT）改为新的字符集，语法格式如下：

```
ALTER TABLE tbl_name CONVERT TO CHARACTER SET charset_name;
```

例如：

```
ALTER TABLE student CONVERT TO CHARACTER SET gbk;
```

5）使用 MySQL Workbench 图形化界面进行数据库的备份（导出）

在 MySQL Workbench 图形化界面中，通过数据库的管理功能，可实现数据库的备份（导出），如图 3-19 所示。

首先，在编号①所示的位置，选择【Adminitration】选项卡，接着选择编号②所示的【Data Export】选项，打开数据库备份（导出）界面。

然后，在打开的界面中，选择需要导出的数据库，如编号③所示。如果需要导出某数据库中的部分数据表，则在编号④所示的位置选择需要导出哪些表，与前面使用 SQL 语句备份数据表的操作功能类似。

在编号⑤所示的位置，选择导出的方式，这里提供三个选项：【Dump Structure and Data】、【Dump

Data Only】、【Dump Structure】，分别表示：同时导出表结构和数据记录、仅导出数据记录、仅导出表结构。在编号⑥所示的位置，可选择视图、表及反选操作。

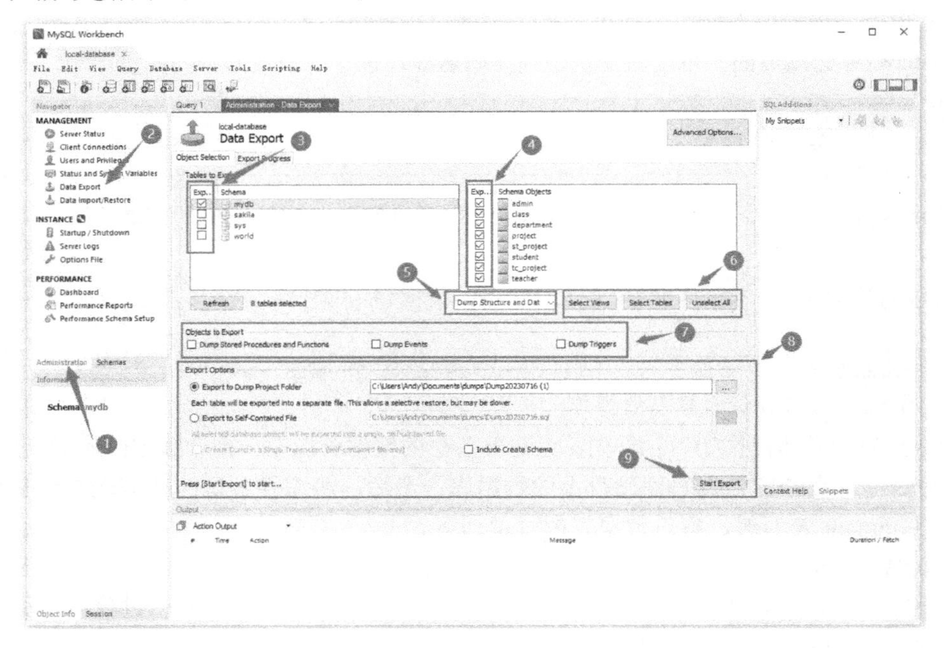

图 3-19　数据库的备份（导出）

接下来，在编号⑦所示的位置，选择需要导出的其他对象，如函数、存储过程、触发器等。在编号⑧所示的位置，选择导出后文件的存储形式及存储路径等，以及是否一并导出包含创建数据库的 SQL 语句。

最后，单击编号⑨所示的【Start Export】按钮，完成导出操作，导出操作的日志信息如图 3-20 所示。

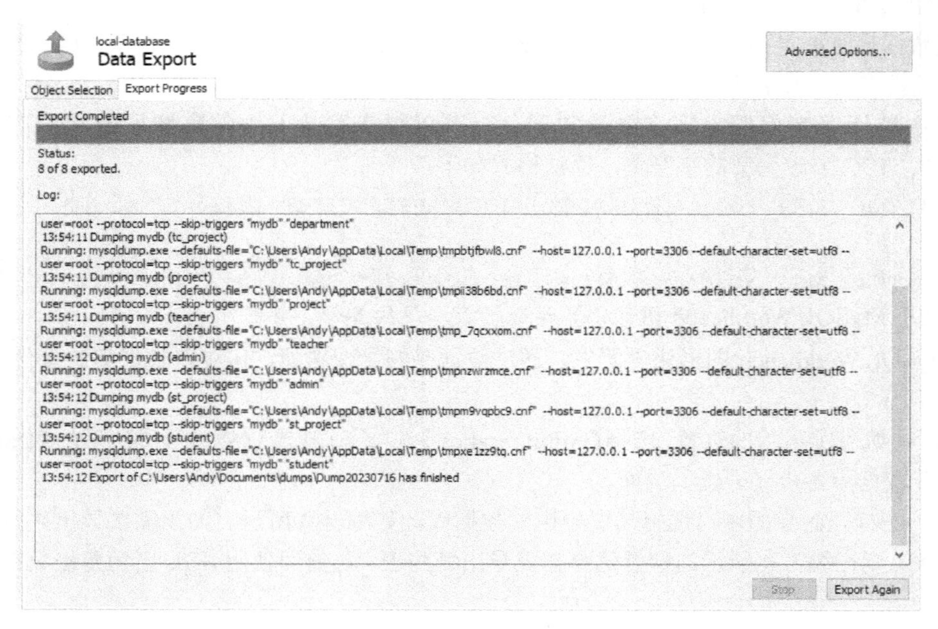

图 3-20　导出操作的日志信息

注意，在图 3-19 中，在编号⑧所示的位置，如果选择【Export to Dump Project Folder】选项，则表示将备份的内容导出到一个指定的目录中，需要选择适当的目录，效果如图 3-21 和图 3-22 所示；如果选择【Export to Self-Contained File】选项，则表示将备份的内容导出到指定目录下的某个 sql 文件中，效果如图 3-23 和图 3-24 所示。

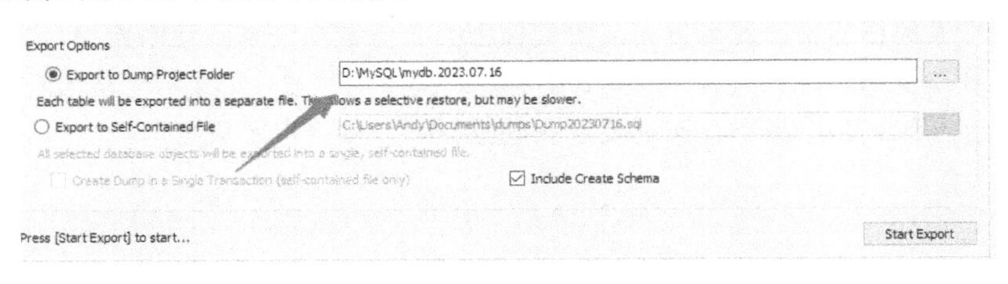

图 3-21　导出到一个指定的目录中

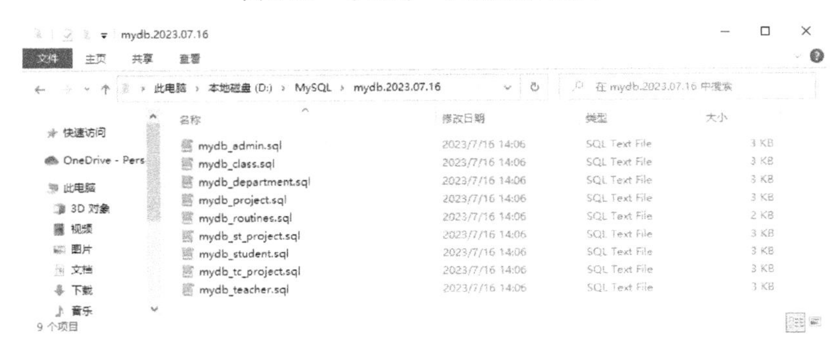

图 3-22　导出到目录中的效果

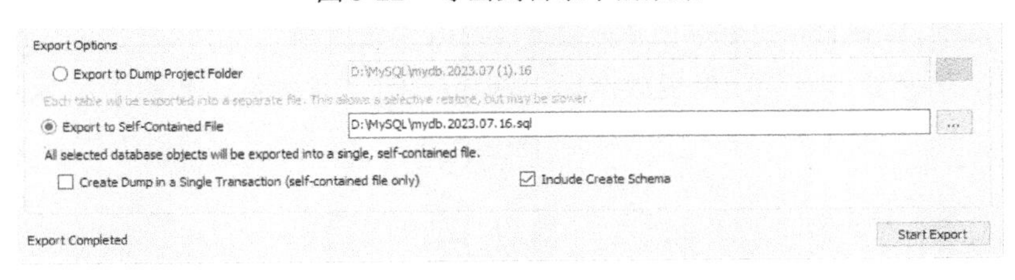

图 3-23　导出到 sql 文件中

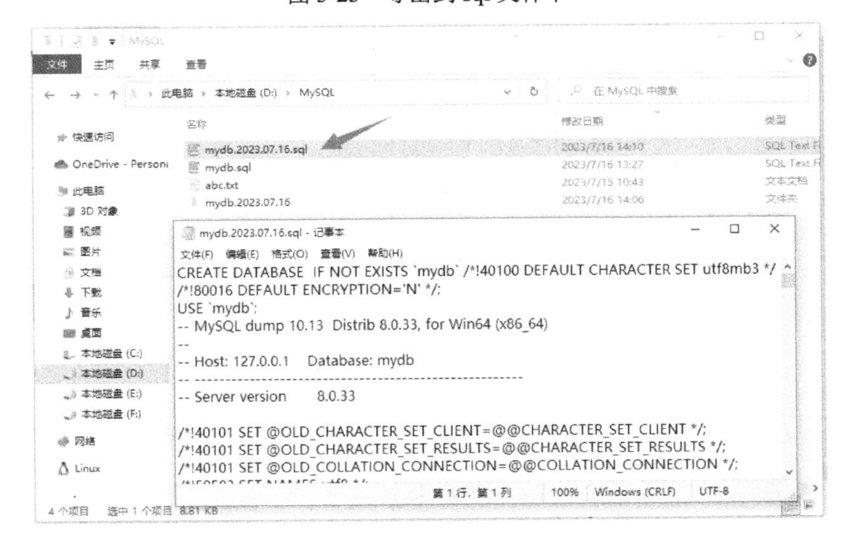

图 3-24　导出到 sql 文件中的效果

2. 恢复数据库

1）用 mysql 命令导入备份文件

恢复数据库时，应先停止应用，再执行 mysql 命令导入备份文件，其语法格式如下：

```
mysql -u root -p database < filename.sql
```

将 sql 文件导入数据库中，就可以将备份文件中的备份数据恢复到数据库中，如图 3-25 所示。需要注意的是，要确保数据库已经在 MySQL 中存在，其才能恢复，如果导入的 sql 文件中没有创建数据库的语句，且 MySQL 中也不存在需要导入的数据库，则会提示失败。

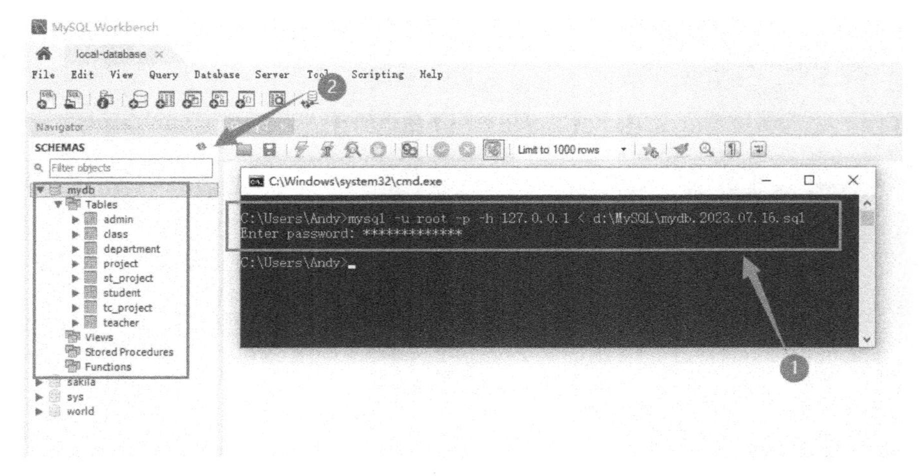

图 3-25 恢复数据库

2）通过 MySQL Workbench 图形化界面恢复（导入）数据库

在本任务中，导入操作可用于恢复数据库，以导入 sql 文件为例，如图 3-26 所示。

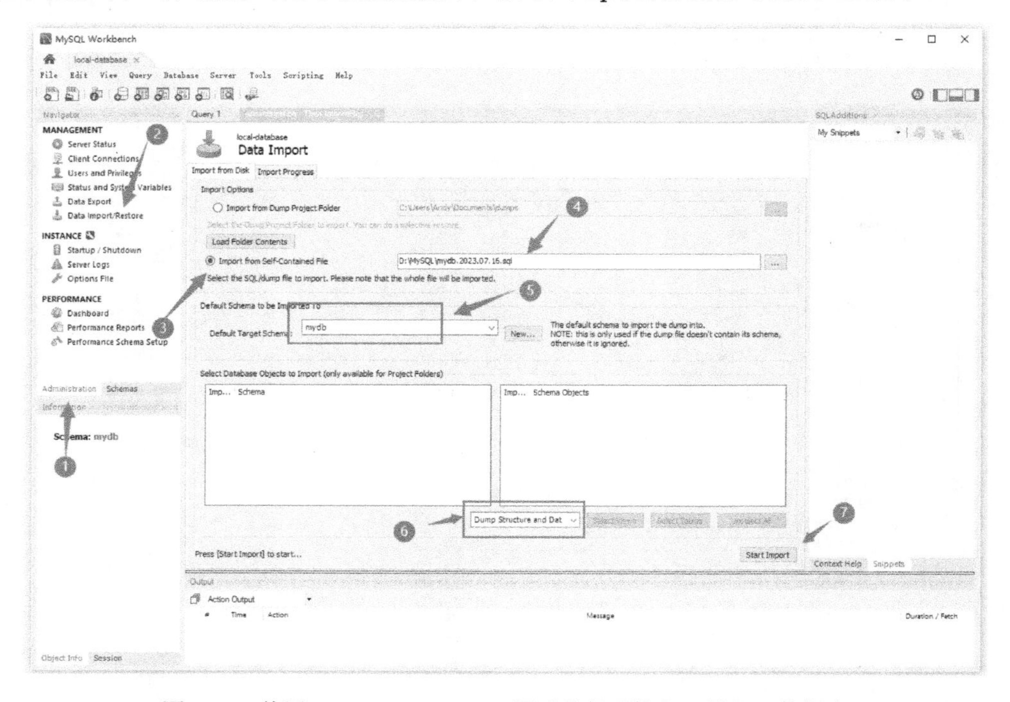

图 3-26 使用 MySQL Workbench 图形化界面恢复（导入）数据库

首先，在编号①所示的位置，选择【Adminitration】选项卡，接着选择编号②所示的【Data Import/Restore】选项，启动导入功能。

然后，在弹出的界面中，选择编号③所示的【Import from Self-Contained File】选项，在编号④所示的位置，输入 sql 文件的路径和名称，或通过 ... 按钮选择具体的 sql 文件。在编号⑤所示的位置，选择需要导入的数据库，或单击【New】按钮，创建一个数据库。

接下来，在编号⑥所示的位置选择导入的方式，包括导入表结构和数据记录、仅导入数据记录、仅导入表结构三种。

最后，单击编号⑦所示的【Start Import】按钮，完成导入操作。导入完成后，导入操作的日志信息如图 3-27 所示。

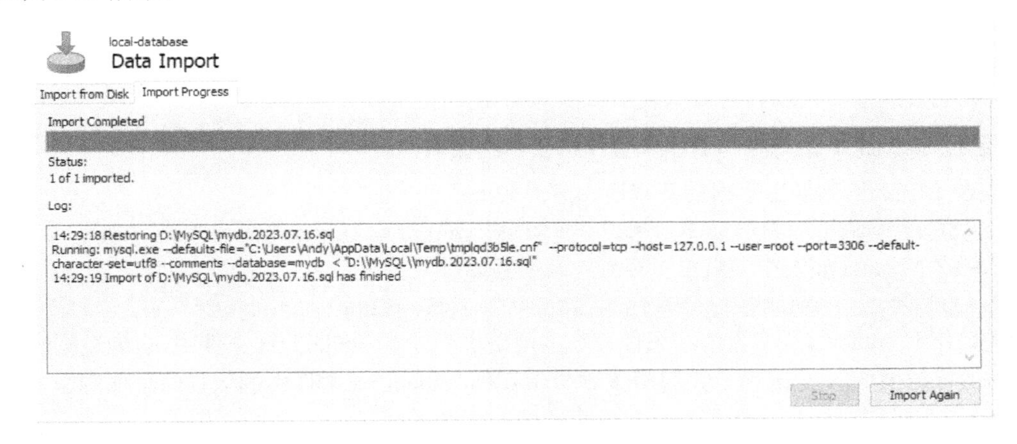

图 3-27　导入操作的日志信息

四、任务总结

数据是数据库管理系统的核心，为避免因软硬件故障、操作失误及自然灾害等意外情况导致数据丢失，需要经常对数据库进行备份操作。定期备份数据库，可以减少数据丢失所带来的损失，因此在各类数据库管理系统中，都建议建立周期性任务，实现数据库的定期备份。

本任务介绍了 MySQL 中备份数据库的多种方法，无论采用哪种数据库备份方法，都要求备份期间数据库必须处于“数据一致”状态。大型数据库系统的备份通常需要花费比较长的时间，在此期间一般不建议对数据进行任何更新操作，避免导致“数据不一致”的情形。

任务 3　数据库中表的导入与导出

数据表中的数据经常要进行导入与导出等操作，特别是不同形式的数据在各种软件系统下的导入、导出操作。一般地，办公时经常使用的处理表格的软件是 Excel，有时候我们需要将 Excel 中的表导入 MySQL 中，有时候又需要将 MySQL 中数据表导出到 Excel 中，两种软件之间需要进行数据转换。掌握数据库中表的导入、导出操作，能方便地在各种工具软件下的应用数据。

微课视频

一、任务描述

连接 MySQL 服务器，将指定数据库中的表导出，转换为 Excel 表格文件；并将 Excel 中的数据导入 MySQL 数据表中。

二、任务分析

使用 MySQL 可以查询数据表中的数据，并将查询结果导出到指定的文件中。将 Excel 中的数据导入 MySQL 数据表中时，需要先将其存储到文本文件中，然后通过 LOAD DATA INFILE 语句导入。在数据导入、导出过程中，可使用文本文件或 csv 格式的数据文件作为中介，进行格式转换，实现数据在不同工具软件中的导入、导出操作。

三、任务完成

在“任务 2”中，我们介绍了可使用 mysqldump 命令或 MySQL Workbench 工具对数据库进行备份（导出），并存储在 sql 文件中。在 MySQL 中，使用 SELECT 查询语句，可以将数据表中指定的数据导出到一个指定的文件中，有关 SELECT 语句的具体用法，将在后续项目中详细讲解，在本任务中，我们仅展示导入和导出数据表中数据的相关操作。

1. 通过 SELECT 语句导出数据表查询结果中的数据

通过 SELECT 语句导出数据的基本语法格式如下：

```
SELECT 列字段 FROM 表名 INTO OUTFILE 'path/filename';
```

【例 3-1】将 student 表中的数据保存到本地磁盘 C 上。

```
SELECT * FROM student  INTO OUTFILE 'C:/student.txt';
```

查询数据表 student，并将查询结果保存在本地磁盘 C 上的 student.txt 文件中，查询数据表 student 中数据的运行结果如图 3-28 所示，将查询结果保存到 student.txt 文件中的运行结果如图 3-29 所示。由 student.txt 文件可以看出，其是按一定的规律来存放数据的。

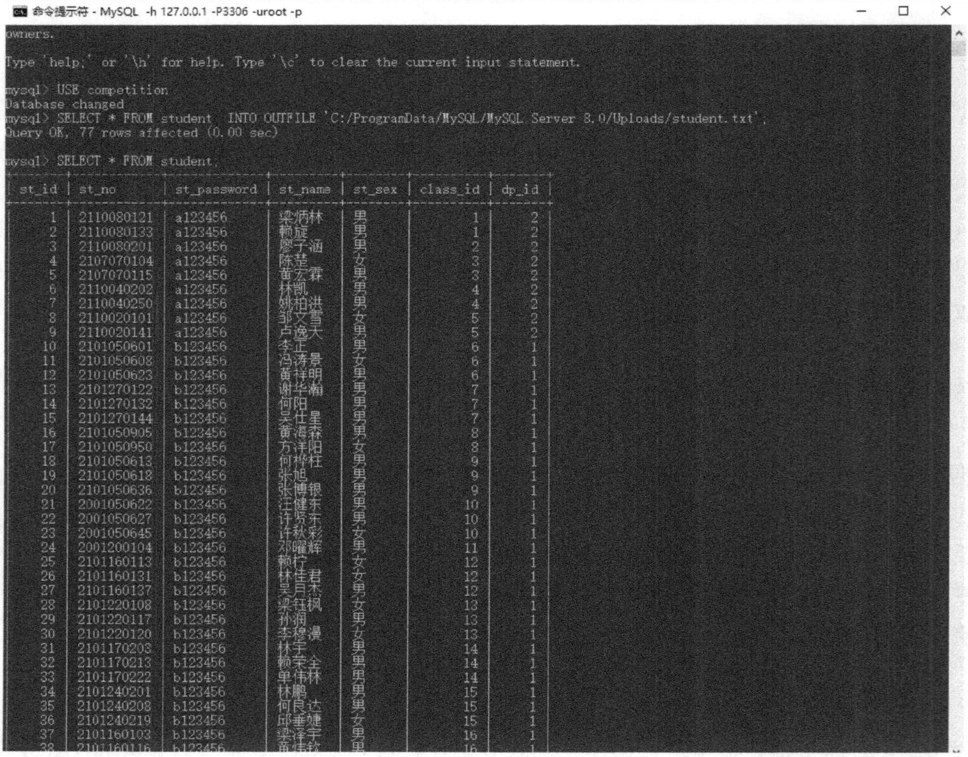

```
命令提示符 - MySQL -h 127.0.0.1 -P3306 -uroot -p
owners.

Type 'help;' or '\h' for help. Type '\c' to clear the current input statement.

mysql> USE competition
Database changed
mysql> SELECT * FROM student  INTO OUTFILE 'C:/ProgramData/MySQL/MySQL Server 8.0/Uploads/student.txt';
Query OK, 77 rows affected (0.00 sec)

mysql> SELECT * FROM student;
+-------+------------+-------------+---------+--------+----------+-------+
| st_id | st_no      | st_password | st_name | st_sex | class_id | dp_id |
+-------+------------+-------------+---------+--------+----------+-------+
|     1 | 2110080121 | a123456     | 梁炳林  | 男     |        1 |     2 |
|     2 | 2110080133 | a123456     | 赖旋    | 男     |        1 |     2 |
|     3 | 2110080201 | a123456     | 廖子涵  | 男     |        2 |     2 |
|     4 | 2107070104 | a123456     | 陈楚    | 女     |        3 |     2 |
|     5 | 2107070115 | a123456     | 黄宏霖  | 男     |        3 |     2 |
|     6 | 2110040202 | a123456     | 林凯    | 男     |        4 |     2 |
|     7 | 2110040250 | a123456     | 姚柏洪  | 男     |        4 |     2 |
|     8 | 2110020101 | a123456     | 邹文雪  | 女     |        5 |     2 |
|     9 | 2110020141 | a123456     | 卢逸大  | 男     |        5 |     2 |
|    10 | 2101050601 | b123456     | 李正    | 男     |        6 |     1 |
|    11 | 2101050608 | b123456     | 冯诗景  | 女     |        6 |     1 |
|    12 | 2101050623 | b123456     | 黄祥明  | 男     |        6 |     1 |
|    13 | 2101270122 | b123456     | 谢华瀚  | 男     |        7 |     1 |
|    14 | 2101270132 | b123456     | 何阳    | 男     |        7 |     1 |
|    15 | 2101270144 | b123456     | 吴仕星  | 男     |        7 |     1 |
|    16 | 2101050905 | b123456     | 黄海森  | 男     |        8 |     1 |
|    17 | 2101050950 | b123456     | 方泽阳  | 女     |        8 |     1 |
|    18 | 2101050613 | b123456     | 何桦柱  | 男     |        9 |     1 |
|    19 | 2101050618 | b123456     | 张旭    | 男     |        9 |     1 |
|    20 | 2101050636 | b123456     | 张博银  | 男     |        9 |     1 |
|    21 | 2001050622 | b123456     | 汪健东  | 男     |       10 |     1 |
|    22 | 2001050627 | b123456     | 许贤东  | 男     |       10 |     1 |
|    23 | 2001050645 | b123456     | 许秋彩  | 女     |       10 |     1 |
|    24 | 2001200104 | b123456     | 邓曜辉  | 男     |       11 |     1 |
|    25 | 2101160113 | b123456     | 赖柠    | 女     |       12 |     1 |
|    26 | 2101160131 | b123456     | 林佳君  | 女     |       12 |     1 |
|    27 | 2101160137 | b123456     | 吴月杰  | 男     |       12 |     1 |
|    28 | 2101220108 | b123456     | 梁钰枫  | 女     |       13 |     1 |
|    29 | 2101220117 | b123456     | 孙润    | 男     |       13 |     1 |
|    30 | 2101220120 | b123456     | 李穆漫  | 女     |       13 |     1 |
|    31 | 2101170203 | b123456     | 林宇    | 男     |       14 |     1 |
|    32 | 2101170213 | b123456     | 赖荣全  | 男     |       14 |     1 |
|    33 | 2101170222 | b123456     | 単伟林  | 男     |       14 |     1 |
|    34 | 2101240201 | b123456     | 林鹏    | 男     |       15 |     1 |
|    35 | 2101240208 | b123456     | 何良达  | 男     |       15 |     1 |
|    36 | 2101240219 | b123456     | 邱垂婕  | 女     |       15 |     1 |
|    37 | 2101160103 | b123456     | 梁泽宇  | 男     |       16 |     1 |
|    38 | 2101160116 | b123456     | 黄伟钦  | 男     |       16 |     1 |
```

图 3-28　查询数据表 student 中的数据

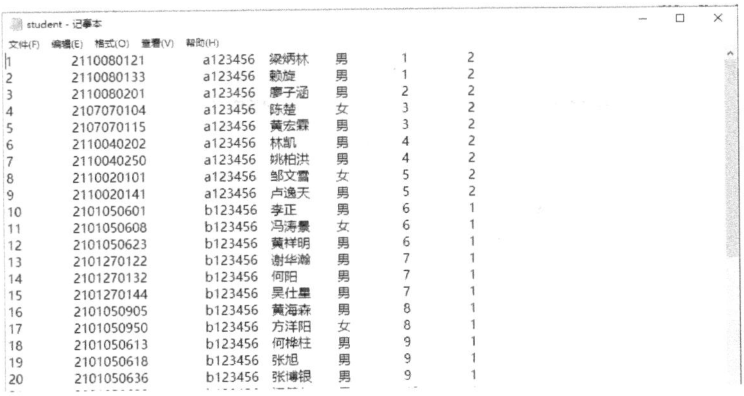

student - 记事本

文件(F)　编辑(E)　格式(O)　查看(V)　帮助(H)

```
1	2110080121	a123456	梁炳林	男	1	2
2	2110080133	a123456	赖旋	男	1	2
3	2110080201	a123456	廖子涵	男	2	2
4	2107070104	a123456	陈楚	女	3	2
5	2107070115	a123456	黄宏霖	男	3	2
6	2110040202	a123456	林凯	男	4	2
7	2110040250	a123456	姚柏洪	男	4	2
8	2110020101	a123456	邹文雪	女	5	2
9	2110020141	a123456	卢逸天	男	5	2
10	2101050601	b123456	李正	男	6	1
11	2101050608	b123456	冯涛景	女	6	1
12	2101050623	b123456	黄祥明	男	6	1
13	2101270122	b123456	谢华瀚	男	7	1
14	2101270132	b123456	何阳	男	7	1
15	2101270144	b123456	吴仕星	男	7	1
16	2101050905	b123456	黄海森	男	8	1
17	2101050950	b123456	方洋阳	女	8	1
18	2101050613	b123456	何桦柱	男	9	1
19	2101050618	b123456	张旭	男	9	1
20	2101050636	b123456	张博银	男	9	1
```

图 3-29　将查询结果保存到 student.txt 文件中

2．通过 mysqldump 命令导出数据

利用 mysqldump 命令可导出数据，将数据备份至 dump.txt 文件中，其语法格式如下：

```
mysqldump -u root -p database_name  table_name > dump.txt;
password *****
```

需要注意的是，如果要完整备份数据库，则无须使用特定的表名称。

如果需要将备份的数据库导入 MySQL 服务器中，可以使用以下命令（需要确认数据库已经创建）：

```
mysql -u root -p database_name < dump.txt;
password *****
```

3．在两服务器间进行导入

使用 mysqldump 命令，可以将导出的数据直接导入远程的服务器中，但需确保两台服务器是相连通的，并且可以相互访问，语法格式如下：

```
mysqldump -u root -p database_name  mysql -h IP database_name;
```

4．导入数据

1）使用 LOAD DATA 语句导入数据

在 MySQL 中可使用 LOAD DATA 语句导入数据到数据表中。在 Windows 系统中，读取文件 dump.txt，并将该文件中的数据导入当前数据库的 mytbl 表中，语句如下：

```
LOAD DATA LOCAL INFILE 'dump.txt' INTO TABLE  mytbl;
```

上面的语句将 dump.txt 文本文件中的数据导入了数据表 mytb1 中，如果指定 LOCAL 关键字，则表明从客户端上按路径读取文件；如果没有指定，则表明在服务器上按路径读取文件。

【例 3-2】将文件 C:\student.txt 中的数据导入 student 表中。

```
LOAD DATA LOCAL INFILE 'C:/student.txt' INTO TABLE student;
```

运行结果如图 3-30 所示。

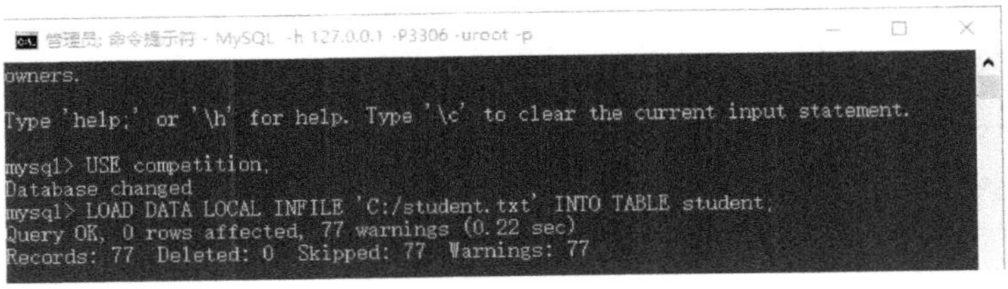

```
管理员: 命令提示符 - MySQL -h 127.0.0.1 -P3306 -uroot -p
owners.

Type 'help;' or '\h' for help. Type '\c' to clear the current input statement.

mysql> USE competition;
Database changed
mysql> LOAD DATA LOCAL INFILE 'C:/student.txt' INTO TABLE student;
Query OK, 0 rows affected, 77 warnings (0.22 sec)
Records: 77  Deleted: 0  Skipped: 77  Warnings: 77
```

图 3-30　运行结果

将 Excel 中的数据导入 MySQL 数据库的数据表中，需要先将 Excel 中的数据保存为文本文件，再利用 LOAD DATA LOCAL INFILE 语句将文本文件中的数据导入数据表中。

LOAD DATA 语句默认情况下是按照数据文件中列的顺序导入数据的，如果数据文件中的列与插入表中的列不一致，则需要指定列的顺序。语法格式如下：

```
LOAD DATA LOCAL INFILE 'dump.txt' INTO TABLE mytbl
  -> FIELDS TERMINATED BY ':'
  -> LINES TERMINATED BY '\r\n';
```

FIELDS 和 LINES 子句的语法是一样的。两个子句都是可选的，但是如果两个子句同时被指定，FIELDS 子句必须出现在 LINES 子句之前。

如果指定一个 FIELDS 子句，它的子句（TERMINATED BY、[OPTIONALLY] ENCLOSED BY 和 ESCAPED BY）也是可选的，不过，用户必须至少指定它们中的一个，明确在 LOAD DATA 语句中指出列值的分隔符和行尾标记，默认标记是定位符和换行符。

【例 3-3】在数据文件 dump.txt 中，列的顺序是 a，b，c，但在表 mytbl 中，列的顺序为 b，c，a，则数据导入的语句如下：

```
LOAD DATA LOCAL INFILE 'dump.txt'  -> INTO TABLE mytbl(b, c, a);
```

2）使用 mysqlimport 命令导入数据

mysqlimport 命令提供了 LOAD DATA 语句的一个命令行接口。mysqlimport 命令的大多数选项直接对应 LOAD DATA 的子句。

例如，从文件 dump.txt 中将数据导入 mytbl 表中，可以使用以下命令：

```
$ mysqlimport -u root -p --local database_name dump.txt
password *****
```

mysqlimport 命令通过指定选项来设置格式，语法格式如下：

```
$ mysqlimport -u root -p --local --fields-terminated-by=":" --lines-terminated-by="\r\n"  database_name dump.txt
password *****
```

mysqlimport 命令通过使用--columns 选项来设置列的顺序，例如：

```
$ mysqlimport -u root -p --local --columns=b,c,a database_name dump.txt
password *****
```

mysqlimport 命令的常用选项如表 3-4 所示。

表 3-4　mysqlimport 命令的常用选项

选　项	功　能
-d or --delete	在新数据导入数据表中之前删除数据表中的所有信息
-f or --force	不管是否遇到错误，将强制继续导入数据
-i or --ignore	跳过或者忽略那些有相同唯一关键字的行，导入文件中的数据将被忽略
-l or -lock-tables	在数据被导入之前锁住表，这样就防止了在更新数据库时，用户的查询和更新受到影响
-r or -replace	这个选项与-i 选项的作用相反，此选项用于替代表中有相同唯一关键字的行
--fields-enclosed- by= char	指定文本文件中数据的记录是以什么符号括起的，很多情况下以双引号括起，默认情况下数据是不被符号括起的
--fields-terminated- by=char	指定各个数据的值之间的分隔符，在用句号分隔的文件中，分隔符是句号，默认的分隔符是跳格符（Tab）
--lines-terminated- by=str	指定文本文件中行与行之间数据的分隔字符串或字符，默认情况下，mysqlimport 以 newline 为行分隔符，用户可以选择用一个字符串来替代单个字符：一个新行或者一个回车

mysqlimport 命令常用的选项还有-v（显示版本），-p（提示输入密码）等。

5．使用 MySQL Workbench 图形化界面实现数据表导入与导出操作

如果需要通过 MySQL Workbench 图形化界面完成数据表导入与导出操作，可以参考前面的图 3-19 和图 3-26，在此不再赘述。

下面以 MySQL 中的样本数据库 sakila 为例，针对 actor 数据表进行相关操作。启动数据表导出功能的操作如图 3-31 所示。

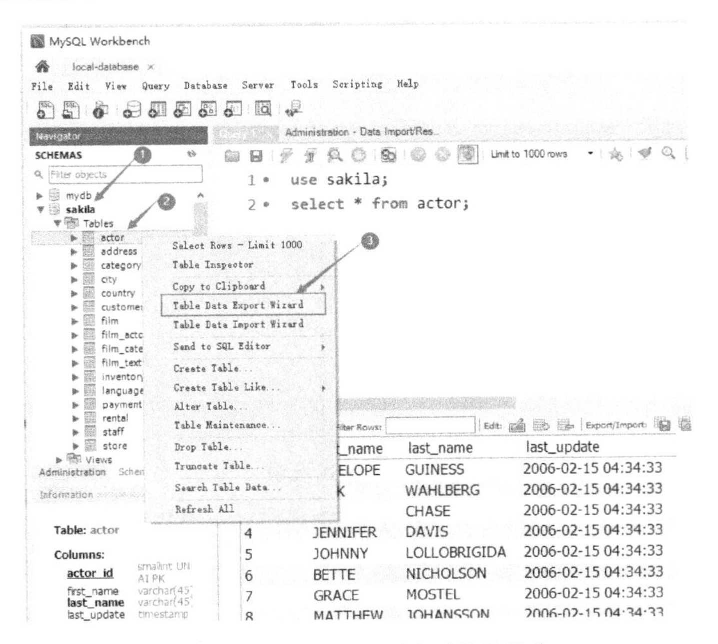

图 3-31　启动数据表导出功能的操作

启动导出功能后，弹出的界面如图 3-32 所示，可以在编号①处选择需要导出的数据表，在编号②处选择所需导出的列，单击【Next】按钮进入下一步。

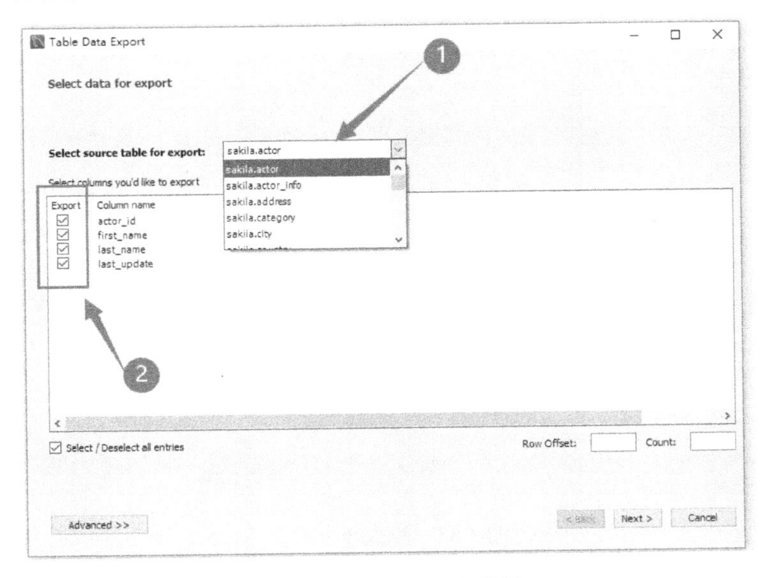

图 3-32　数据表导出设置

在图 3-33 中，可以设置所需的导出选项，在编号①处可以根据需要选择导出 csv 格式文件或 json 格式文件，在编号②处可以选择导出文件的存储路径和名称，在编号③处可以设置存储内容中的区段（Field）、行（Line）等分隔符，单击【Next】按钮进入下一步。

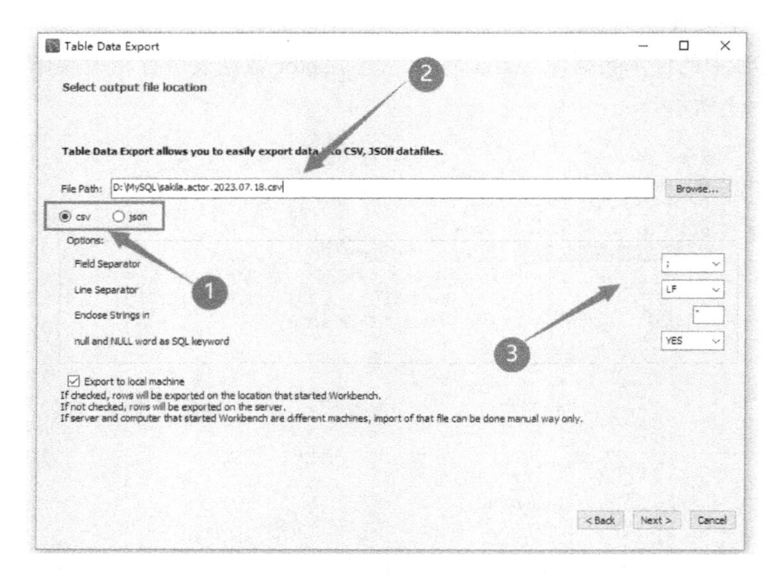

图 3-33 导出选项

如图 3-34 和图 3-35 所示，先单击【Next】按钮执行导出操作，再单击【Finish】按钮，完成导出。

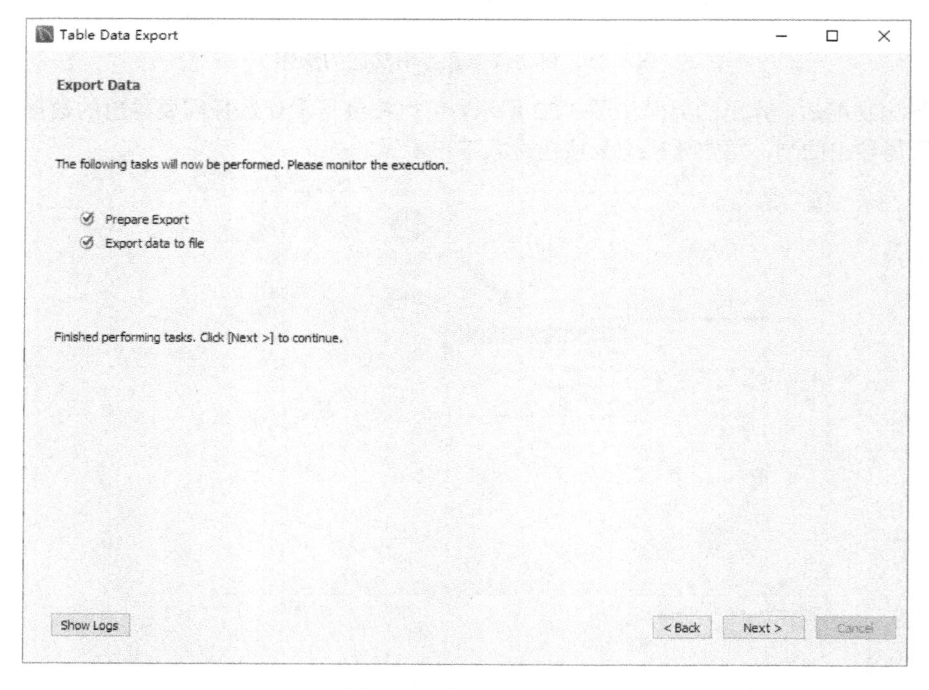

图 3-34 执行导出操作

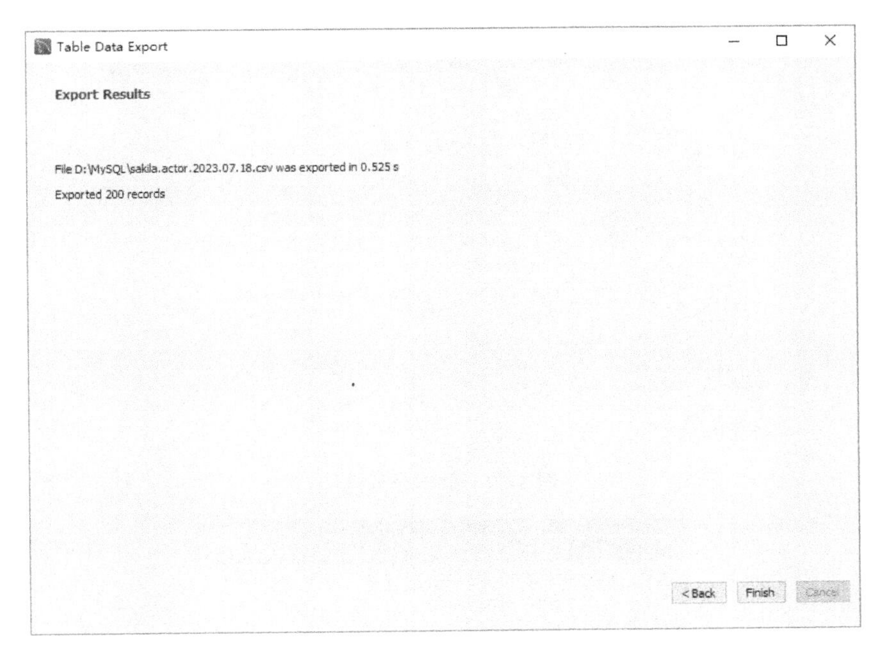

图 3-35　完成导出

通过 Excel 打开 csv 格式的导出文件，如图 3-36 所示。

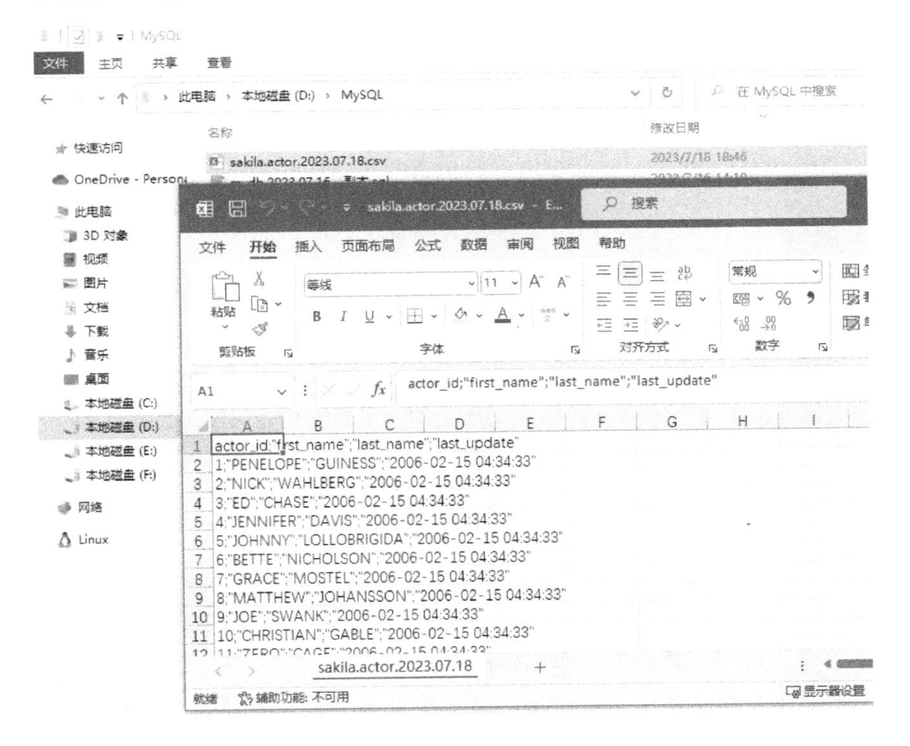

图 3-36　通过 Excel 打开 csv 格式的导出文件

针对上述导出的 csv 格式的文件，通过 Excel 的数据分列功能，可将其转化为标准的 Excel 文件，如图 3-37 和图 3-38 所示。最后可将该 csv 格式的文件另存为 xlsx 格式的文件。

将 Excel 文件导入 MySQL 数据库指定表中的操作与上述导出的操作过程类似，在此不再赘述。

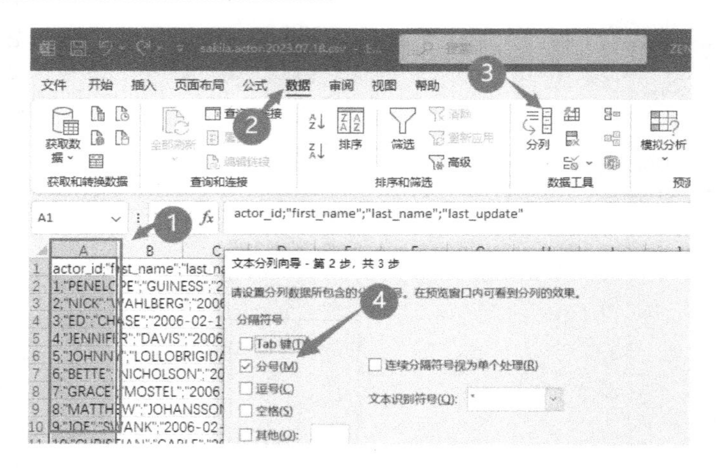

图 3-37　数据分列功能

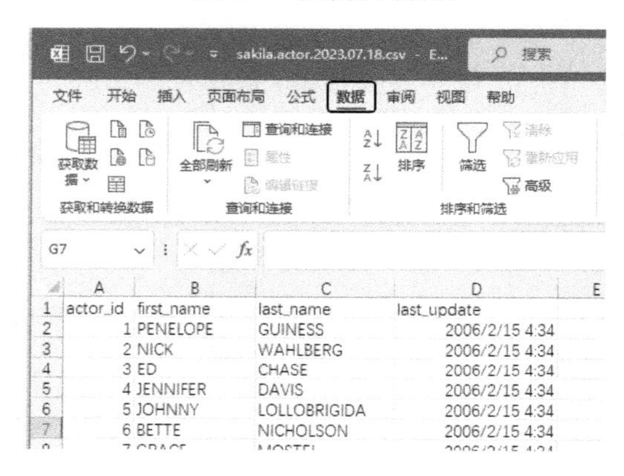

图 3-38　标准的 Excel 文件

四、任务总结

在 MySQL 中，数据的备份与恢复通常以数据库的形式进行操作。我们可以使用本任务中介绍的工具实现数据表的导入与导出操作，以备份数据库中某部分的数据内容。此外，通过导出操作，我们可以方便地将 MySQL 数据库中表的内容转换为 txt、csv 及 json 等格式的文件，供其他软件使用。通过导入操作，我们也可以很方便地将其他格式文件中的大量数据内容，导入数据库中的指定数据表中。

拓展阅读

“删库跑路”一直在 IT 圈里广为流传，甚至成为一些程序员、技术人员发泄压力的口头禅。意思是指互联网公司中掌握着重要信息的系统研发人员，由于各种不满情绪，在离开公司时，在未经许可的情况下，写下一段删除数据库、源代码或其他重要文件的命令，使公司损失惨重，从而达到宣泄情绪的目的。需要注意的是，“删库跑路”是一种违法行为，会被追究刑事责任。

事件 1：2020 年 2 月，港股上市公司微盟集团（02013.HK）一位 IT 运维员工贺某因“生活不如意、无力偿还网贷”等，在其个人住所通过计算机连接公司虚拟专用网络、登录公司服务器后执行删除任务，4 分钟便将微盟集团服务器内的数据全部删除。

贺某的“删库”行为导致 300 余万个用户无法正常使用该公司的 SaaS 产品，产品故障时间长达 8 天 14 个小时。

2020 年 9 月，贺某被判处有期徒刑 6 年，判决书中透露，贺某称酒后因生活不如意、无力偿还网贷做出“删库”行为。

事件 2：2022 年 2 月，上海市杨浦区人民法院公布的刑事判决书显示，一名 29 岁的程序员录某未经公司许可，在离职当天，私自将即将上线的“京东到家”平台系统代码删除，构成破坏计算机信息系统罪，被判处有期徒刑 10 个月。

事件 3：Sudhish Kasaba Ramesh 在 2016 年 7 月到 2018 年 4 月期间在思科任职，使用个人 Google Cloud Project 账户部署了恶意代码，删掉了 456 台虚拟机，造成 16000 个 WebEx Teams 账户被异常关闭。思科因此被客户要求退款超过 100 万美元，损失共计 240 万美元。Sudhish Kasaba Ramesh 具体的动机不明，但也为自己的行为付出了代价，面临 5 年的牢狱生活和 25 万美元的罚款。

上述的“删库跑路”事件，多数是技术人员利用“删库”、破坏系统等手段发泄不满，给相应的公司造成非常严重损失的事件。作为技术人员，千万不要因为一时“头脑发热”，做出错误的决定，让自己身陷囹圄。这些事件背后，代表企业相应的安全机制和管理制度有待加强完善。数据安全任重道远，企业内的数据作为一个企业的核心资产、赖以生存的命脉，其安全是重中之重，企业一定要做好相应的防范措施。

实践训练

【实践任务 1】

将图 3-39 所示的 Excel 中的数据导入 MySQL 数据库的数据表内（数据表请根据 Excel 中的数据自行创建）。

	A	B	C	D	E	F	G	H	I	J	K
1	序号	学号	姓名	性别	民族	年级	所属系部	班级名称（全称）	专业代码	专业名称（全称）	专业方向名称（全称）
2	1	1501180102	黄雄拓	男	汉族	2015级	信息工程学院	15电子(港澳台)班	610101	电子信息工程技术	电子信息工程技术
3	2	1501180103	李裕虎	男	汉族	2015级	信息工程学院	15电子(港澳台)班	610101	电子信息工程技术	电子信息工程技术
4	3	1501180104	郭文轩	男	汉族	2015级	信息工程学院	15电子(港澳台)班	610101	电子信息工程技术	电子信息工程技术
5	4	1501130139	古浩瀚	男	汉族	2015级	信息工程学院	15电子1班	610101	电子信息工程技术	电子信息工程技术
6	5	1501130116	饶卓伟	男	汉族	2015级	信息工程学院	15电子1班	610101	电子信息工程技术	电子信息工程技术
7	6	1501130132	祝峥嵘	男	汉族	2015级	信息工程学院	15电子1班	610101	电子信息工程技术	电子信息工程技术
8	7	1501180101	钟智华	男	汉族	2015级	信息工程学院	15电子1班	610101	电子信息工程技术	电子信息工程技术
9	8	1501130103	郭松斌	男	汉族	2015级	信息工程学院	15电子1班	610101	电子信息工程技术	电子信息工程技术
10	9	1501130102	陈明丰	男	汉族	2015级	信息工程学院	15电子1班	610101	电子信息工程技术	电子信息工程技术
11	10	1501130117	孙楕坤	男	汉族	2015级	信息工程学院	15电子1班	610101	电子信息工程技术	电子信息工程技术
12	11	1501130110	梁卓智	男	汉族	2015级	信息工程学院	15电子1班	610101	电子信息工程技术	电子信息工程技术
13	12	1501130114	邱上林	男	汉族	2015级	信息工程学院	15电子1班	610101	电子信息工程技术	电子信息工程技术
14	13	1501130109	李子玉	男	汉族	2015级	信息工程学院	15电子1班	610101	电子信息工程技术	电子信息工程技术
15	14	1501130104	黄富明	男	汉族	2015级	信息工程学院	15电子1班	610101	电子信息工程技术	电子信息工程技术
16	15	1501130133	邹雁辉	男	汉族	2015级	信息工程学院	15电子1班	610101	电子信息工程技术	电子信息工程技术
17	16	1501130120	闻立航	男	汉族	2015级	信息工程学院	15电子1班	610101	电子信息工程技术	电子信息工程技术
18	17	1501130115	邱志恒	男	汉族	2015级	信息工程学院	15电子1班	610101	电子信息工程技术	电子信息工程技术
19	18	1501130111	林健	男	汉族	2015级	信息工程学院	15电子1班	610101	电子信息工程技术	电子信息工程技术
20	19	1501130131	周泳锟	男	汉族	2015级	信息工程学院	15电子1班	610101	电子信息工程技术	电子信息工程技术
21	20	1501130122	谢琨光	男	汉族	2015级	信息工程学院	15电子1班	610101	电子信息工程技术	电子信息工程技术
22	21	1301130125	李志铎	男	汉族	2015级	信息工程学院	15电子1班	610101	电子信息工程技术	电子信息工程技术
23	22	1501130123	杨润成	男	汉族	2015级	信息工程学院	15电子1班	610101	电子信息工程技术	电子信息工程技术
24	23	1501130106	黎子阳	男	汉族	2015级	信息工程学院	15电子1班	610101	电子信息工程技术	电子信息工程技术
25	24	1501180105	林浩贤	男	汉族	2015级	信息工程学院	15电子1班	610101	电子信息工程技术	电子信息工程技术
26	25	1501130105	黄杰华	男	汉族	2015级	信息工程学院	15电子1班	610101	电子信息工程技术	电子信息工程技术
27	26	1501130126	张畅航	男	汉族	2015级	信息工程学院	15电子1班	610101	电子信息工程技术	电子信息工程技术
28	27	1501130125	叶伟超	男	汉族	2015级	信息工程学院	15电子1班	610101	电子信息工程技术	电子信息工程技术
29	28	1501130130	钟柃健	男	汉族	2015级	信息工程学院	15电子1班	610101	电子信息工程技术	电子信息工程技术
30	29	1501130107	李家强	男	汉族	2015级	信息工程学院	15电子1班	610101	电子信息工程技术	电子信息工程技术
31	30	1501130118	王志鹏	男	汉族	2015级	信息工程学院	15电子1班	610101	电子信息工程技术	电子信息工程技术
32	31	1501130112	刘绍康	男	汉族	2015级	信息工程学院	15电子1班	610101	电子信息工程技术	电子信息工程技术
33	32	1501130124	杨泽鸿	男	汉族	2015级	信息工程学院	15电子1班	610101	电子信息工程技术	电子信息工程技术
34	33	1501130119	王子健	男	汉族	2015级	信息工程学院	15电子1班	610101	电子信息工程技术	电子信息工程技术
35	34	1501130108	李俊邦	男	汉族	2015级	信息工程学院	15电子1班	610101	电子信息工程技术	电子信息工程技术
36	35	1501130121	吴鼇锋	男	汉族	2015级	信息工程学院	15电子1班	610101	电子信息工程技术	电子信息工程技术
37	36	1501130128	张天宁	男	汉族	2015级	信息工程学院	15电子1班	610101	电子信息工程技术	电子信息工程技术
38	37	1501130113	彭剑叶	男	汉族	2015级	信息工程学院	15电子1班	610101	电子信息工程技术	电子信息工程技术
39	38	1501130127	张豪铭	男	汉族	2015级	信息工程学院	15电子1班	610101	电子信息工程技术	电子信息工程技术
40	39	1501130101	蔡林	男	汉族	2015级	信息工程学院	15电子1班	610101	电子信息工程技术	电子信息工程技术
41	40	1501130238	周远	男	汉族	2015级	信息工程学院	15电子2班	610101	电子信息工程技术	电子信息工程技术
42	41	1501130231	熊嘉焱	男	汉族	2015级	信息工程学院	15电子2班	610101	电子信息工程技术	电子信息工程技术
43	42	1501130219	林少杰	男	汉族	2015级	信息工程学院	15电子2班	610101	电子信息工程技术	电子信息工程技术
44	43	1501130235	赵耀迪	男	汉族	2015级	信息工程学院	15电子2班	610101	电子信息工程技术	电子信息工程技术
45	44	1501130226	王昊臻	男	汉族	2015级	信息工程学院	15电子2班	610101	电子信息工程技术	电子信息工程技术
46	45	1501130211	黎浩楠	男	汉族	2015级	信息工程学院	15电子2班	610101	电子信息工程技术	电子信息工程技术
47	46	1501130216	李欣	男	汉族	2015级	信息工程学院	15电子2班	610101	电子信息工程技术	电子信息工程技术
48	47	1501130210	雷焕仁	男	汉族	2015级	信息工程学院	15电子2班	610101	电子信息工程技术	电子信息工程技术
49	48	1501130218	梁智明	男	汉族	2015级	信息工程学院	15电子2班	610101	电子信息工程技术	电子信息工程技术

图 3-39　Excel 中的数据

提示：首先在 MySQL 中创建数据表，然后将 Excel 中的数据转换成 txt 文本文件，最后利用 LOAD DATA INFILE 语句将 txt 文本文件中的数据导入数据库的数据表中，完成操作。

【实践任务 2】

将学生技能竞赛项目管理系统数据库 competition 中 teacher 表中的数据导出到 D 盘下的 teacher.txt 文件中。

项目四　数据表管理

学习目标

☑ 项目任务

任务 1　数据类型

任务 2　数据表的创建与管理

任务 3　数据管理

任务 4　数据完整性

☑ 知识目标

（1）了解各种数据类型

（2）掌握数据表的创建

（3）掌握使用 SQL 语句修改表结构

（4）掌握删除数据表的操作

（5）掌握对数据进行增、删、改操作

（6）掌握对数据建立约束

☑ 能力目标

（1）具有区分各种数据类型的能力

（2）具有创建数据表的能力

（3）具有对数据表进行管理的能力

（4）具有对数据进行增、删、改操作的能力

（5）具有对数据建立各种约束的能力

☑ 素质目标

（1）培养学生的编程能力和业务素质

（2）培养学生自我学习的习惯、爱好和能力

（3）培养学生的科学精神和态度

☑ 思政引领

（1）理解世界是一个普遍联系的有机整体，没有一个事物是孤立存在的，掌握人际交往的基本原则和技巧，提高自己的沟通能力和人际交往能力。

（2）理解数据表管理的作用，培养管理意识，树立管理思维，增强管理能力。

知识导图

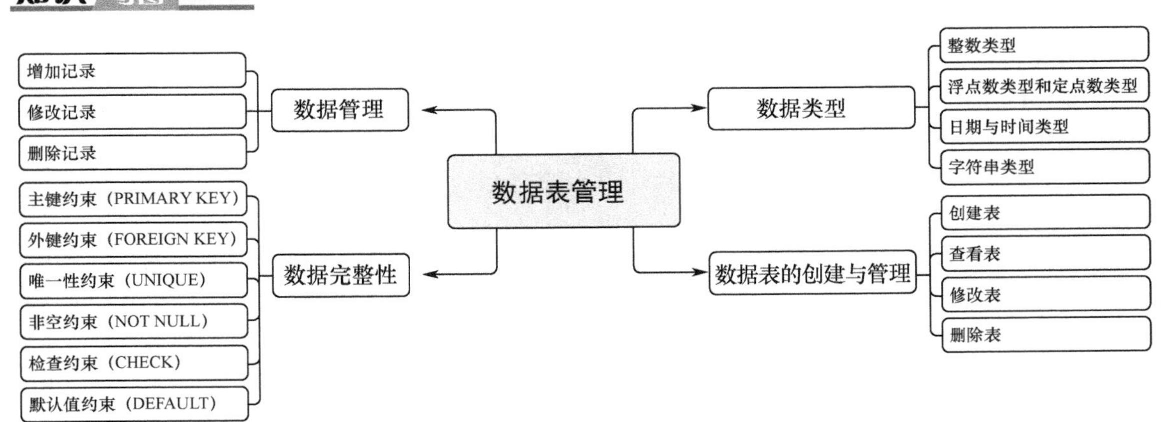

任务 1 数据类型

一、任务描述

微课视频

MySQL 提供的数据类型包括整数类型（整型）、浮点数类型、定点数类型、日期与时间类型、字符串类型。在创建数据表之前，要先掌握数据类型。

二、任务分析

数据表由多个字段构成，每个字段指定了不同的数据类型。指定字段的数据类型之后，也就决定了向字段插入的数据内容。例如，当要插入数值时，可以将它们存储为整数类型，也可以将它们存储为字符串类型。不同的数据类型决定了 MySQL 在存储它们时使用的方式，以及在使用它们时选择的运算符号。

三、任务完成

1. 整数类型

MySQL 除支持标准 SQL 中的所有整数类型（SMALLINT 和 INT）外，还进行了相应扩展。扩展后增加了 TINYINT、MEDIUMINT 和 BIGINT 这三种整数类型。

表 4-1 给出了不同整数类型和取值范围，其中 INT 与 INTEGER 是同名词（可以相互替换）。

表 4-1 不同整数类型和取值范围

整 数 类 型	所占字节数	有符号数取值范围	无符号数取值范围
TINYINT	1	−128～127	0～255
SMALLINT	2	-32768～32767	0～65535
MEDIUMINT	3	-8388608～8388607	0～16777215
INT（INTEGER）	4	-2147483648～2147483647	0～4294967295
BIGINT	8	-9223372036854775808～9223372036854775807	0～18446744073709551615

显示宽度和数据类型的取值范围无关。显示宽度指明 MySQL 最多可能显示的数字个数，数值的位数小于指定的宽度时会用空格填充；如果插入了大于显示宽度的值，只要该值不超过该类型整数的取值范围，数值依然可以插入，而且能够显示出来。例如，向整数类型 year 字段插入一个数值 19999，当使用 SELECT 语句查询该字段值时，MySQL 显示的将是完整的、带有 5 位数字的 19999，而不是 4 位数字的值。

其他整数类型也可以在定义表结构时指定所需要的显示宽度，如果不指定，则系统为每种类型指定默认宽度。

【例 4-1】 创建表 tmp1，其中字段 x、y、z、m、n 的数据类型依次为 TINYINT、SMALLINT、MEDIUMINT、INT、BIGINT。

```
CREATE TABLE tmp1（x TINYINT,y SMALLINT,z MEDIUMINT,m INT,n BIGINT）;
```

运行结果如图 4-1 所示。

可以看到，系统将添加不同的默认显示宽度。这些显示宽度能够保证显示每种数据类型可以取到取值范围内的所有值。例如，TINYINT 有符号数和无符号数的取值范围分别是−128～127 和 0～255，由于负号占了一个数字位，因此 TINYINT 的默认显示宽度为 4。同理，其他整数类型的默认显示宽度与其有符号数的最小值的宽度相同。

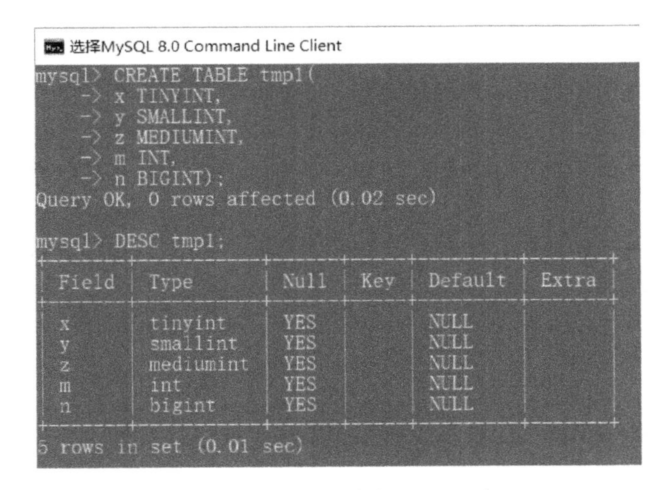

图 4-1　创建表 tmp1

显示宽度只用于显示，并不能限制取值范围和占用空间，如 INT（3）会占用 4 字节的存储空间，并且允许的最大值也是 999，而是 INT 类型所允许的最大值。

不同的整数类型有不同的取值范围，并且需要不同的存储空间，因此，应该根据实际需要选择最合适的类型，这样有利于提高查询效率和节省存储空间。

整数类型是不带小数部分的数值，但现实生活中很多地方需要用到带小数的数值，下面介绍 MySQL 中支持的小数类型（浮点数类型和定点数类型）。

2．浮点数类型和定点数类型

MySQL 使用浮点数和定点数来表示小数。浮点数有两种：单精度浮点数（FLOAT）和双精度浮点（DOUBLE）。定点数只有一种：DECIMAL。浮点数和定点数都可以用（M, D）来表示，其中 M 称为精度，表示总位数；D 称为标度，表示小数的位数。表 4-2 列出了 MySQL 中的浮点数类型和定点数类型及它们的存储需求。

表 4-2　MySQL 中的浮点数类型和定点数类型及它们的存储需求

类 型 名 称	存 储 需 求	所占字节数
FLOAT	单精度浮点数	4
DOUBLE	双精度浮点数	8
DECIMAL（M,D），DEC	压缩的“严格”定点数	M+2

DECIMAL 类型不同于 FLOAT 和 DOUBLE 类型，实际是以串来存放的，DECIMAL 可能的最大取值范围与 DOUBLE 一样，但是其有效的取值范围由 M 和 D 的值决定。若改变 M 而固定 D，其取值范围将随 M 的增大而增大。从表 4-2 中可以看到，DECIMAL 类型的存储空间（所占字节数）并不是固定的，而由其精度 M 决定，占用 M+2 字节。

FLOAT 类型的取值范围如下。

有符号数的取值范围：−3.402823466E+38～−1.175494351E−38。

无符号数的取值范围：0，1.175494351E−38～3.402823466E+38。

DOUBLE 类型的取值范围如下。

有符号数的取值范围：−1.7976931348623157E+308～−2.2250738585072014E−308。

无符号数的取值范围：0，2.2250738585072014E−308～1.7976931348623157E+308。

不论是定点数类型还是浮点数类型，如果用户指定的精度超出精度范围，则都会进行四舍五入处理。

对于 FLOAT 和 DOUBLE 类型，在不指定精度时，MySQL 默认会按照实际的精度处理（由计算机硬件和操作系统决定）；对于 DECIMAL 类型，若不指定精度，则精度默认为（10,0）。

【例 4-2】创建 tmp2 表，分别为 tmp2 表创建 val1（FLOAT）字段、val2（DOUBULE）字段及 val3（DEC（18，3））字段，分别插入数值 123456789012345.6789，查看表数据。

创建 tmp2 表：

```
CREATE TABLE tmp2(val1 FLOAT,val2 DOUBLE,val3 DEC(18,3));
```

插入数据到 tmp2 表：

```
INSERT INTO tmp2 VALUES(123456789012345.6789,123456789012345.6789, 123456789012345.6789);
```

查询 tmp2 表数据：

```
SELECT * FROM tmp2;
```

运行结果如图 4-2 所示。

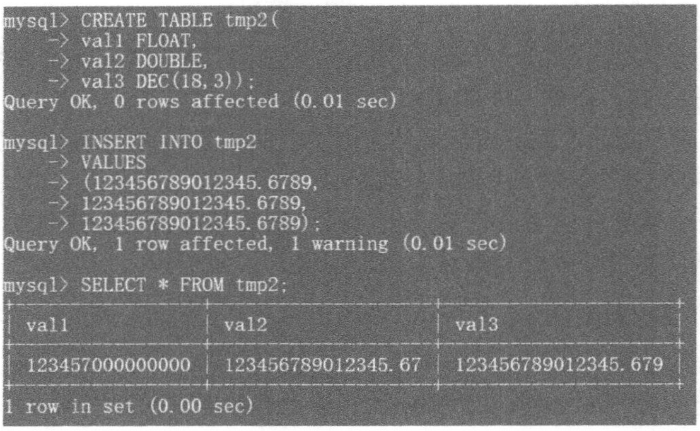

```
mysql> CREATE TABLE tmp2(
    -> val1 FLOAT,
    -> val2 DOUBLE,
    -> val3 DEC(18,3));
Query OK, 0 rows affected (0.01 sec)

mysql> INSERT INTO tmp2
    -> VALUES
    -> (123456789012345.6789,
    -> 123456789012345.6789,
    -> 123456789012345.6789);
Query OK, 1 row affected, 1 warning (0.01 sec)

mysql> SELECT * FROM tmp2;
+-----------------+--------------------+---------------------+
| val1            | val2               | val3                |
+-----------------+--------------------+---------------------+
| 123457000000000 | 123456789012345.67 | 123456789012345.679 |
+-----------------+--------------------+---------------------+
1 row in set (0.00 sec)
```

图 4-2　浮点数类型和定点数类型示例

可以看到，浮点数类型相对于定点数类型的优点是，在长度一定的情况下，浮点数类型能够表示更大的数值范围，它的缺点是精度不够高。

在 MySQL 中，定点数以字符串的形式存储，在对精度要求较高时（如货币，科学数据等）使用 DECIMAL 类型比较好，另外，两个浮点数进行减法和比较运算时也容易出现问题，所以在使用浮点数时需要注意，应尽量避免进行浮点数的比较。

3．日期与时间类型

MySQL 中有多种表示日期与时间的数据类型，主要有：DATETIME、DATE、TIMESTAMP、TIME 和 YEAR。例如，当只记录年信息时，可以使用 YEAR 类型，而没有必要使用 DATE 类型。每种类型都有合法的取值范围，当指定不合法的值时，系统将“零”值插入数据库中。表 4-3 列出了 MySQL 中的日期与时间类型。

表 4-3　MySQL 中的日期与时间类型

类型名称	格　式	取值范围	所占字节数
YEAR	YYYY	1901～2155	1
TIME	HH:MM:SS	−838:59:59～838:59:59	3
DATE	YYYY-MM-DD	1000-01-01～9999-12-31	3
DATETIME	YYYY-MM-DD HH:MM:SS	1000-01-01 00:00:00～9999-12-31 23:59:59	8
TIMESTAMP	YYYY-MM-DD HH:MM:SS	1970-01-01 00:00:01 UTC～2038-01-19 03:14:07 UTC	4

1）YEAR 类型

YEAR 类型是一种单字节类型，用于表示年，在存储时只占用 1 字节。可以使用各种格式指定 YEAR 类型的数值，具体如下。

① 以 4 位字符串或者 4 位数字格式表示，范围为 1901～2155。输入格式为“YYYY”或者 YYYY，例如，输入“2010”或 2010，插入数据表中的值均为 2010。

② 以 2 位字符串格式表示，范围为 1～99。1～69 和 70～99 范围内的值分别被转换为 2001～2069 和 1970～1999 范围内的值。

注意：这里 0 被转换为 0000，而不是 2000。

两位整数范围与两位字符串范围稍有不同，例如，插入 2000 年，我们可能会使用数字格式的 0 表示 YEAR，实际上，插入数据库中的值为 0000，而不是所希望的 2000。只有字符串格式的‘0’或‘00’，才可以被正确地解释为 2000。非法 YEAR 值将被转换为 0000。

2）TIME 类型

TIME 类型用在只需要时间信息的值上，在存储时占用 3 字节，格式为 HH:MM:SS。HH 表示小时；MM 表示分钟；SS 表示秒。TIME 类型的取值范围为−838:59:59～838:59:59，小时部分会如此大的原因是，TIME 类型不仅可以用于表示一天的时间（必须小于 24 小时），还可以用于表示某个事件过去的时间或两个事件之间的时间间隔（可以大于 24 小时，或者为负）。可以使用各种格式指定 TIME 值，具体如下。

① “D HH:MM:SS”格式的字符串或下面任何一种“非严格”的语法：“HH:MM: SS”“HH:MM”“D HH:MM”“D HH”“SS”。这里的 D 表示日，可以取 0～34 之间的值。在插入数据库时，D 被转换为小时保存，格式为“D*24+HH”。

② “HHMMSS”格式的、没有间隔符的字符串，或者 HHMMSS 格式的数值（假定是有意义的时间）。例如，“101112”被理解为“10:11:12”，但“109712”是不合法的（它有一个没有意义的分钟部分），存储时将变成 00:00:00。

为 TIME 值分配简写值时应注意：如果没有冒号，MySQL 解释值时，假定最右边的两位表示秒（MySQL 解释 TIME 值为过去的时间而不是当天的时间）。例如，读者可以认为“1112”和 1112 表示 11:12:00（11 点 12 分），但 MySQL 将它们解释为 00:11:12（即 11 分 12 秒）。同样“12”和 12 被解释为 00:00:12。相反，在 TIME 值中如果使用冒号，则一定会被视为当天的时间。也就是说，“11:12”表示 11:12:00，而不是 00:11:12。

3）DATE 类型

DATE 类型用在仅需要日期值时，其没有时间部分，存储时占用 3 字节。日期格式为“YYYY-MM-DD”，其中，YYYY 表示年，MM 表示月，DD 表示日。在为 DATE 类型的字段赋值时，可以使用字符串类型或者数字类型的数据，只要符合 DATE 的日期格式即可，具体如下。

① 以“YYYY-MM-DD”或者“YYYYMMDD”字符串格式表示，取值范围为 1000-01-01～9999-12-31。例如，输入“2017-12-31”或者“20171231”，插入数据库的日期都是 2017-12-31。

② 以“YY-MM-DD”或者“YYMMDD”字符串格式表示，在这里，YY 表示两位的年值。包含两位年值的日期会令人感觉模糊，因为不知道世纪。MySQL 使用以下规则解释两位年值：00～69 范围内的年值被转换为 2000～2069；70～99 范围内的年值被转换为 1970～1999。例如，输入“17-12-31”，插入数据库的日期为 2017-12-31；输入“900823”，插入数据库的日期为 1990-08-23。

③ 以 YY-MM-DD 或者 YYMMDD 数字格式表示，与前面相似，00～69 范围内的年值被转换为 2000～2069；70～99 范围内的年值被转换为 1970～1999。例如，输入 17-12-31，插入数据库的日期为 2017-12-31；输入 900823，插入数据库的日期为 1990-08-23。

④ 使用 CURRENT_DATE 或者 NOW()，插入当前系统日期。

4）DATETIME 类型

DATETIME 类型用在需要同时包含日期与时间信息的值上，在存储时占用 8 字节，格式为“YYYY-MM-DD HH:MM:SS”，其中，YYYY 表示年，MM 表示月，DD 表示日，HH 表示小时，MM 表示分钟，SS 表示秒。在为 DATETIME 类型的字段赋值时，可以使用字符串或者数字格式的数据，只要符合 DATETIME 的日期格式即可，具体如下。

① 以“YYYY-MM-DD HH:MM:SS”或者“YYYYMMDDHHMMSS”字符串格式表示，取值范围为 1000-01-01 00:00:00～9999-12-31 23:59:59。例如，输入“2017-12-31 05:05:05”或者“20171231050505”，插入数据库的 DATETIME 值都为 2017-12-31 05:05:05。

② 以“YY-MM-DD HH:MM:SS”或者“YYMMDDHHMMSS”字符串格式表示，在这里，YY 表示两位的年值。与前面相同，00～69 范围内的年值被转换为 2000～2069；70～99 范围内的年值被转换为 1970～1999。例如，输入“17-12-31 05:05:05”，插入数据库的 DATETIME 值为 2017-12-31 05:05:05；输入“900823050505”，插入数据库的 DATETIME 值为 1990-08-23 05:05:05。

③ 以 YYYYMMDDHHMMSS 或者 YYMMDDHHMMSS 数字格式表示，在这里，YY 表示两位的年值。例如，输入 171231050505，插入数据库的 DATETIME 值为 2017-12-31 05:05:05；输入 900823050505，插入数据库的 DATETIME 值为 1990-08-23 05:05:05。

5）TIMESTAMP 类型

TIMESTAMP 类型的显示格式与 DATETIME 类型相同，显示宽度固定为 19 个字符，日期格式为 YYYY-MM-DD HH:MM:SS，在存储时占用 4 字节。但是 TIMESTAMP 类型的取值范围小于 DATETIME 类型的取值范围，为 1970-01-01 00:00:01 UTC～2038-01-19 03:14:07 UTC，其中 UTC 即 Coordinated Universal Time，为世界标准时间，因此插入数据时，要保证其在合法的取值范围内。

TIMESTAMP 类型与 DATETIME 类型除占用的存储字节和支持的范围不同外，还有一个最大的区别是，DATETIME 类型在存储日期数据时，按实际输入的格式存储，即输入什么就存储什么，与时区无关；而 TIMESTAMP 类型是以 UTC（世界标准时间）格式存储的，存储时要对当前时区进行转换，检索时再转换回当前时区。即查询时，若当前时区不同，则显示的时间值是不同的。

在具体应用中，各种日期与时间类型的应用场合如下：

① 如果要表示年、月、日，一般使用 DATE 类型；

② 如果要表示年、月、日、时、分、秒，一般使用 DATETIME 类型；

③ 如果需要经常插入或者更新日期为当前系统时间，一般使用 TIMESTAMP 类型；

④ 如果要表示时、分、秒，一般使用 TIME 类型；

⑤ 如果要表示年份，一般使用 YEAR 类型，因为该类型比 DATE 类型占用更少的空间。

在具体使用 MySQL 时，要根据实际应用来选择满足需求的日期与时间类型。例如，如果只需要存储“年份”，则可以选择存储字节为 1 的 YEAR 类型。如果要存储年、月、日、时、分、秒，并且年份的取值可能比较久远，最好使用 DATETIME 类型，而不是 TIMESTAMP 类型，因为前者比后者所表示的日期范围要大一些。如果存储的日期需要让不同时区的用户使用，则可以使用 TIMESTAMP 类型，因为只有该类型的日期能够与实际时区相对应。

【例 4-3】日期与时间类型的使用方法。

创建 d_test 表：

```
CREATE TABLE d_test(
f_date DATE,
f_datetime DATETIME,
```

```
    f_timestamp TIMESTAMP,
    f_time TIME,
    f_year YEAR);
```

插入数据到 d_test 表:

```
    INSERT INTO d_test VALUES(curdate(),NOW(),NOW(),TIME(NOW()),YEAR(NOW()));
```

查询 d_test 表数据:

```
    SELECT * FROM d_test;
```

运行结果如图 4-3 所示。

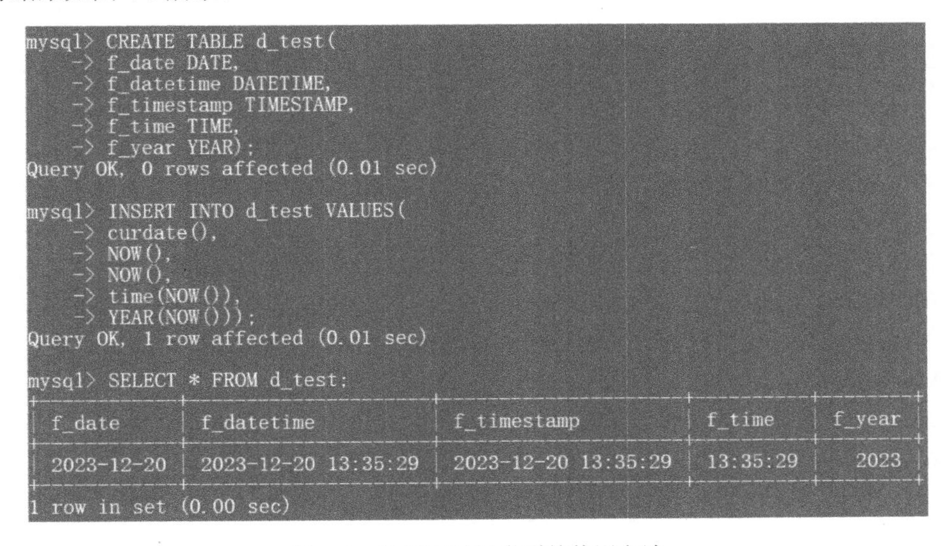

图 4-3　日期与时间类型的使用方法

4. 字符串类型

字符串类型用来存储字符串数据。其除可以存储字符串数据之外，还可以存储其他数据，如图片和声音的二进制数据。利用字符串类型，可以进行区分或者不区分大小写的串比较，还可以进行模式匹配查找。MySQL 中的字符串系列有 CHAR 系列、TEXT 系列、BINARY 系列、BLOB 系列。

1）CHAR 系列

表 4-4 列出了 MySQL 中的 CHAR 系列字符串类型。

表 4-4　MySQL 中的 CHAR 系列字符串类型

CHAR 系列字符串类型	最 大 长 度	描　　述
CHAR（M）	M 个字符	存储固定长度的非二进制字符串，M 为 0～255 之间的整数，末尾会使用空格进行填充以满足指定长度要求
VARCHAR（M）	M 个字符	存储可变长度的非二进制字符串，M 为 0～65535 之间的整数，只占用实际存储的字符长度（单个字符所占据的存储空间由其使用的字符集决定）及一或两字节的额外存储空间

表 4-4 中的内容显示，CHAR 类型所存储的最大字符数是 M，例如，CHAR（4）的数据类型为 CHAR，其所存储的最大字符数是 4。VARCHAR 类型的长度是可变的，其存储字符数的范围为 0～65535。例如，VARCHAR（50）定义了一个最大字符长度为 50 的字符串，如果插入的字符串只有 10 个字符，则实际存储的字符串为 10 个字符和一个字符串结束字符。

在使用 MySQL 时，如果需要存储少量字符串，则可以选择 CHAR 和 VARCHAR 类型，至于选择这两种类型中的哪一种，则需要判断所存储字符串的长度是否经常变化，如果经常发生变化，则可以选择 VARCHAR 类型，否则选择 CHAR 类型。

2）TEXT 系列

表 4-5 列出了 MySQL 所支持的 TEXT 系列字符串类型。

表 4-5　MySQL 所支持的 TEXT 系列字符串类型

TEXT 系列字符串类型	存储字符数	描　述
TINYTEXT	0～255	所占存储空间为：字符串实际长度+1 字节
TEXT	$0\sim2^{16}-1$	所占存储空间为：字符串实际长度+2 字节
MEDIUMTEXT	$0\sim2^{24}-1$	所占存储空间为：字符串实际长度+3 字节
LOGNTEXT	$0\sim2^{32}-1$	所占存储空间为：字符串实际长度+4 字节

表 4-5 中的内容显示，TEXT 系列中的各种字符串类型允许的长度和存储字节不同，其中，TINYTEXT 字符串类型允许存储的字符串长度最小，LONGTEXT 字符串类型允许存储的字符串长度最大。

在具体使用 MySQL 时，如果需要存储大量字符串（如存储文章内容的纯文本），则可以选择 TEXT 系列字符串类型。至于选择这些类型中的哪一种，则需要判断所存储字符串的长度，根据存储字符串的长度来决定是选择允许长度最小的 TINYTEXT 类型，还是选择允许长度最大的 LONGTEXT 类型。

3）BINARY 系列

表 4-6 列出了 MySQL 所支持的 BINARY 系列字符串类型。

表 4-6　MySQL 所支持的 BINARY 系列字符串类型

BINARY 系列字符串类型	最 大 长 度	描　述
BINARY（M）	M 个字符	允许长度为 0～M
VARBINARY（M）	M 个字符	允许长度为 0～M

表 4-6 中的两种字符串类型，与 CHAR 和 VARCHAR 非常相似，不同的是，BINARY 系列字符串可以存储二进制数据（如图片、音乐或者视频文件），而 CHAR 和 VARCHAR 只能存储字符数据。

在具体使用 MySQL 时，如果需要存储少量二进制数据，则可以选择 BINARY 和 VARBINARY 类型。至于选择这两种类型中的哪一种，则需要判断存储的二进制数据类型是否经常变化。如果经常发生变化，则可以选择 VARBINARY 类型，否则选择 BINARY 类型。

4）BLOB 系列

表 4-7 列出了 MySQL 所支持的 BLOB 系列字符串类型。

表 4-7　MySQL 所支持的 BLOB 系列字符串类型

BLOB 系列字符串类型	所占字节数	描　述
TINYBLOB	0～255	最多存储 255B
BLOB	$0\sim2^{16}-1$	最多存储 64KB
MEDIUMBLOB	$0\sim2^{24}-1$	最多存储 16MB
LONGGLOB	$0\sim2^{32}-1$	最多存储 4GB

表 4-7 中的四种类型，与 TEXT 系列字符串类型非常相似，不同的是，前者可以存储二进制数据（如图片、音乐或者视频文件），而后者只能存储字符数据。

在具体使用 MySQL 时，如果需要存储大量二进制数据（如电影等视频文件），则可以选择 BLOB

系列字符串类型。至于选择这些类型中的哪一种，则需要判断所存储的二进制数据长度，根据存储二进制数据的长度来决定是选择允许长度最小的 TINYBLOB 类型，还是选择允许长度最大的 LONGBLOB 类型。

四、任务总结

本任务主要介绍了在 MySQL 中创建数据表之前需要掌握的数据类型概念。数据类型决定了数据表中存储数据的类型。本任务主要介绍了整数类型、浮点数类型、定点数类型、日期与时间类型、字符串类型。

MySQL 提供了大量的数据类型，为了优化存储，提高数据库性能，在任何情况下均应使用最精确的类型。即在所有可以表示该值的类型中，选择占用存储空间最少的类型。

任务 2　数据表的创建与管理

一、任务描述

微课视频

数据表（下简称表）是最重要的数据库对象，它用来存储数据。表包括行和列，列决定了表中数据的类型，行包含了实际的数据。要想把数据录入表中，必须先按照学生技能竞赛管理系统的关系模式创建表结构。

二、任务分析

在设计数据库时，我们已经确定，学生技能竞赛管理系统需要创建 8 个表。现在需要设计表的结构，主要包括表的名称、表中每列的名称，数据类型和长度、表中的列是否为空值，是否唯一，是否有默认值或约束，表的哪些列是主键，以及哪些列是外键等。

三、任务完成

1. 创建表

创建数据表需要用到 CREATE TABLE 语句，其语法格式如下：

```
CREATE TABLE table_name
(
列名 1  数据类型 1 列级完整性约束条件 1,
列名 2  数据类型 2 列级完整性约束条件 2,
列名 3  数据类型 3 列级完整性约束条件 3
)
```

上面语句中的 table_name 参数表示所要创建的表名，表名紧跟在关键字 CREATE TABLE 后面。表的具体内容定义在圆括号之中，各列之间用逗号分隔。其中，列名参数表示字段的名称，数据类型参数指定字段的数据类型，例如，如果列中存储的为数字，则相应的数据类型为数字类型。列级完整性约束条件是为了防止不符合规范的数据进入数据库而设置的。在用户对数据进行插入、修改、删除等操作时，数据库管理系统自动按照一定的约束条件对数据进行监测，使不符合规范的数据不能进入数据库，以确保数据库中存储的数据正确、有效、相容。在具体创建表时，该表不能与已经存在的表重名，表命名规则与数据库命名规则一致。

【例 4-4】创建 student 表。在数据库 competition 中创建一个 student 表，它由 7 个字段组成，分别为：st_id，st_no，st_password，st_name，st_sex，class_id，dp_id。

```
CREATE TABLE student(
st_id INT PRIMARY KEY AUTO_INCREMENT,
st_no CHAR(10) NOT NULL UNIQUE,
st_password VARCHAR(12) NOT NULL,
st_name VARCHAR(20) NOT NULL,
st_sex CHAR(2) DEFAULT '男',
class_id INT,
dp_id INT
)ENGINE=InnoDB DEFAULT CHARSET=utf8;
```

运行结果如图 4-4 所示。

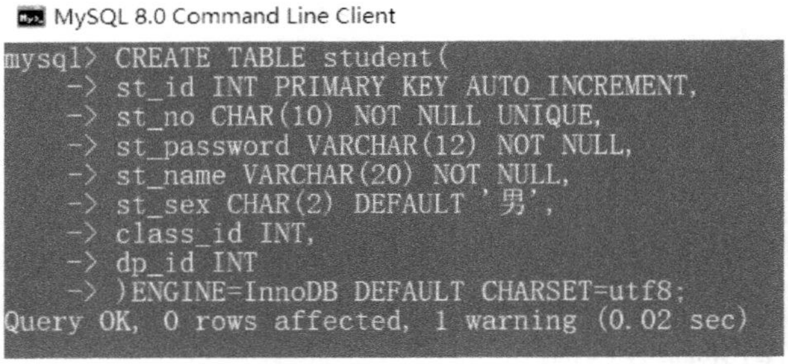

```
MySQL 8.0 Command Line Client
mysql> CREATE TABLE student(
    -> st_id INT PRIMARY KEY AUTO_INCREMENT,
    -> st_no CHAR(10) NOT NULL UNIQUE,
    -> st_password VARCHAR(12) NOT NULL,
    -> st_name VARCHAR(20) NOT NULL,
    -> st_sex CHAR(2) DEFAULT '男',
    -> class_id INT,
    -> dp_id INT
    -> )ENGINE=InnoDB DEFAULT CHARSET=utf8;
Query OK, 0 rows affected, 1 warning (0.02 sec)
```

图 4-4　创建 student 表

【例 4-5】 创建 teacher 表。在数据库 competition 中创建一个 teacher 表，它由 7 个字段组成，分别为 tc_id，tc_no，tc_password，tc_name，tc_sex，dp_id，tc_info。

```
CREATE TABLE teacher(
tc_id INT  NOT NULL  PRIMARY KEY  AUTO_INCREMENT,
tc_no CHAR(10) NOT NULL UNIQUE,
tc_password VARCHAR(12) NOT NULL,
tc_name VARCHAR(20) NOT NULL,
tc_sex CHAR(2) DEFAULT '男',
dp_id INT,
tc_info TEXT
)ENGINE=InnoDB DEFAULT CHARSET=utf8;
```

运行结果如图 4-5 所示。

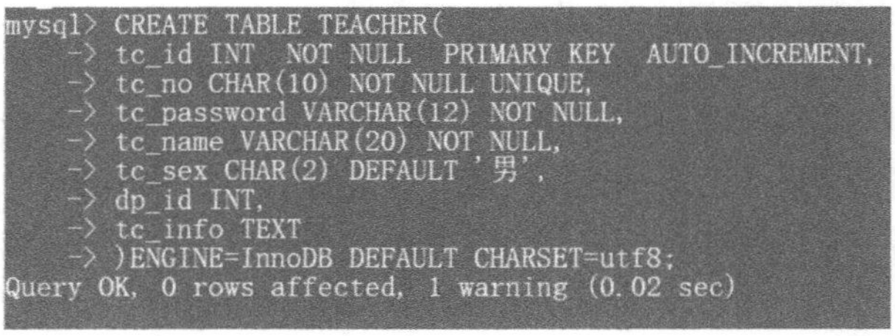

```
mysql> CREATE TABLE TEACHER(
    -> tc_id INT  NOT NULL  PRIMARY KEY  AUTO_INCREMENT,
    -> tc_no CHAR(10) NOT NULL UNIQUE,
    -> tc_password VARCHAR(12) NOT NULL,
    -> tc_name VARCHAR(20) NOT NULL,
    -> tc_sex CHAR(2) DEFAULT '男',
    -> dp_id INT,
    -> tc_info TEXT
    -> )ENGINE=InnoDB DEFAULT CHARSET=utf8;
Query OK, 0 rows affected, 1 warning (0.02 sec)
```

图 4-5　创建 teacher 表

2．查看表

当创建完表后，经常需要查看表信息。那么如何在 MySQL 中查看表信息呢？可以通过 DESCRIBE 和 SHOW CREATE TABLE 语句查看表信息。

1）DESCRIBE 语句查看表定义

创建完表后，如果需要查看表的定义，可以通过 DESCRIBE（可简写为 DESC）语句来实现，其语法格式如下：

```
DESCRIBE 表名;
```

【例 4-6】查看数据库 competition 中 student 表的定义。

```
USE competition;
DESCRIBE student;
```

运行结果如图 4-6 所示。

```
mysql> USE competition;
Database changed
mysql> DESCRIBE student;
+-------------+-------------+------+-----+---------+----------------+
| Field       | Type        | Null | Key | Default | Extra          |
+-------------+-------------+------+-----+---------+----------------+
| st_id       | int         | NO   | PRI | NULL    | auto_increment |
| st_no       | char(10)    | NO   | UNI | NULL    |                |
| st_password | varchar(12) | NO   |     | NULL    |                |
| st_name     | varchar(20) | NO   |     | NULL    |                |
| st_sex      | char(2)     | YES  |     | 男      |                |
| class_id    | int         | YES  |     | NULL    |                |
| dp_id       | int         | YES  |     | NULL    |                |
+-------------+-------------+------+-----+---------+----------------+
7 rows in set (0.00 sec)
```

图 4-6　查看表定义

2）SHOW CREATE TABLE 语句查看表的详细定义

创建完表后，如果需要查看表的详细定义，可以通过 SQL 语句 SHOW CREATE TABLE 来实现，其语法格式如下：

```
SHOW CREATE TABLE 表名;
```

【例 4-7】运行 SQL 语句 SHOW CREATE TABLE，查看 competition 中 teacher 表的详细定义。

```
USE competition;
SHOW CREATE TABLE teacher;
```

运行结果如图 4-7 所示。

```
mysql> USE competition;
Database changed
mysql> SHOW CREATE TABLE teacher;
+---------+--------------+
| Table   | Create Table |
+---------+--------------+
| teacher | CREATE TABLE `teacher` (
  `tc_id` int NOT NULL AUTO_INCREMENT,
  `tc_no` char(10) NOT NULL,
  `tc_password` varchar(12) NOT NULL,
  `tc_name` varchar(20) NOT NULL,
  `tc_sex` char(2) DEFAULT '男',
  `dp_id` int DEFAULT NULL,
  `tc_info` text,
  PRIMARY KEY (`tc_id`),
  UNIQUE KEY `tc_no` (`tc_no`)
) ENGINE=InnoDB DEFAULT CHARSET=utf8mb3 |
+---------+--------------+
1 row in set (0.01 sec)
```

图 4-7　查看表的详细定义

3．修改表

已经创建好的表，在使用一段时间后，可能需要对其进行一些结构上的修改，即进行表的修改操作。

该操作的解决方案是先将表删除，再按照新的表定义重建表。但是这种解决方案存在问题，即如果表中已经存在大量数据，那么重建表后还需要做许多额外工作，如数据的重载等。为了解决上述问题，MySQL 数据库提供了 ALTER TABLE 语句实现表结构的修改，可以进行修改表名、增加字段、修改字段、删除字段等操作。

1）修改表名

在数据库中，可以通过表名来区分不同的表，因为表名在数据库中是唯一的。在 MySQL 中，修改表名可以通过 SQL 语句 ALTER TABLE 来实现。其语法格式如下：

```
ALTER TABLE  old_table_name  RENAME [TO] new_table_name;
```

在上述语句中，old_table_name 参数表示所要修改的表名，new_table_name 参数为修改后的新表名。所要操作的表对象必须已经存在于数据库中。

【例 4-8】将数据库 competition 中的 student 表改名为 stu 表。

```
ALTER TABLE student RENAME TO stu;
```

运行结果如图 4-8 所示。

```
mysql> ALTER TABLE student RENAME TO stu;
Query OK, 0 rows affected (0.01 sec)
```

图 4-8　修改表名

2）增加字段

根据创建表的语法格式可以发现，字段是由字段名和数据类型定义的。

① 在表中的最后一个位置增加字段。在 MySQL 中，增加字段可通过 SQL 语句 ALTER TABLE 来实现，其语法格式如下：

```
ALTER TABLE table_name
ADD COLUMN 属性名 属性类型;
```

在上述语句中，参数 table_name 表示要增加字段的表名，“属性名”为所要增加的字段名，“属性类型”为所要增加的字段的数据类型。如果该语句运行成功，新字段将被增加到所有字段的最后。

【例 4-9】为例 4-5 中创建的 teacher 表增加 jobtime（入职时间）字段，其数据类型为 DATETIME。

```
ALTER TABLE teacher
ADD COLUMN jobtime DATETIME;
```

然后，可通过 DESC 语句查看增加字段后的表：

```
DESC teacher;
```

运行结果如图 4-9 所示。

② 在表中的第一个位置增加字段。通过 SQL 语句 ALTER TABLE 增加字段时，如果不想让所增加的字段在所有字段的最后，可以通过 FIRST 关键字使所增加的字段在表中所有字段的第一个位置，具体的语法格式如下：

```
ALTER TABLE table_name
ADD 属性名 属性类型 FIRST;
```

在上述语句中，关键字 FIRST 表示增加的字段在所有字段之前，即在表中第一个位置。

```
mysql> ALTER TABLE teacher
    -> ADD COLUMN jobtime DATETIME;
Query OK, 0 rows affected (0.01 sec)
Records: 0  Duplicates: 0  Warnings: 0

mysql> DESC teacher;
+-------------+-------------+------+-----+---------+----------------+
| Field       | Type        | Null | Key | Default | Extra          |
+-------------+-------------+------+-----+---------+----------------+
| tc_id       | int         | NO   | PRI | NULL    | auto_increment |
| tc_no       | char(10)    | NO   | UNI | NULL    |                |
| tc_password | varchar(12) | NO   |     | NULL    |                |
| tc_name     | varchar(20) | NO   |     | NULL    |                |
| tc_sex      | char(2)     | YES  |     | 男      |                |
| dp_id       | int         | YES  |     | NULL    |                |
| tc_info     | text        | YES  |     | NULL    |                |
| jobtime     | datetime    | YES  |     | NULL    |                |
+-------------+-------------+------+-----+---------+----------------+
8 rows in set (0.00 sec)
```

图 4-9　增加字段 jobtime 后的表

【例 4-10】在 teacher 表的第一个位置增加 tc_type（教师类别）字段，其数据类型为 VARCHAR，长度为 10。

```
ALTER TABLE teacher
ADD tc_type VARCHAR(10) FIRST;
```

然后，可通过 DESC 语句查看增加字段后的表：

```
DESC teacher;
```

运行结果如图 4-10 所示。

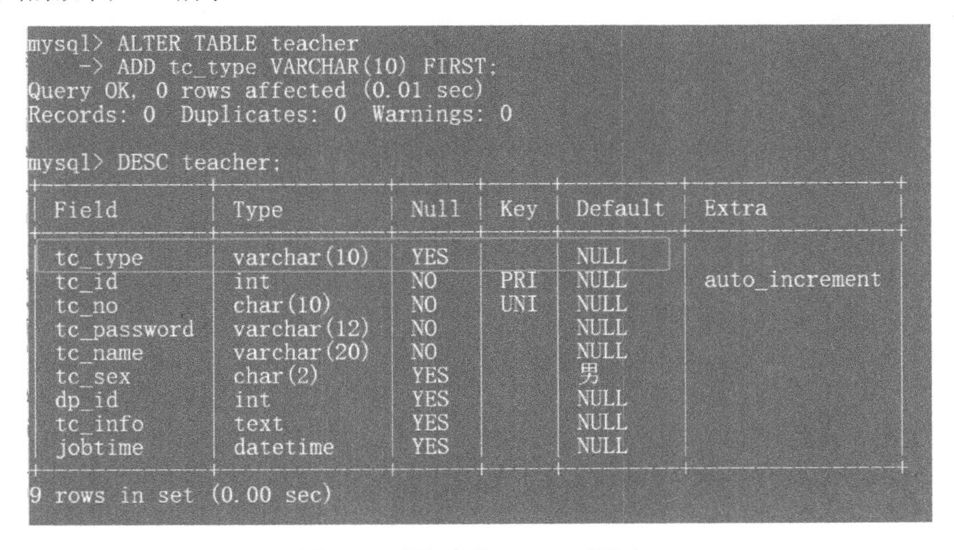

```
mysql> ALTER TABLE teacher
    -> ADD tc_type VARCHAR(10) FIRST;
Query OK, 0 rows affected (0.01 sec)
Records: 0  Duplicates: 0  Warnings: 0

mysql> DESC teacher;
+-------------+-------------+------+-----+---------+----------------+
| Field       | Type        | Null | Key | Default | Extra          |
+-------------+-------------+------+-----+---------+----------------+
| tc_type     | varchar(10) | YES  |     | NULL    |                |
| tc_id       | int         | NO   | PRI | NULL    | auto_increment |
| tc_no       | char(10)    | NO   | UNI | NULL    |                |
| tc_password | varchar(12) | NO   |     | NULL    |                |
| tc_name     | varchar(20) | NO   |     | NULL    |                |
| tc_sex      | char(2)     | YES  |     | 男      |                |
| dp_id       | int         | YES  |     | NULL    |                |
| tc_info     | text        | YES  |     | NULL    |                |
| jobtime     | datetime    | YES  |     | NULL    |                |
+-------------+-------------+------+-----+---------+----------------+
9 rows in set (0.00 sec)
```

图 4-10　增加字段 tc_type 后的表

③ 在表的指定字段之后增加字段。通过 SQL 语句 ALTER TABLE 增加字段时，除可以在表的第一个位置或最后一个位置增加字段外，还可以通过关键字 AFTER 在指定的字段之后增加字段，具体的语法格式如下：

```
ALTER TABLE table_name
ADD 属性名 属性类型
AFTER 属性名;
```

在上述语句中，关键字 AFTER 表示所增加的字段在该关键字指定的字段之后。

【例 4-11】 在 teacher 表中 tc_name 字段后增加 tc_title（职称）字段，其数据类型为 VARCHAR，长度为 20。

```
ALTER TABLE teacher
ADD tc_title VARCHAR(20)
AFTER tc_name;
```

然后，可通过 DESC 语句查看增加字段后的表：

```
DESC teacher;
```

运行结果如图 4-11 所示。

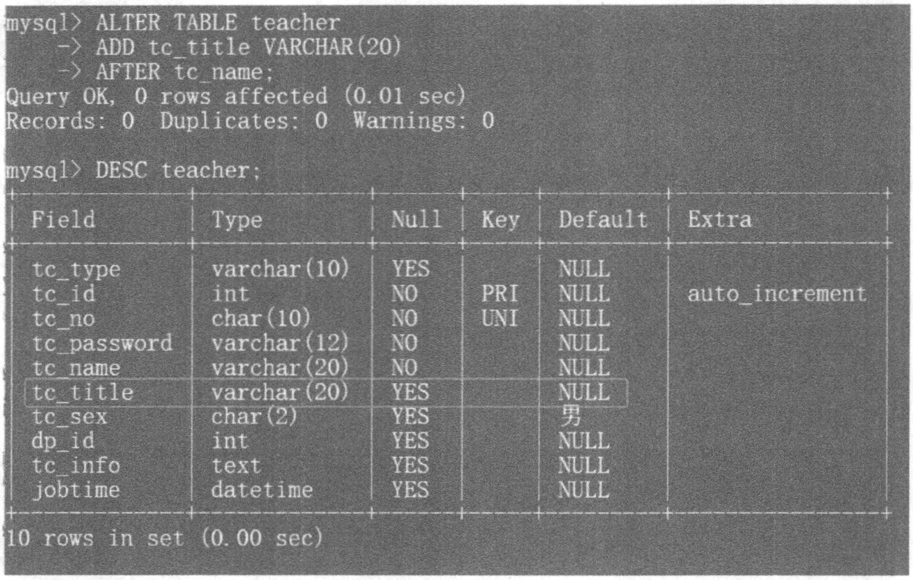

```
mysql> ALTER TABLE teacher
    -> ADD tc_title VARCHAR(20)
    -> AFTER tc_name;
Query OK, 0 rows affected (0.01 sec)
Records: 0  Duplicates: 0  Warnings: 0

mysql> DESC teacher;
+-------------+-------------+------+-----+---------+----------------+
| Field       | Type        | Null | Key | Default | Extra          |
+-------------+-------------+------+-----+---------+----------------+
| tc_type     | varchar(10) | YES  |     | NULL    |                |
| tc_id       | int         | NO   | PRI | NULL    | auto_increment |
| tc_no       | char(10)    | NO   | UNI | NULL    |                |
| tc_password | varchar(12) | NO   |     | NULL    |                |
| tc_name     | varchar(20) | NO   |     | NULL    |                |
| tc_title    | varchar(20) | YES  |     | NULL    |                |
| tc_sex      | char(2)     | YES  |     | 男      |                |
| dp_id       | int         | YES  |     | NULL    |                |
| tc_info     | text        | YES  |     | NULL    |                |
| jobtime     | datetime    | YES  |     | NULL    |                |
+-------------+-------------+------+-----+---------+----------------+
10 rows in set (0.00 sec)
```

图 4-11　增加字段 tc_title 后的表

3）修改字段

修改字段时，可以修改字段名，还可以修改字段的数据类型。由于一个表中拥有许多字段，因此还可以实现修改字段的顺序。

① 修改字段名。在 MySQL 中，修改字段名通过 SQL 语句 ALTER TABLE 来实现，其语法格式如下：

```
ALTER TABLE table_name
CHANGE 旧属性名  新属性名 旧数据类型;
```

上述语句中，table_name 参数表示要修改字段的表名，“旧属性名”参数表示要修改的字段名。“新属性名”参数表示修改后的字段名。

【例 4-12】 将 teacher 表中的 tc_password 字段的名字改为 tc_pwd。

```
ALTER TABLE teacher
CHANGE tc_password tc_pwd VARCHAR(12);
```

然后，可通过 DESC 语句查看修改字段后的表：

```
DESC teacher;
```

运行结果如图 4-12 所示。

```
mysql> ALTER TABLE teacher
    -> CHANGE tc_password tc_pwd VARCHAR(12);
Query OK, 0 rows affected (0.03 sec)
Records: 0  Duplicates: 0  Warnings: 0

mysql> DESC teacher;
+-----------+-------------+------+-----+---------+-------+
| Field     | Type        | Null | Key | Default | Extra |
+-----------+-------------+------+-----+---------+-------+
| tc_type   | varchar(10) | YES  |     | NULL    |       |
| tc_id     | smallint    | NO   | PRI | NULL    |       |
| tc_no     | char(10)    | NO   | UNI | NULL    |       |
| tc_pwd    | varchar(12) | YES  |     | NULL    |       |
| tc_name   | varchar(25) | YES  |     | NULL    |       |
| tc_title  | varchar(20) | YES  |     | NULL    |       |
| tc_sex    | char(2)     | YES  |     | 男      |       |
| dp_id     | int         | YES  |     | NULL    |       |
| tc_info   | text        | YES  |     | NULL    |       |
| jobtime   | datetime    | YES  |     | NULL    |       |
+-----------+-------------+------+-----+---------+-------+
10 rows in set (0.00 sec)
```

图 4-12　修改 tc_password 字段名

② 修改字段的数据类型。在 MySQL 中，要修改字段的数据类型，可通过 SQL 语句 ALTER TABLE 来实现，其语法格式如下：

```
ALTER TABLE table_name
MODIFY COLUMN 属性名 数据类型;
```

上述语句中，table_name 参数表示要修改字段的表名，“属性名”参数为所要修改的字段名，“数据类型”为修改后的数据类型。

【例 4-13】 将 teacher 表中的 tc_name 字段长度改为 25。

```
ALTER TABLE teacher
MODIFY COLUMN  tc_name VARCHAR(25);
```

然后，可通过 DESC 语句查看修改字段后的表：

```
DESC teacher;
```

运行结果如图 4-13 所示。

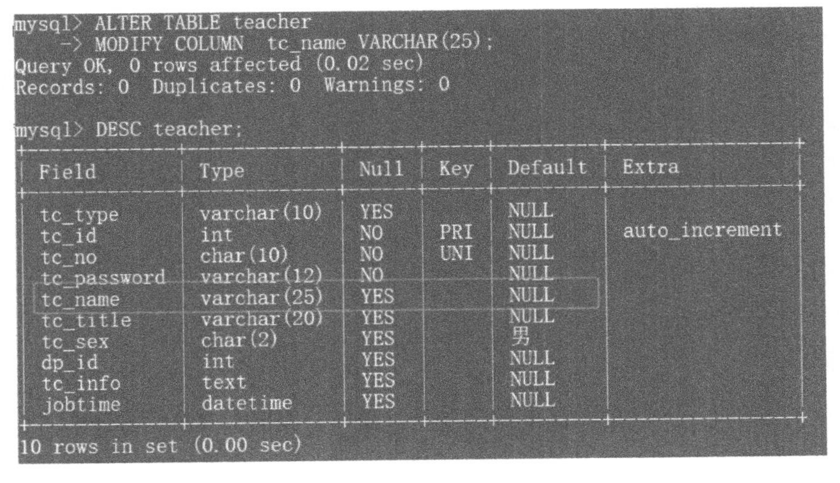

```
mysql> ALTER TABLE teacher
    -> MODIFY COLUMN  tc_name VARCHAR(25);
Query OK, 0 rows affected (0.02 sec)
Records: 0  Duplicates: 0  Warnings: 0

mysql> DESC teacher;
+-------------+-------------+------+-----+---------+----------------+
| Field       | Type        | Null | Key | Default | Extra          |
+-------------+-------------+------+-----+---------+----------------+
| tc_type     | varchar(10) | YES  |     | NULL    |                |
| tc_id       | int         | NO   | PRI | NULL    | auto_increment |
| tc_no       | char(10)    | NO   | UNI | NULL    |                |
| tc_password | varchar(12) | NO   |     | NULL    |                |
| tc_name     | varchar(25) | YES  |     | NULL    |                |
| tc_title    | varchar(20) | YES  |     | NULL    |                |
| tc_sex      | char(2)     | YES  |     | 男      |                |
| dp_id       | int         | YES  |     | NULL    |                |
| tc_info     | text        | YES  |     | NULL    |                |
| jobtime     | datetime    | YES  |     | NULL    |                |
+-------------+-------------+------+-----+---------+----------------+
10 rows in set (0.00 sec)
```

图 4-13　修改 tc_name 字段的长度

【例 4-14】将 teacher 表的 tc_id 字段的数据类型改为 SMALLINT。

```
ALTER TABLE teacher
MODIFY COLUMN  tc_id SMALLINT;
```

然后，可通过 DESC 语句查看修改字段后的表：

```
DESC teacher;
```

运行结果如图 4-14 所示。

```
mysql> ALTER TABLE teacher
    -> MODIFY COLUMN  tc_id SMALLINT;
Query OK, 0 rows affected (0.02 sec)
Records: 0  Duplicates: 0  Warnings: 0

mysql> DESC teacher;
+-------------+-------------+------+-----+---------+-------+
| Field       | Type        | Null | Key | Default | Extra |
+-------------+-------------+------+-----+---------+-------+
| tc_type     | varchar(10) | YES  |     | NULL    |       |
| tc_id       | smallint    | NO   | PRI | NULL    |       |
| tc_no       | char(10)    | NO   | UNI | NULL    |       |
| tc_password | varchar(12) | NO   |     | NULL    |       |
| tc_name     | varchar(25) | YES  |     | NULL    |       |
| tc_title    | varchar(20) | YES  |     | NULL    |       |
| tc_sex      | char(2)     | YES  |     | 男      |       |
| dp_id       | int         | YES  |     | NULL    |       |
| tc_info     | text        | YES  |     | NULL    |       |
| jobtime     | datetime    | YES  |     | NULL    |       |
+-------------+-------------+------+-----+---------+-------+
10 rows in set (0.00 sec)
```

图 4-14　修改 tc_id 字段的数据类型

4）删除字段

在修改表时，既可以进行字段的增加操作，也可以进行字段的删除操作。所谓删除字段，是指删除已经在表中定义好的某个字段。在 MySQL 中，删除字段通过 SQL 语句 ALTER TABLE 来实现，其语法格式如下：

```
ALTER TABLE table_name
DROP 属性名
```

上述语句中，table_name 参数表示要删除字段表名，“属性名”参数表示所要删除的字段名。

【例 4-15】删除 teacher 表中的 tc_title 字段。

```
ALTER TABLE teacher
DROP tc_title;
```

然后，可通过 DESC 语句查看删除字段后的表：

```
DESC teacher;
```

运行结果如图 4-15 所示。

4．删除表

所谓删除表，是指删除数据库中已经存在的表。在删除表时，会直接删除表中所保存的所有数据，因此删除表时应该非常小心，确认不需要该表后，再执行删除操作。

```
mysql> ALTER TABLE teacher
    -> DROP tc_title;
Query OK, 0 rows affected (0.01 sec)
Records: 0  Duplicates: 0  Warnings: 0

mysql> DESC teacher;
+-----------+--------------+------+-----+---------+-------+
| Field     | Type         | Null | Key | Default | Extra |
+-----------+--------------+------+-----+---------+-------+
| tc_type   | varchar(10)  | YES  |     | NULL    |       |
| tc_id     | smallint     | NO   | PRI | NULL    |       |
| tc_no     | char(10)     | NO   | UNI | NULL    |       |
| tc_pwd    | varchar(12)  | YES  |     | NULL    |       |
| tc_name   | varchar(25)  | YES  |     | NULL    |       |
| tc_sex    | char(2)      | YES  |     | 男      |       |
| dp_id     | int          | YES  |     | NULL    |       |
| tc_info   | text         | YES  |     | NULL    |       |
| jobtime   | datetime     | YES  |     | NULL    |       |
+-----------+--------------+------+-----+---------+-------+
9 rows in set (0.00 sec)
```

图 4-15　删除 tc_title 字段

删除表需要用到 DROP TABLE 语句，其语法格式如下：

```
DROP TABLE 表名;
```

【例 4-16】删除 teacher 表。

```
DROP TABLE teacher;
```

运行结果如图 4-16 所示。

```
mysql> DROP TABLE teacher;
Query OK, 0 rows affected (0.01 sec)

mysql> DESC teacher;
ERROR 1146 (42S02): Table 'competition.teacher' doesn't exist
```

图 4-16　删除 teacher 表

四、任务总结

表是一种重要的数据库对象，存储数据库中的所有数据。一个表就是一个关系，表实质上就是行和列的集合，每行代表一条记录（元组），每列代表一个字段（属性）。每个表由若干行组成，表的第一行为各列标题，其余行都是数据。

本任务分为 4 个子任务，分别为创建表、查看表、修改表和删除表。创建表需要用到 CREATE TABLE 语句；创建表后可以通过 DESCRIBE（DESC）、SHOW CREATE TABLE 语句查看表信息；可以使用 ALTER TABLE 语句修改表，包括修改表名、增加字段、修改字段、修改字段、删除字段等操作；可以使用 DROP TABLE 语句删除表。

任务 3　数据管理

一、任务描述

创建表之后，为了能够实现对数据的处理，还需要进行数据管理。

微课视频

二、任务分析

数据管理主要包括记录的增加、删除和修改等操作。可以通过 SQL 语句在学生技能竞赛管理系统数据库的数据表中增加、修改或删除记录。同时，可以设置数据完整性约束，如通过建立主键来保证录入数据的唯一性；或设定数据范围，避免犯一些低级错误等。

三、任务完成

1. 增加记录

在使用数据库之前，数据库中必须要有数据，使用 INTERT 语句可以向数据表中插入新的记录。该 SQL 语句可以通过以下 4 种方式使用：

① 插入完整的数据记录；

② 插入数据记录的一部分；

③ 插入多条数据记录；

④ 插入其他表的查询结果。

1）插入完整的数据记录

使用基本的 INSERT 语句插入记录时，要求指定表名和新记录的值，其基本语法格式如下：

```
INSERT INTO table_name (column_list) VALUES (value_list) ;
```

table_name 指定要插入记录的表名，column_list 指定要插入的字段，value_list 指定每个字段对应的值。注意，使用该语句时字段和值的数量必须相同。

【例 4-17】 在 student 表中插入一条新记录：学号为 2201050907，密码为 x123456，姓名为“王宏豪”，性别为“男”，班级编号为 09，院系编号为 02。

```
INSERT INTO student VALUES('1','2201050907','x123456','王宏豪','男',
'09','02');
```

运行结果如图 4-17 所示。

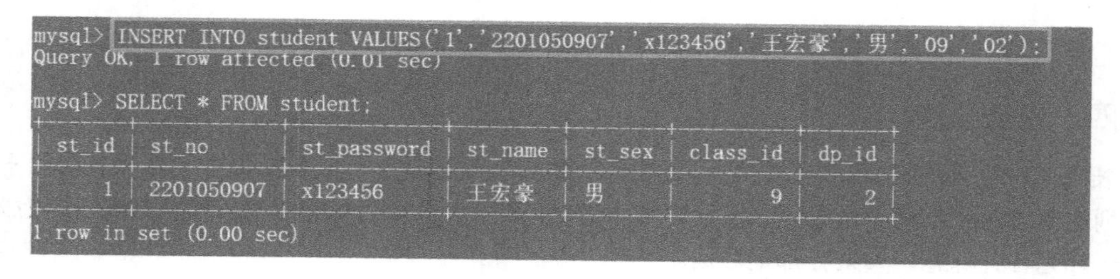

```
mysql> INSERT INTO student VALUES('1','2201050907','x123456','王宏豪','男','09','02');
Query OK, 1 row affected (0.01 sec)

mysql> SELECT * FROM student;
```

st_id	st_no	st_password	st_name	st_sex	class_id	dp_id
1	2201050907	x123456	王宏豪	男	9	2

```
1 row in set (0.00 sec)
```

图 4-17 插入完整的数据记录

2）插入数据记录的一部分

插入数据记录的一部分，即为表的指定字段插入数据，就是在 INSERT 语句中只向部分字段插入值，而其他字段的值为表定义时的默认值。

【例 4-18】 在 student 表中插入一条新记录：学号为 2201050908，姓名为“张可可”，密码为 z123456，性别为“女”。

```
INSERT INTO student(st_no,st_name,st_password,st_sex)
VALUES('2201050908','张可可','z123456','女');
```

运行结果如图 4-18 所示。

```
mysql> INSERT INTO student(st_no,st_name,st_password,st_sex)
    -> VALUES('2201050908','张可可','z123456','女');
Query OK, 1 row affected (0.00 sec)

mysql> SELECT * FROM student;
+-------+------------+-------------+---------+--------+----------+-------+
| st_id | st_no      | st_password | st_name | st_sex | class_id | dp_id |
+-------+------------+-------------+---------+--------+----------+-------+
|     1 | 2201050907 | x123456     | 王宏豪  | 男     |        9 |     2 |
|     2 | 2201050908 | z123456     | 张可可  | 女     |     NULL |  NULL |
+-------+------------+-------------+---------+--------+----------+-------+
2 rows in set (0.00 sec)
```

图 4-18　插入数据记录的一部分

3）插入多条数据记录

使用 INSERT 语句可以同时在数据表中插入多条数据记录，插入时指定多个值列表，每个值列表之间用逗号分隔开，其语法格式如下：

```
INSERT INTO table_name(column_list)
VALUES(value_list1),(value_list2),…,(value_listn);
```

其中，(value_list1),(value_list2),…,(value_list$n$)表示插入的第 1～n 条记录的字段的值列表。

【例 4-19】在 teacher 表中，为 tc_id，tc_no，tc_password 和 tc_name 字段插入指定值，同时插入 3 条新记录。

```
INSERT INTO teacher(tc_id,tc_no,tc_password,tc_name)
VALUES(11, '1001', 't123456', '赵亮'),
(12, '1002', 't123456', '李文楚'),
(13, '1003', 't123456', '全辉俊');
```

查询 teacher 表数据：

```
SELECT * FROM teacher;
```

运行结果如图 4-19 所示。

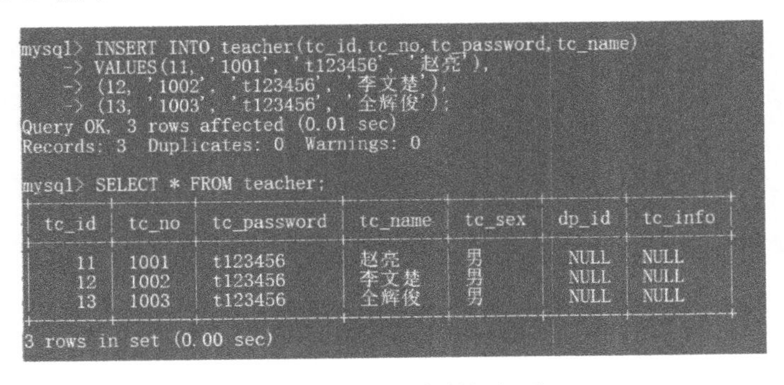

```
mysql> INSERT INTO teacher(tc_id,tc_no,tc_password,tc_name)
    -> VALUES(11, '1001', 't123456', '赵亮'),
    -> (12, '1002', 't123456', '李文楚'),
    -> (13, '1003', 't123456', '全辉俊');
Query OK, 3 rows affected (0.01 sec)
Records: 3  Duplicates: 0  Warnings: 0

mysql> SELECT * FROM teacher;
+-------+-------+-------------+---------+--------+-------+---------+
| tc_id | tc_no | tc_password | tc_name | tc_sex | dp_id | tc_info |
+-------+-------+-------------+---------+--------+-------+---------+
|    11 | 1001  | t123456     | 赵亮    | 男     |  NULL | NULL    |
|    12 | 1002  | t123456     | 李文楚  | 男     |  NULL | NULL    |
|    13 | 1003  | t123456     | 全辉俊  | 男     |  NULL | NULL    |
+-------+-------+-------------+---------+--------+-------+---------+
3 rows in set (0.00 sec)
```

图 4-19　插入多条数据记录

4）插入其他表的查询结果

使用 INSERT 语句还可以将 SELECT 语句的查询结果插入某个表中，如果想从另一个表中合并个人信息到 teacher 表中，不需要把每条记录的值一个一个地输入，只需要使用由 INSERT 语句和 SELECT 语句组成的组合语句，即可快速地从一个或多个表中向某个表中插入多条记录。语法格式如下：

```
INSERT INTO table_name1(column_list1)
SELECT (column_list2) FROM table_name2 WHERE(condition)
```

其中，table_name1 指定待插入数据的表；column_list1 指定待插入表中要插入数据的字段列表；

table_name2 指定插入数据的数据来源表；column_list2 指定数据来源表的查询字段列表，该列表必须和 column_list1 列表中的字段个数相同、数据类型相同；condititon 指定 SELECT 语句的查询条件。

【例 4-20】 创建一个名为 teacher_copy 的数据表，其表结构与 teacher 表相同，把 teacher 表中 tc_no 为 1001 的记录赋给 teacher_copy 表。

```
CREATE  TABLE  teacher_copy(
tc_id INT NOT NULL PRIMARY KEY AUTO_INCREMENT,
tc_no CHAR(10) NOT NULL UNIQUE,
tc_password VARCHAR(12) NOT NULL,
tc_name VARCHAR(20) NOT NULL,
tc_sex CHAR(2) DEFAULT '男',
dp_id INT,
tc_info TEXT
)ENGINE=InnoDB DEFAULT CHARSET=utf8;
INSERT INTO teacher_copy(tc_no,tc_password,tc_name)
SELECT tc_no,tc_password,tc_name FROM teacher WHERE tc_no='1001';
```

查询 teacher_copy 表数据：

```
SELECT * FROM teacher_copy;
```

运行结果如图 4-20 所示。

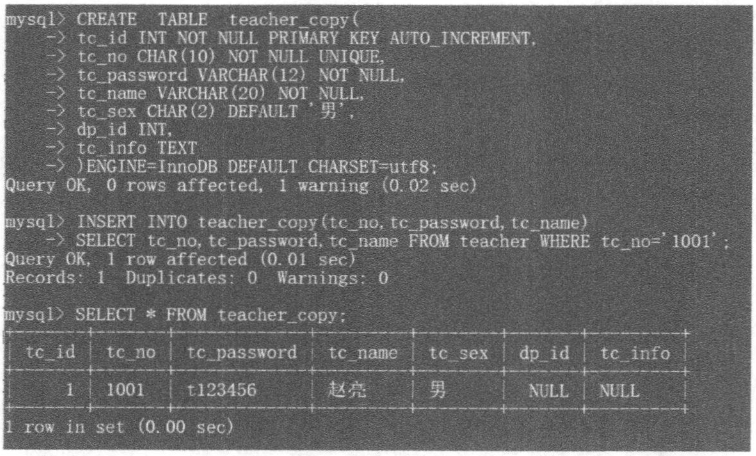

```
mysql> CREATE  TABLE  teacher_copy(
    -> tc_id INT NOT NULL PRIMARY KEY AUTO_INCREMENT,
    -> tc_no CHAR(10) NOT NULL UNIQUE,
    -> tc_password VARCHAR(12) NOT NULL,
    -> tc_name VARCHAR(20) NOT NULL,
    -> tc_sex CHAR(2) DEFAULT '男',
    -> dp_id INT,
    -> tc_info TEXT
    -> )ENGINE=InnoDB DEFAULT CHARSET=utf8;
Query OK, 0 rows affected, 1 warning (0.02 sec)

mysql> INSERT INTO teacher_copy(tc_no,tc_password,tc_name)
    -> SELECT tc_no,tc_password,tc_name FROM teacher WHERE tc_no='1001';
Query OK, 1 row affected (0.01 sec)
Records: 1  Duplicates: 0  Warnings: 0

mysql> SELECT * FROM teacher_copy;
+-------+------+-------------+---------+--------+-------+---------+
| tc_id | tc_no | tc_password | tc_name | tc_sex | dp_id | tc_info |
+-------+------+-------------+---------+--------+-------+---------+
|     1 | 1001 | t123456     | 赵亮    | 男     |  NULL | NULL    |
+-------+------+-------------+---------+--------+-------+---------+
1 row in set (0.00 sec)
```

图 4-20　插入其他表的查询结果

2. 修改记录

表中有了记录之后，接下来可以对记录进行更新和修改，MySQL 中使用 UPDATE 语句修改表中的记录。修改记录可以只修改单条记录，也可修改多条记录甚至全部记录。

UPDATE 语句的语法格式如下：

```
UPDATE table_name
SET column_name1=value1,column_name2=value1,…,column_namen=valuen
WHERE(condition);
```

其中，column_name1，column_name2，…，column_name*n* 为要更新的字段的名称；value1，value2，…，value*n* 为相对应的指定字段的更新值；condition 指定更新记录需要满足的条件。更新多个字段时，每个“字段–值”对之间用逗号隔开，最后一个字段之后不需要加逗号。

1）修改单条记录

【例 4-21】将 student 表中“张可可”的班级修改为 02 班。

```
UPDATE student
SET class_id='02'
WHERE st_name='张可可';
```

查询 student 表数据：

```
SELECT * FROM student;
```

运行结果如图 4-21 所示。

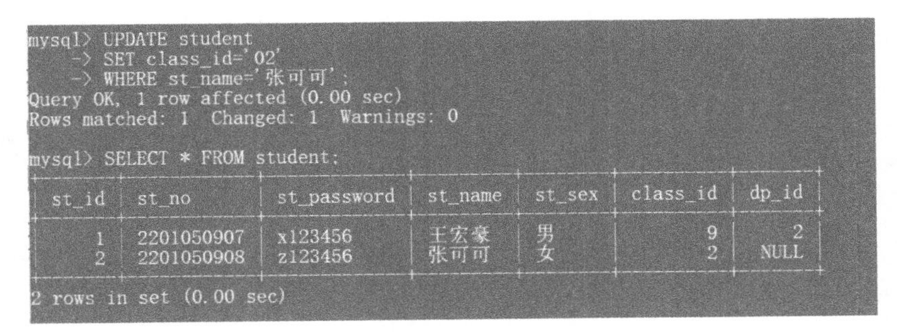

图 4-21　修改单条记录

2）修改多条记录

【例 4-22】将 department 表中的院系名“信息工程学院”改为计算机系。

```
UPDATE department
SET dp_name='计算机系'
WHERE dp_name='信息工程学院';
```

查询 department 表数据：

```
SELECT * FROM department;
```

运行结果如图 4-22 所示。

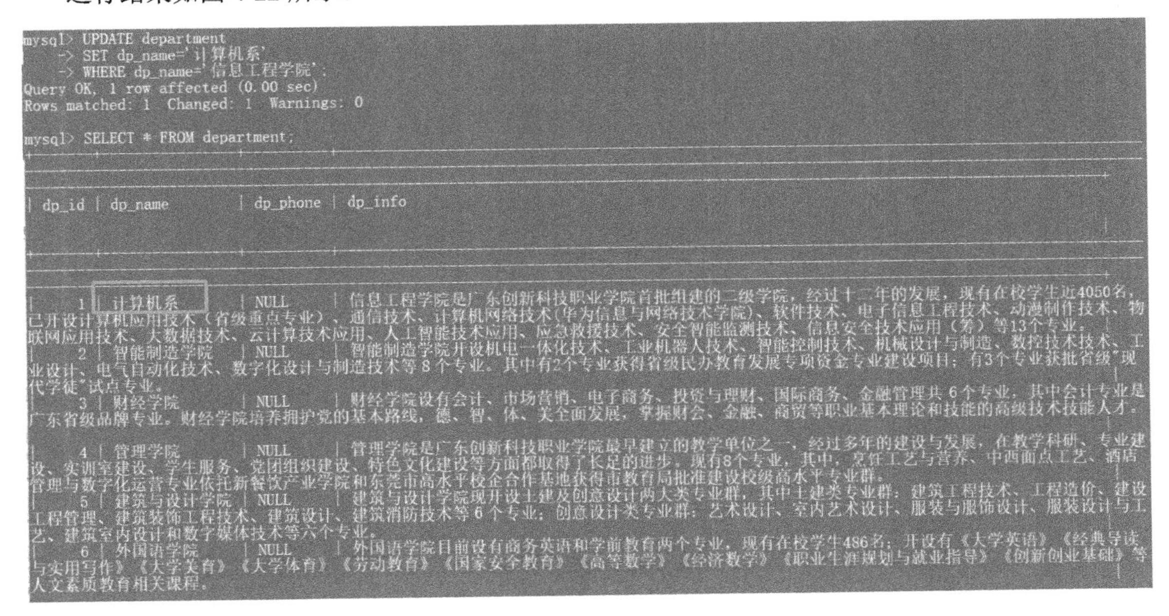

图 4-22　修改多条记录

3）修改全部记录

【例 4-23】将 project 表中的培训天数全部加 3 天。

```
UPDATE project
SET pr_days=pr_days+3;
```

查询 project 表数据：

```
SELECT * FROM project;
```

运行结果如图 4-23 所示。

```
mysql> UPDATE project
    -> SET pr_days=pr_days+3;
Query OK, 26 rows affected (0.01 sec)
Rows matched: 26  Changed: 26  Warnings: 0

mysql> SELECT * FROM project;
```

pr_id	pr_name	dp_id	pr_address	pr_time	pr_trainaddress	pr_starttime	pr_endtime	pr_days	pr_info	pr_active
1	移动互联网应用软件开发	1	广东省教育厅	2022-10-17 00:00:00	实训6-503	2022-09-15 00:00:00	2022-10-16 00:00:00	34	NULL	NULL
2	云计算	1	广东省教育厅	2022-10-17 00:00:00	实训6-101	2022-09-15 00:00:00	2022-10-16 00:00:00	34	NULL	NULL
3	信息网络布线	1	广东省教育厅	2022-11-11 00:00:00	实训5-303	2022-09-30 00:00:00	2022-11-10 00:00:00	44	NULL	NULL
4	Web应用软件开发	1	广东省教育厅	2022-10-31 00:00:00	实训6-202	2022-09-15 00:00:00	2022-10-30 00:00:00	48	NULL	NULL
5	动漫制作	1	广东省教育厅	2022-11-07 00:00:00	实训6-405	2022-09-30 00:00:00	2022-11-06 00:00:00	40	NULL	NULL
6	信息安全管理与评估	1	广东省教育厅	2022-11-21 00:00:00	实训5-202	2022-10-10 00:00:00	2022-11-20 00:00:00	44	NULL	NULL
7	物联网技术应用	1	广东省教育厅	2022-10-30 00:00:00	实训5-505	2022-09-15 00:00:00	2022-10-29 00:00:00	47	NULL	NULL
8	软件测试	1	广东省教育厅	2022-11-28 00:00:00	实训5-203	2022-10-10 00:00:00	2022-11-27 00:00:00	51	NULL	NULL
9	大数据技术与应用	1	广东省教育厅	2022-11-21 00:00:00	实训6-204	2022-10-10 00:00:00	2022-11-20 00:00:00	44	NULL	NULL
10	智慧网联技术与应用	1	广东省教育厅	2022-10-10 00:00:00	实训6-205	2022-09-15 00:00:00	2022-10-09 00:00:00	27	NULL	NULL
11	工业机器人技术应用	2	广东省教育厅	2022-10-12 00:00:00	实训1-202	2022-09-05 00:00:00	2022-10-11 00:00:00	39	NULL	NULL
12	工业产品数字化设计与制造	2	广东省教育厅	2022-10-11 00:00:00	实训1-305	2022-09-05 00:00:00	2022-10-10 00:00:00	38	NULL	NULL
13	现代电气控制系统安装与调试	2	广东省教育厅	2022-10-22 00:00:00	实训1-303	2022-09-05 00:00:00	2022-10-21 00:00:00	49	NULL	NULL
14	电子商务技能	3	广东省教育厅	2022-10-10 00:00:00	教3-107	2022-09-05 00:00:00	2022-10-09 00:00:00	37	NULL	NULL
15	会计技能	3	广东省教育厅	2022-11-06 00:00:00	教3-106	2022-09-05 00:00:00	2022-11-05 00:00:00	64	NULL	NULL
16	互联网金融	3	广东省教育厅	2022-11-21 00:00:00	教3-606	2022-10-10 00:00:00	2022-11-20 00:00:00	44	NULL	NULL
17	智慧零售运营与管理	4	广东省教育厅	2022-11-27 00:00:00	教4-508	2022-10-10 00:00:00	2022-11-26 00:00:00	50	NULL	NULL
18	秘书职业技能	4	广东省教育厅	2022-10-23 00:00:00	教4-507	2022-09-05 00:00:00	2022-10-22 00:00:00	50	NULL	NULL
19	烹饪	4	广东省教育厅	2022-11-13 00:00:00	饭堂4楼	2022-09-05 00:00:00	2022-11-12 00:00:00	71	NULL	NULL
20	中餐主题宴会设计	4	广东省教育厅	2022-11-27 00:00:00	教1-501	2022-09-05 00:00:00	2022-11-26 00:00:00	85	NULL	NULL
21	英语口语（专业组）	6	广东省教育厅	2022-10-25 00:00:00	教1-306	2022-09-30 00:00:00	2022-10-24 00:00:00	27	NULL	NULL
22	英语口语（非英语专业组）	6	广东省教育厅	2022-10-24 00:00:00	教1-305	2022-09-30 00:00:00	2022-10-23 00:00:00	26	NULL	NULL
23	建筑装饰技术应用	5	广东省教育厅	2022-11-06 00:00:00	实训3-305	2022-09-05 00:00:00	2022-11-05 00:00:00	64	NULL	NULL
24	建筑工程识图	5	广东省教育厅	2022-10-16 00:00:00	实训3-204	2022-09-05 00:00:00	2022-10-15 00:00:00	43	NULL	NULL
25	互联网广告设计	5	广东省教育厅	2022-11-20 00:00:00	实训3-203	2022-09-30 00:00:00	2022-11-19 00:00:00	53	NULL	NULL
26	服装设计与工艺	5	广东省教育厅	2022-10-30 00:00:00	实训3-404	2022-09-05 00:00:00	2022-10-29 00:00:00	57	NULL	NULL

```
26 rows in set (0.00 sec)
```

图 4-23　修改全部记录

3．删除记录

从数据表中删除记录使用 DELETE 语句，DELETE 语句允许用 WHERE 子句指定删除条件。删除记录可以只删除单条记录，也可以删除多条记录甚至全部记录。DELETE 语句的语法格式如下：

```
DELETE FROM table_name[WHERE<condition>];
```

1）删除单条记录

【例 4-24】删除 student 表中姓名为“梁炳林”的学生。

```
DELETE FROM student WHERE st_name='梁炳林';
```

运行结果如图 4-24 所示。

```
mysql> DELETE FROM student WHERE st_name='梁炳林';
Query OK, 1 row affected (0.00 sec)
```

图 4-24　删除单条记录

2）删除多条记录

【例 4-25】删除 student 表中院系编号为 2 的所有学生信息。

```
DELETE FROM student WHERE dp_id=2;
```

运行结果如图 4-25 所示。

```
mysql> DELETE FROM student WHERE dp_id=2;
Query OK, 8 rows affected (0.00 sec)
```

图 4-25　删除多条记录

3）删除全部记录

【例 4-26】删除 student 表的全部记录。

```
DELETE FROM student;
```

运行结果如图 4-26 所示。

```
mysql> DELETE FROM student;
Query OK, 68 rows affected (0.01 sec)
```

图 4-26　删除全部记录

四、任务总结

表的数据管理包括增加、修改和删除记录。

增加记录可以使用 INSERT 语句。本任务中，通过插入完整数据记录、插入数据记录的一部分、插入多条数据记录和插入其他表的查询结果 4 种方式，介绍了增加记录的操作。

当增加记录错误或者事务发生变化时，需要进行记录修改。本任务使用 UPDATE 语句，通过修改单条记录、修改多条记录和修改全部记录逐步介绍对记录的修改操作。

如果表中的某些记录不需要了，则可使用 DELETE 语句删除。本任务通过删除单条记录、删除多条记录和删除全部记录逐步介绍对记录的删除操作。

任务 4　数据完整性

一、任务描述

微课视频

在数据管理的过程中，有的字段必须要有值，不能为空；有的字段的值只能在某个范围内；还有的字段的值必须取自其他的表。数据的这些规律，使数据管理变得有章可循。在表上可增加一些约束，实现某字段不能为空，或者若输入数据不在某个范围内，则提示用户等功能，这就是数据完整性约束机制。

二、任务分析

数据完整性约束，可以在创建表时设置，也可以在创建好的表上进行添加。在学生技能竞赛管理系统中，在 student 表中可以设置姓名、密码不能为空，学生编号为主键，性别只能取值为“男”或“女”，并且默认为“男”；在 project 表中可以设置学生编号、项目编号、教师编号为外键。这样设置后，数据的准确性与一致性就得到了保障。

三、任务完成

1. 主键约束

主键，又称主码，是表中一个字段或多个字段的组合。主键约束要求主键的数据唯一，并且不允许为空。主键能够唯一地标识表中的一条记录，还可以结合外键来定义不同数据表之间的关系，并且可以加快数据库查询的速度。主键和记录的关系如同身份证和人之间的关系，它们是一一对应的。主键分为两种类型：单字段主键和多字段组合主键。

1）创建表时设置单字段主键约束

【例 4-27】在 competition 数据库中创建 student 表，结构为 student（st_id，st_no，st_password，st_name，st_sex，class_id，dp_id），其中，st_id 为主键。

```
CREATE TABLE student
(
st_id INT PRIMARY KEY,
st_no CHAR(10) NOT NULL,
st_password CHAR(12) NOT NULL,
st_name VARCHAR(20) NOT NULL,
st_sex CHAR(2),
class_id INT,
dp_id CHAR(10)
);
```

创建表后，查看表结构：

```
DESC student;
```

运行结果如图 4-27 所示。

```
mysql> CREATE TABLE student
    -> (
    -> st_id INT PRIMARY KEY,
    -> st_no CHAR(10) NOT NULL,
    -> st_password CHAR(12) NOT NULL,
    -> st_name VARCHAR(20) NOT NULL,
    -> st_sex CHAR(2),
    -> class_id INT,
    -> dp_id CHAR(10)
    -> );
Query OK, 0 rows affected (0.02 sec)

mysql> DESC student;
+-------------+-------------+------+-----+---------+-------+
| Field       | Type        | Null | Key | Default | Extra |
+-------------+-------------+------+-----+---------+-------+
| st_id       | int         | NO   | PRI | NULL    |       |
| st_no       | char(10)    | NO   |     | NULL    |       |
| st_password | char(12)    | NO   |     | NULL    |       |
| st_name     | varchar(20) | NO   |     | NULL    |       |
| st_sex      | char(2)     | YES  |     | NULL    |       |
| class_id    | int         | YES  |     | NULL    |       |
| dp_id       | char(10)    | YES  |     | NULL    |       |
+-------------+-------------+------+-----+---------+-------+
7 rows in set (0.00 sec)
```

图 4-27　创建表时设置单字段主键约束

若要为主键命名，则可以通过以下方式：

```
CREATE TABLE student
(
st_id INT,
st_no CHAR(10) NOT NULL,
st_password CHAR(12) NOT NULL,
st_name VARCHAR(20) NOT NULL,
st_sex CHAR(2),
class_id INT,
dp_id CHAR(10),
PRIMARY KEY PK_id(st_id)
);
```

查看表结构：

```
DESC student;
```

运行结果如图 4-28 所示。

```
mysql> CREATE TABLE student
    -> (
    -> st_id INT,
    -> st_no CHAR(10) NOT NULL,
    -> st_password CHAR(12) NOT NULL,
    -> st_name VARCHAR(20) NOT NULL,
    -> st_sex CHAR(2),
    -> class_id INT,
    -> dp_id CHAR(10),
    -> PRIMARY KEY PK_id(st_id)
    -> );
Query OK, 0 rows affected (0.02 sec)

mysql> DESC student;
+-------------+-------------+------+-----+---------+-------+
| Field       | Type        | Null | Key | Default | Extra |
+-------------+-------------+------+-----+---------+-------+
| st_id       | int         | NO   | PRI | NULL    |       |
| st_no       | char(10)    | NO   |     | NULL    |       |
| st_password | char(12)    | NO   |     | NULL    |       |
| st_name     | varchar(20) | NO   |     | NULL    |       |
| st_sex      | char(2)     | YES  |     | NULL    |       |
| class_id    | int         | YES  |     | NULL    |       |
| dp_id       | char(10)    | YES  |     | NULL    |       |
+-------------+-------------+------+-----+---------+-------+
7 rows in set (0.00 sec)
```

图 4-28　为主键命名

2）创建表时设置多字段组合主键约束

【例 4-28】在 competition 数据库中创建学生参赛表 st_project，其结构为 st_project（st_pid，st_id，pr_id，tc_id），其中主键为 st_pid 和 st_id。

```
CREATE TABLE st_project
(
st_pid INT,
st_id INT,
pr_id INT,
tc_id INT,
PRIMARY KEY(st_pid,st_id)
);
```

创建表后，查看表结构：

```
DESC st_project;
```

运行结果如图 4-29 所示。

```
mysql> CREATE TABLE st_project
    -> (
    -> st_pid INT,
    -> st_id INT,
    -> pr_id INT,
    -> tc_id INT,
    -> PRIMARY KEY(st_pid, st_id)
    -> );
Query OK, 0 rows affected (0.03 sec)

mysql> DESC st_project;
+--------+------+------+-----+---------+-------+
| Field  | Type | Null | Key | Default | Extra |
+--------+------+------+-----+---------+-------+
| st_pid | int  | NO   | PRI | NULL    |       |
| st_id  | int  | NO   | PRI | NULL    |       |
| pr_id  | int  | YES  |     | NULL    |       |
| tc_id  | int  | YES  |     | NULL    |       |
+--------+------+------+-----+---------+-------+
4 rows in set (0.00 sec)
```

图 4-29　创建表时设置多字段组合主键约束

3）修改表时添加主键约束

【例 4-29】为 competition 数据库中的 teacher 表添加主键约束 tc_id，主键名为 PK_id。

```
ALTER TABLE teacher
ADD CONSTRAINT PK_id PRIMARY KEY(tc_id);
```

修改表后，查看表结构：

```
DESC teacher;
```

运行结果如图 4-30 所示。

```
mysql> ALTER TABLE teacher
    -> ADD CONSTRAINT PK_id PRIMARY KEY(tc_id);
Query OK, 0 rows affected (0.02 sec)
Records: 0  Duplicates: 0  Warnings: 0

mysql> DESC teacher;
+-------------+-------------+------+-----+---------+-------+
| Field       | Type        | Null | Key | Default | Extra |
+-------------+-------------+------+-----+---------+-------+
| tc_id       | int         | NO   | PRI | NULL    |       |
| tc_no       | char(10)    | NO   |     | NULL    |       |
| tc_password | varchar(12) | NO   |     | NULL    |       |
| tc_name     | varchar(20) | NO   |     | NULL    |       |
| tc_sex      | char(2)     | YES  |     | 男      |       |
| dp_id       | int         | YES  |     | NULL    |       |
| tc_info     | text        | YES  |     | NULL    |       |
+-------------+-------------+------+-----+---------+-------+
7 rows in set (0.00 sec)
```

图 4-30　修改表时添加主键约束

2．外键约束

外键用于与另一个表关联，是能确定另一个表记录的字段，用于保持数据的一致性。例如，A 表中的一个字段是 B 表的主键，那它就可以是 A 表的外键。

外键的取值为空或参照的主键值。插入非空值时，如果主键表中没有这个值，则不能插入。更新时，不能改为主键表中没有的值。删除主键表中的记录时，可以在建立外键时选择将外键表记录与主键表记录一起级联删除或拒绝删除。更新主键表记录时，外键表同样有级联更新和拒绝更新的选择。

1）创建表时设置外键约束

【例 4-30】在 competition 数据库中创建教师指导表 tc_project，其结构为 tc_project（tc_pid，tc_id，pr_id），其中，外键为 tc_id。

```
CREATE TABLE  tc_project
(
tc_pid INT PRIMARY KEY,
tc_id INT ,
pr_id INT,
CONSTRAINT for_id  FOREIGN KEY(tc_id) REFERENCES teacher(tc_id)
);
```

创建表后，查看表结构：

```
DESC tc_project;
```

运行结果如图 4-31 所示。

```
mysql> CREATE TABLE  tc_project
    -> (
    -> tc_pid INT PRIMARY KEY,
    -> tc_id INT,
    -> pr_id INT,
    -> CONSTRAINT for_id  FOREIGN KEY(tc_id) REFERENCES teacher(tc_id)
    -> );
Query OK, 0 rows affected (0.03 sec)

mysql> DESC tc_project;
+--------+------+------+-----+---------+-------+
| Field  | Type | Null | Key | Default | Extra |
+--------+------+------+-----+---------+-------+
| tc_pid | int  | NO   | PRI | NULL    |       |
| tc_id  | int  | YES  | MUL | NULL    |       |
| pr_id  | int  | YES  |     | NULL    |       |
+--------+------+------+-----+---------+-------+
3 rows in set (0.00 sec)
```

图 4-31　创建表时设置外键约束

2）修改表时添加外键约束

【例 4-31】为 competition 数据库中的 tc_project 表中的项目编号 pr_id 建立外键约束，该字段值参照 project 表中的 pr_id。

```
ALTER TABLE tc_project
ADD CONSTRAINT for_pid FOREIGN KEY(pr_id)REFERENCES project(pr_id);
```

修改表后，查看表结构：

```
DESC tc_project;
```

运行结果如图 4-32 所示。

```
mysql> ALTER TABLE tc_project
    -> ADD CONSTRAINT for_pid FOREIGN KEY(pr_id) REFERENCES project(pr_id);
Query OK, 0 rows affected (0.04 sec)
Records: 0  Duplicates: 0  Warnings: 0

mysql> DESC tc_project;
+--------+------+------+-----+---------+-------+
| Field  | Type | Null | Key | Default | Extra |
+--------+------+------+-----+---------+-------+
| tc_pid | int  | NO   | PRI | NULL    |       |
| tc_id  | int  | YES  | MUL | NULL    |       |
| pr_id  | int  | YES  | MUL | NULL    |       |
+--------+------+------+-----+---------+-------+
3 rows in set (0.00 sec)
```

图 4-32　修改表时添加外键约束

3. 唯一性约束

唯一性约束保证在一个字段或者一组字段中的数据与表中其他行的数据相比是唯一的。

1）创建表时设置唯一性约束

【例 4-32】在 competition 数据库中创建 student 表，结构为 student（st_id，st_no，st_password，st_name，st_sex，class_id，dp_id），其中，为 st_no 设置唯一性约束。

```
CREATE TABLE student
(
st_id INT PRIMARY KEY,
st_no CHAR(10) NOT NULL UNIQUE,
st_password CHAR(12) NOT NULL,
st_name VARCHAR(20) NOT NULL,
st_sex CHAR(2),
class_id INT,
```

```
    dp_id CHAR(10)
    );
```

创建表后，查看表结构：

```
    DESC student;
```

运行结果如图 4-33 所示。

```
mysql> CREATE TABLE student
    -> (
    -> st_id INT PRIMARY KEY,
    -> st_no CHAR(10) NOT NULL UNIQUE,
    -> st_password CHAR(12) NOT NULL,
    -> st_name VARCHAR(20) NOT NULL,
    -> st_sex CHAR(2),
    -> class_id INT,
    -> dp_id CHAR(10)
    -> );
Query OK, 0 rows affected (0.03 sec)

mysql> DESC student;
+-------------+-------------+------+-----+---------+-------+
| Field       | Type        | Null | Key | Default | Extra |
+-------------+-------------+------+-----+---------+-------+
| st_id       | int         | NO   | PRI | NULL    |       |
| st_no       | char(10)    | NO   | UNI | NULL    |       |
| st_password | char(12)    | NO   |     | NULL    |       |
| st_name     | varchar(20) | NO   |     | NULL    |       |
| st_sex      | char(2)     | YES  |     | NULL    |       |
| class_id    | int         | YES  |     | NULL    |       |
| dp_id       | char(10)    | YES  |     | NULL    |       |
+-------------+-------------+------+-----+---------+-------+
7 rows in set (0.00 sec)
```

图 4-33　创建表时设置唯一性约束

2）修改表时添加唯一性约束

【例 4-33】为 competition 数据库中的 teacher 表中的教师工号 tc_no 添加唯一性约束。

```
    ALTER TABLE teacher
    ADD CONSTRAINT UNIQUE (tc_no);
```

修改表后，查看表结构：

```
    DESC teacher;
```

运行结果如图 4-34 所示。

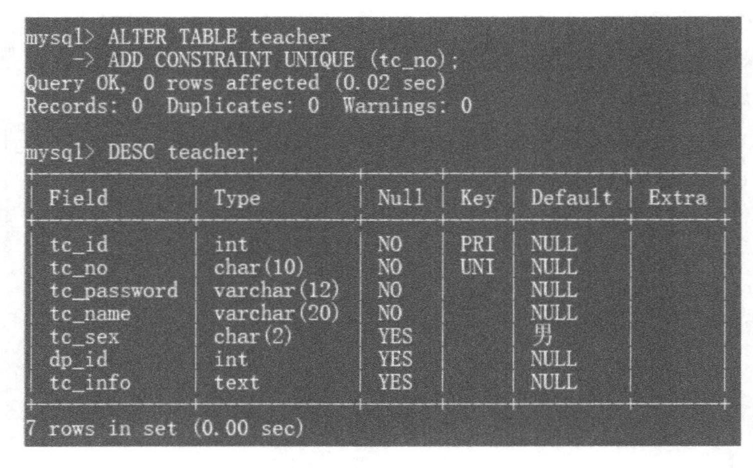

```
mysql> ALTER TABLE teacher
    -> ADD CONSTRAINT UNIQUE (tc_no);
Query OK, 0 rows affected (0.02 sec)
Records: 0  Duplicates: 0  Warnings: 0

mysql> DESC teacher;
+-------------+-------------+------+-----+---------+-------+
| Field       | Type        | Null | Key | Default | Extra |
+-------------+-------------+------+-----+---------+-------+
| tc_id       | int         | NO   | PRI | NULL    |       |
| tc_no       | char(10)    | NO   | UNI | NULL    |       |
| tc_password | varchar(12) | NO   |     | NULL    |       |
| tc_name     | varchar(20) | NO   |     | NULL    |       |
| tc_sex      | char(2)     | YES  |     | 男      |       |
| dp_id       | int         | YES  |     | NULL    |       |
| tc_info     | text        | YES  |     | NULL    |       |
+-------------+-------------+------+-----+---------+-------+
7 rows in set (0.00 sec)
```

图 4-34　修改表时添加唯一性约束

4．非空约束

被非空约束保护的字段必须要有数据值。

1）创建表时设置非空约束

【例 4-34】在 competition 数据库中创建 class 表，其结构为 class（class_id，class_id，class_name，class_grade，dp_id），其中，为 class_no、class_name 和 class_grade 设置非空约束。

```
CREATE TABLE class
(
class_id INT,
class_no CHAR(10) NOT NULL,
class_name CHAR(20) NOT NULL,
class_grade CHAR(10) NOT NULL,
dp_id CHAR(10)
);
```

创建表后，查看表结构：

```
DESC class;
```

运行结果如图 4-35 所示。

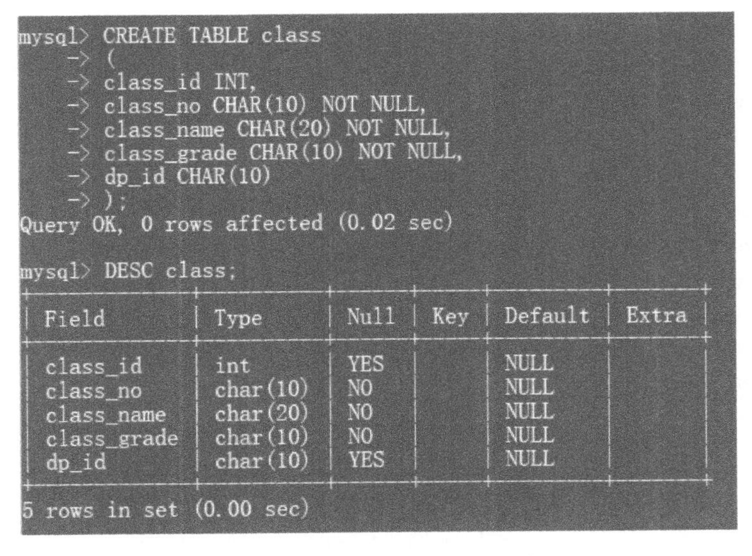

图 4-35 创建表时设置非空约束

2）修改表时添加非空约束

【例 4-35】为 competition 数据库中的 department 表中的院系名 dp_name 添加非空约束。

```
ALTER TABLE department
MODIFY dp_name CHAR(16) NOT NULL;
```

修改表后，查看表结构：

```
DESC department;
```

运行结果如图 4-36 所示。

5．检查约束

检查约束在表中定义一个对输入数据按照设置的逻辑进行检查的标识符。一旦为表中某字段设置了检查约束，则在向表中添加数据时，会使用这个约束对输入数据进行逻辑检查。

```
mysql> ALTER TABLE department
    -> MODIFY dp_name CHAR(16) NOT NULL;
Query OK, 0 rows affected (0.03 sec)
Records: 0  Duplicates: 0  Warnings: 0

mysql> DESC department;
+----------+----------+------+-----+---------+-------+
| Field    | Type     | Null | Key | Default | Extra |
+----------+----------+------+-----+---------+-------+
| dp_id    | int      | NO   |     | NULL    |       |
| dp_name  | char(16) | NO   |     | NULL    |       |
| dp_phone | char(11) | YES  |     | NULL    |       |
| dp_info  | text     | YES  |     | NULL    |       |
+----------+----------+------+-----+---------+-------+
4 rows in set (0.00 sec)
```

图 4-36　修改表时添加非空约束

1）创建表时设置检查约束

【例 4-36】创建 project 表时，限制培训天数 pr_days 只能在 0～30 之间。

```
CREATE TABLE  project(
pr_id INT PRIMARY KEY AUTO_INCREMENT,
pr_name VARCHAR(50) NOT NULL,
dp_id INT,
dp_address VARCHAR(50),
pr_time DATETIME,
pr_trainaddress VARCHAR(50),
pr_start DATETIME,
pr_end DATETIME,
pr_days INT CHECK(pr_days>=0 AND pr_days<=30),
pr_info TEXT,
pr_active CHAR(2)
);
```

运行结果如图 4-37 所示。

```
mysql> CREATE TABLE  project(
    -> pr_id INT PRIMARY KEY AUTO_INCREMENT,
    -> pr_name VARCHAR(50) NOT NULL,
    -> dp_id INT,
    -> dp_address VARCHAR(50),
    -> pr_time DATETIME,
    -> pr_trainaddress VARCHAR(50),
    -> pr_start DATETIME,
    -> pr_end DATETIME,
    -> pr_days INT CHECK(pr_days>=0 AND pr_days<=30),
    -> pr_info TEXT,
    -> pr_active CHAR(2)
    -> );
Query OK, 0 rows affected (0.02 sec)
```

图 4-37　创建表时设置检查约束

2）修改表时添加检查约束

【例 4-37】为 project 表中的培训天数 pr_days 添加检查约束，限制培训天数只能在 0～30 之间。

```
ALTER TABLE project
ADD CHECK (pr_days>=0 AND pr_days<=30);
```

运行结果如图 4-38 所示。

```
mysql> ALTER TABLE project
    -> ADD CHECK (pr_days>=0 AND pr_days<=30);
Query OK, 0 rows affected (0.03 sec)
Records: 0  Duplicates: 0  Warnings: 0
```

图 4-38 修改表时添加检查约束

6．默认值约束

默认值约束用于向字段中插入默认值。如果没有规定其他的值，那么会将默认值添加到所有的新记录中。默认值约束的使用减轻了数据添加的负担，它除了可以将字段定义为指定值，还可以设置为当前时间。被设置默认值约束的字段最好不为空，否则系统将无法确定该字段在添加时是 NULL 还是默认值。

1）创建表时设置默认值约束

【例 4-38】创建 student 表，设置性别字段只能取“男”或“女”，且默认值为“男”。

```
CREATE TABLE student
(
st_id INT,
st_no CHAR(10) NOT NULL,
st_password CHAR(12) NOT NULL,
st_name VARCHAR(20) NOT NULL,
st_sex  ENUM('男', '女') DEFAULT '男',
class_id INT,
dp_id CHAR(10),
PRIMARY KEY PK_id(st_id)
)ENGINE=InnoDB DEFAULT CHARSET=utf8;
```

创建表后，查看表结构：

```
DESC student;
```

运行结果如图 4-39 所示。

```
mysql> CREATE TABLE student
    -> (
    -> st_id INT,
    -> st_no CHAR(10) NOT NULL,
    -> st_password CHAR(12) NOT NULL,
    -> st_name VARCHAR(20) NOT NULL,
    -> st_sex  ENUM('男', '女') DEFAULT '男',
    -> class_id INT,
    -> dp_id CHAR(10),
    -> PRIMARY KEY PK_id(st_id)
    -> )ENGINE=InnoDB DEFAULT CHARSET=utf8;
Query OK, 0 rows affected, 1 warning (0.02 sec)

mysql> DESC student;
+-------------+-------------------+------+-----+---------+-------+
| Field       | Type              | Null | Key | Default | Extra |
+-------------+-------------------+------+-----+---------+-------+
| st_id       | int               | NO   | PRI | NULL    |       |
| st_no       | char(10)          | NO   |     | NULL    |       |
| st_password | char(12)          | NO   |     | NULL    |       |
| st_name     | varchar(20)       | NO   |     | NULL    |       |
| st_sex      | enum('男','女')   | YES  |     | 男      |       |
| class_id    | int               | YES  |     | NULL    |       |
| dp_id       | char(10)          | YES  |     | NULL    |       |
+-------------+-------------------+------+-----+---------+-------+
7 rows in set (0.00 sec)
```

图 4-39 创建表时设置默认值约束

2）修改表时添加默认值约束

【例 4-39】将 student 表中的性别字段修改为只能取“男”或“女”，且默认值为“男”。

```
ALTER TABLE student
MODIFY st_sex ENUM ('男', '女') DEFAULT '男';
```

运行结果如图 4-40 所示。

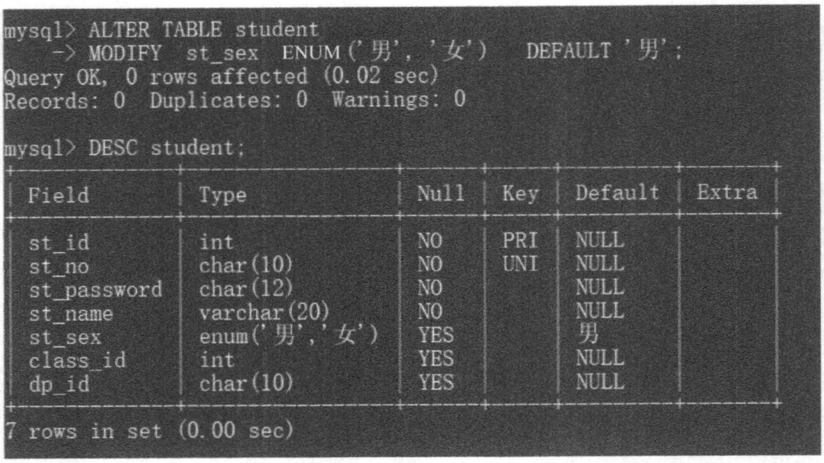

```
mysql> ALTER TABLE student
    -> MODIFY  st_sex  ENUM('男', '女')   DEFAULT '男';
Query OK, 0 rows affected (0.02 sec)
Records: 0  Duplicates: 0  Warnings: 0

mysql> DESC student;
+-------------+------------------+------+-----+---------+-------+
| Field       | Type             | Null | Key | Default | Extra |
+-------------+------------------+------+-----+---------+-------+
| st_id       | int              | NO   | PRI | NULL    |       |
| st_no       | char(10)         | NO   | UNI | NULL    |       |
| st_password | char(12)         | NO   |     | NULL    |       |
| st_name     | varchar(20)      | NO   |     | NULL    |       |
| st_sex      | enum('男','女')  | YES  |     | 男      |       |
| class_id    | int              | YES  |     | NULL    |       |
| dp_id       | char(10)         | YES  |     | NULL    |       |
+-------------+------------------+------+-----+---------+-------+
7 rows in set (0.00 sec)
```

图 4-40 修改表时添加默认值约束

四、任务总结

本任务主要介绍数据完整性，数据完整性是指存储在数据库中的数据的一致性和准确性。在评价数据库的设计时，数据完整性是评价数据库设计好坏的一项重要指标。而约束是 MySQL 提供的一种自动保证数据完整性的方法，其可以在创建表时设置，也可以在修改表时添加，主要包括主键约束、外键约束、唯一性约束、非空约束、检查约束和默认值约束。本任务通过依次实现以上 6 种约束，介绍数据完整性的相关知识。

其中，主键的数据类型不限，但此字段必须唯一并且非空，如表中已有主键为 1000 的记录，则不能再添加主键为 1000 的记录；程序不好控制的时候，也可以设置主键为自动增长的。

外键约束的用途是确保数据的完整性。它通常包括以下三种：实体完整性，确保每个实体是唯一的（通过主键来实施）；域完整性，确保字段值只从一套特定可选的集合中选择；关联完整性，确保每个外键的值或是 NULL（如果允许的话），或是与相关主键值相配的值。

唯一性约束保证在一个字段或者一组字段中的数据与表中其他行的数据相比是唯一的。

非空约束保证字段的值不能为空，如果为空，则报错。

检查约束保证字段的值满足范围规定、枚举值规定和特定匹配规定。

默认值约束用于向字段中插入默认值。如果没有指定其他值，那么会将默认值添加到所有的新记录中。

拓展阅读

数据库设计中的一个重要概念是数据完整性。由于万物之间存在联系，因此每个表之间也需要建立联系。关系型数据库中的联系通常包括一对一、一对多、多对多等。一对一联系表示两个实体之间只有一个相互关联的联系，如一个人只有一个身份证号；一对多联系表示一个实体与另一个实体之间的多个相互关联的联系，如一个班级有多名学生，一名学生只能属于一个班级；多对多联系表示两个实体之间存在多个相互关联的联系，如一名学生可以参加多个社团，一个社团可以有多名学生参加。

在数据库设计中，通过合理地设计表之间的联系，可以有效地保证数据的完整性和一致性。

同样，在当今社会中，良好的人际关系对于个人的成功也至关重要。对于学生来说，培养人际关系处理能力不仅有助于其在学校和社会中与他人融洽相处，还能为其未来的职业发展奠定基础。

可以从以下几个方面培养人际关系处理能力：

① 倡导学生积极沟通，积极沟通是建立良好人际关系的基础，学生应当被鼓励和家长、老师、同学、朋友进行积极的互动和交流；

② 鼓励学生合作学习，合作学习是培养学生人际关系处理能力的有效途径，通过与他人一起学习，学生能够培养团队精神、合作意识和相互尊重的价值观；

③ 给学生提供情绪管理的培训，情绪管理是有效处理人际关系的重要因素；

④ 同理心和尊重是建立良好人际关系的基石，学生可以通过参与公益活动、志愿者项目和社区服务来学习尊重他人、关心他人，并体验帮助他人的喜悦；

⑤ 学会有效处理冲突是培养学生人际关系处理能力的重要一环，通过角色扮演和实际案例分析，学生可以学以致用，提高处理冲突的能力。

良好的人际关系可以帮助学生不断成长。通过与他人互动和共同学习，学生可以不断拓展自己的知识、技能和经验，提高自己的综合素质。

实践训练

【实践任务 1】

创建数据库 Library，在 Libaray 中创建数据表 books，books 表的结构如表 4-8 所示，按要求进行操作。

表 4-8　books 表的结构

字段名	数据类型	主键	外键	非空约束	唯一性约束	自动增长
b_id	INT(11)	是	否	是	是	是
b_name	VARCHAR(50)	否	否	是	否	否
b_author	VARCHAR(50)	否	否	否	否	否
b_press	VARCHAR(50)	否	否	否	否	否
b_time	DATETIME	否	否	否	否	否

① 创建数据库 Libaray。

② 创建数据表 books，在 b_id 字段上添加主键约束和自动增长约束，在 b_name 字段上添加非空约束。

③ 将 b_author 字段的数据类型改为 VARCHAR(70)。

④ 增加 b_Bid 字段，数据类型为 VARCHAR(50)。

⑤ 将表名修改为 books_info。

⑥ 删除字段 b_press。

【实践任务 2】

在数据库 Library 中创建数据表 borrow，borrow 表的结构如表 4-9 所示，按要求进行操作。

表 4-9 borrow 表的结构

字 段 名	数 据 类 型	主 键	外 键	非空约束	唯一性约束	自 动 增 长
bw_id	INT(11)	是	否	是	是	是
b_id	INT(11)	否	是	否	否	否
bw_time	DATETIME	否	否	否	否	否

① 创建数据表 borrow，在 bw_id 字段上添加主键约束和自动增长约束，在 b_id 字段上添加外键约束，关联 books 表中的主键 b_id。

② 修改字段名称，将 bw_time 改为 bw_date。

③ 添加 stu_id 字段到 bw_id 后面，数据类型为 VARCHAR(12)。

④ 先删除 borrow 表的外键约束，然后删除表 books。

项目五　数据查询

学习目标

☑ 项目任务

任务 1　简单查询

任务 2　连接查询

任务 3　子查询

☑ 知识目标

（1）了解简单查询和复合查询

（2）掌握模糊查询的用法

（3）掌握内连接、左外连接、右外连接和全连接查询的用法

（4）掌握连接查询和子查询的区别

☑ 能力目标

（1）能够完成关于表的行和列的查询

（2）能够使用模糊查询

（3）能够实现自连接查询

（4）能够实现表间连接查询

☑ 素质目标

（1）培养学生的编程能力和业务素质

（2）培养学生自我学习的习惯、爱好和能力

（3）培养学生的科学精神和态度

☑ 思政引领

（1）数据库 SQL 查询语句的正确性、查询效率的优化都体现了严谨的工匠精神和求真务实的科学精神。

（2）工匠精神是一种执着专注、精益求精、一丝不苟、追求卓越的精神。通过对数据查询的学习，培养学生的工匠精神，让学生形成科学的思维方法。

知识导图

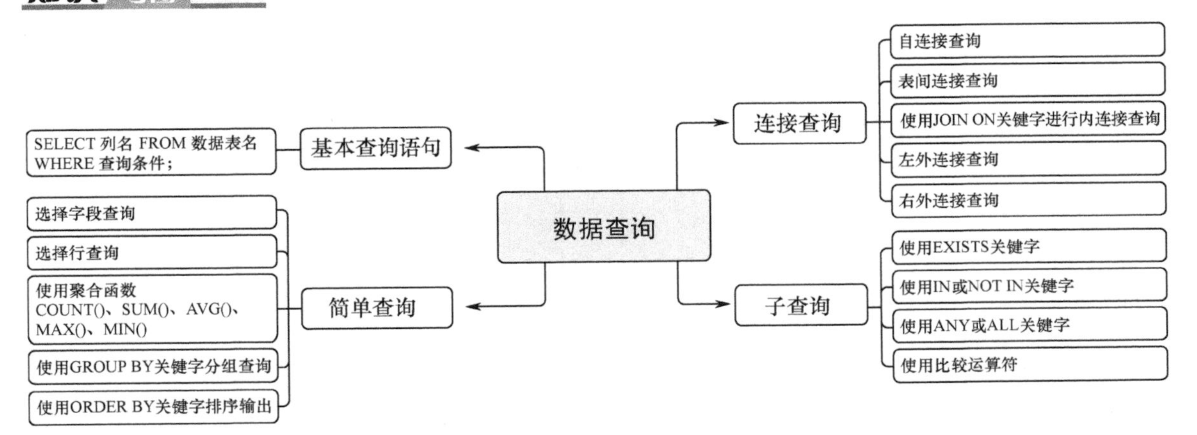

任务 1　简单查询

一、任务描述

微课视频

在数据库应用中，最常用的操作就是查询，它也是数据库其他操作的基础。数据查询不应该只简单返回数据库中存储的数据，还应该根据需要对数据进行筛选，以及确定数据以什么样的格式显示。简单查询的范围通常只涉及一个表。本任务根据要求从学生技能竞赛管理系统数据库中查询相关数据的信息。

二、任务分析

在学生技能竞赛管理系统数据库中，学生需要在数据表中查询自己参加竞赛的信息，教师需要查询指导学生的信息。在 MySQL 中，使用 SELECT 语句不仅能够从数据表中查询所需要的数据，而且可以进行数据的统计汇总，将查询到的数据以用户规定的格式整理出来，并返回给用户。

三、任务完成

1. 查询指定字段

用户可以查询表中的所有字段进行显示，如果有些字段在本次查询中无关紧要，也可以只查询部分字段。

1）查询所有字段

SELECT 查询语句最简单的形式是从一个表中查询所有字段，实现的方法是使用星号（*）通配符指定所有字段，语法格式如下：

```
SELECT * FROM 表名;
```

【例 5-1】 查询 student 表中所有学生的信息。

```
SELECT * FROM student;
```

运行结果如图 5-1 所示。

【例 5-2】 查询 teacher 表中所有教师的信息。

```
SELECT * FROM teacher;
```

运行结果如图 5-2 所示。

```
mysql> SELECT * FROM student;
```

st_id	st_no	st_password	st_name	st_sex	class_id	dp_id
1	2110080121	a123456	梁炳林	男	1	2
2	2110080133	a123456	赖旋	男	1	2
3	2110080201	a123456	廖子涵	男	2	2
4	2107070104	a123456	陈楚	女	3	2
5	2107070115	a123456	黄宏霖	男	3	2
6	2110040202	a123456	林凯	男	4	2
7	2110040250	a123456	姚柏洪	男	4	2
8	2110020101	a123456	邹文雪	女	5	2
9	2110020141	a123456	卢逸天	男	5	2
10	2101050601	b123456	李正	男	6	1
11	2101050608	b123456	冯涛景	女	6	1
12	2101050623	b123456	黄祥明	男	6	1
13	2101270122	b123456	谢华瀚	男	7	1
14	2101270132	b123456	何阳	男	7	1
15	2101270144	b123456	吴仕星	男	7	1
16	2101050905	b123456	黄海森	男	8	1
17	2101050950	b123456	方洋阳	女	8	1
18	2101050613	b123456	何梓杜	男	9	1
19	2101050618	b123456	张旭	男	9	1
20	2101050636	b123456	张博银	男	9	1
21	2001050622	b123456	汪健东	男	10	1
22	2001050627	b123456	许贤东	男	10	1
23	2001050645	b123456	许秋彩	女	10	1

图 5-1　查询所有学生的信息

mysql> SELECT * FROM teacher;

tc_id	tc_no	tc_password	tc_name	tc_sex	dp_id	tc_info
1	100	teach100	李华	男	2	NULL
2	101	teach101	梁锦柱	男	2	NULL
3	102	teach102	姜家亮	男	2	NULL
4	103	teach103	徐炳风	男	2	NULL
5	104	teach104	张忠东	男	2	NULL
6	105	teach105	陈光	男	2	NULL
7	106	teach106	周君	女	1	NULL
8	107	teach107	曾建武	男	1	NULL
9	108	teach108	庞泷	男	1	NULL
10	109	teach109	曾胜	男	1	NULL
11	110	teach110	李岚	女	1	NULL
12	111	teach111	郭阳	男	1	NULL
13	112	teach112	唐怀	女	1	NULL
14	113	teach113	曾建	男	1	NULL
15	114	teach114	范凯全	男	1	NULL
16	115	teach115	陈筱	女	1	NULL
17	116	teach116	聂颖怡	女	1	NULL
18	117	teach117	孙勇森	男	1	NULL
19	118	teach118	雷少琳	女	1	NULL
20	119	teach119	廖胜清	女	1	NULL

图 5-2　查询所有教师的信息

在以上查询过程中，没有使用到查询条件，并且查询到了表中的全部信息，所以也称全表查询。一般情况下，除非需要使用表中所有的数据，最好不要使用通配符“*”。使用通配符虽然可以节省输入查询语句的时间，但是获取不需要的数据通常会降低查询和所使用的应用程序的效率。使用通配符的优势是，当用户不知道所需要的字段名时，可以通过它获取它们。

2）**查询部分字段**

使用 SELECT 查询语句，可以获取多个字段的数据，只需要在关键字 SELECT 后面指定要查询的字段名即可，不同字段名之间用逗号（,）隔开，最后一个字段后面不需要加逗号，语法格式如下：

```
SELECT 字段名1, 字段名2, …, 字段名n  FROM 表名;
```

【例 5-3】 查询 student 表中学生的学号和姓名。

```
SELECT st_no,st_name FROM student;
```

运行结果如图 5-3 所示。

【例 5-4】 查询 teacher 表中教师的姓名和信息。

```
SELECT tc_name,tc_info FROM teacher;
```

运行结果如图 5-4 所示。

mysql> SELECT st_no,st_name FROM student;

st_no	st_name
2110080121	梁炳林
2110080133	赖旋
2110080201	廖子涵
2107070104	陈楚
2107070115	黄宏霖
2110040202	林凯
2110040250	姚柏洪
2110020101	邹文雪
2110020141	卢逸天
2101050601	李正
2101050608	冯涛景
2101050623	黄祥明
2101270122	谢华瀚
2101270132	何阳
2101270144	吴仕星
2101050905	黄海森
2101050950	方洋阳
2101050613	何梓柱
2101050618	张旭
2101050636	张博银
2001050622	汪健东
2001050627	许贤东

图 5-3　查询学生的学号和姓名

mysql> SELECT tc_name,tc_info FROM teacher;

tc_name	tc_info
李华	NULL
梁锦柱	NULL
姜家亮	NULL
徐炳风	NULL
张忠东	NULL
陈光	NULL
周君	NULL
曾建武	NULL
庞泷	NULL
曾胜	NULL
李岚	NULL
郭阳	NULL
唐怀	NULL
曾建	NULL
范凯全	NULL
陈筱	NULL
聂颖怡	NULL
孙勇森	NULL
雷少琳	NULL
廖胜清	NULL
何焕	NULL
唐钰帆	NULL

图 5-4　查询教师的姓名和信息

SELECT 子句后的目标表达式字段的先后顺序可以与表中的顺序不一致，显示顺序的改变并不影响表中字段的原始顺序。

3）为字段取别名

在有些情况下，显示的字段名会很长或者不够直观，在 MySQL 中可以指定字段别名来替换字段名。为字段取别名的基本语法格式如下：

```
字段名 [AS] 字段别名
```

其中，“字段名”为表中定义的字段名称，“字段别名”为字段的新名称，AS 关键字为可选的。

【例 5-5】 查询 student 表中所有学生的学号、姓名和班级编号，要求字段名为汉字形式。

```
SELECT  st_no  AS 学号,st_name  AS 姓名,class_id  AS 班级编号 FROM student;
```

运行结果如图 5-5 所示。

```
mysql> SELECT  st_no AS 学号,st_name AS 姓名,class_id AS 班级编号 FROM student;
+------------+--------+----------+
| 学号       | 姓名   | 班级编号 |
+------------+--------+----------+
| 2110080121 | 梁炳林 |        1 |
| 2110080133 | 赖旋   |        1 |
| 2110080201 | 廖子涵 |        2 |
| 2107070104 | 陈楚   |        3 |
| 2107070115 | 黄宏霖 |        3 |
| 2110040202 | 林凯   |        4 |
| 2110040250 | 姚柏洪 |        4 |
| 2110020101 | 邹文雪 |        5 |
| 2110020141 | 卢逸天 |        5 |
| 2101050601 | 李正   |        6 |
| 2101050608 | 冯涛景 |        6 |
| 2101050623 | 黄祥明 |        6 |
```

图 5-5　用汉字形式显示字段名（1）

【例 5-6】 查询 teacher 表中所有教师的工号、姓名和性别，要求字段名为汉字形式。

```
SELECT  tc_no 教师工号, tc_name 姓名, tc_sex 性别 FROM teacher;
```

运行结果如图 5-6 所示。

```
mysql> SELECT  tc_no 教师工号,tc_name 姓名,tc_sex 性别 FROM teacher;
+----------+--------+------+
| 教师工号 | 姓名   | 性别 |
+----------+--------+------+
| 100      | 李华   | 男   |
| 101      | 梁锦柱 | 男   |
| 102      | 姜家亮 | 男   |
| 103      | 徐炳风 | 男   |
| 104      | 张忠东 | 男   |
| 105      | 陈光   | 男   |
| 106      | 周君   | 女   |
| 107      | 曾建武 | 男   |
| 108      | 庞泷   | 男   |
| 109      | 曾胜   | 男   |
| 110      | 李岚   | 女   |
| 111      | 郭阳   | 男   |
```

图 5-6　用汉字形式显示字段名（2）

以上两种方法都可以实现为字段取别名，也就是说，AS 关键字可以省略，但建议不要省略 AS 关键字。

2．选择行查询

选择行查询就是通过某些条件进行查询，从而查询出相应的记录，通常会把相应的查询条件放到 WHERE 子句中，语法格式如下：

```
SELECT 字段名 1,字段名 2,…,字段名 n
FROM 表名
WHERE 查询条件;
```

1）简单条件查询

进行简单条件查询时，只有一个查询条件。

【例 5-7】 查询 student 表中院系编号为 4 的所有学生信息。

```
SELECT * FROM student
WHERE dp_id=4;
```

运行结果如图 5-7 所示。

```
mysql> SELECT * FROM student
    -> WHERE dp_id=4;
+-------+------------+-------------+---------+--------+----------+-------+
| st_id | st_no      | st_password | st_name | st_sex | class_id | dp_id |
+-------+------------+-------------+---------+--------+----------+-------+
|    52 | 2103010208 | d123465     | 罗昌林  | 男     |       22 |     4 |
|    53 | 2103010210 | d123465     | 郭枫琳  | 女     |       22 |     4 |
|    54 | 2103010211 | d123465     | 沈志涵  | 男     |       22 |     4 |
|    55 | 2103010125 | d123465     | 陈莹艺  | 女     |       23 |     4 |
|    56 | 2103010127 | d123465     | 黄婕怡  | 女     |       23 |     4 |
|    57 | 2103010129 | d123465     | 谢礼婷  | 女     |       23 |     4 |
|    58 | 2103010137 | d123465     | 叶霍霖  | 男     |       23 |     4 |
|    59 | 2101240112 | d123465     | 邓科添  | 男     |       24 |     4 |
|    60 | 2101240118 | d123465     | 林烈    | 男     |       24 |     4 |
|    61 | 2101240122 | d123465     | 杨瑞铭  | 男     |       24 |     4 |
|    62 | 2101240123 | d123465     | 余韩斌  | 男     |       24 |     4 |
|    63 | 2101240131 | d123465     | 邵昌锟  | 男     |       24 |     4 |
|    64 | 2103060140 | d123465     | 陈潮毅  | 男     |       25 |     4 |
|    65 | 2103060144 | d123465     | 彭小桐  | 女     |       25 |     4 |
+-------+------------+-------------+---------+--------+----------+-------+
14 rows in set (0.01 sec)
```

图 5-7　查询 student 表中院系编号为 4 的所有学生信息

2）复合条件查询

复合条件查询通常使用 AND 或者 OR 连接多个查询条件。其中，AND 表示前后两个查询条件要同时成立，OR 表示前后两个查询条件其中之一成立即可。OR 可以和 AND 一起使用，但是在使用时要注意两者的优先级，由于 AND 的优先级高于 OR，因此先对 AND 两边的操作数进行操作，再将结果与 OR 的操作数结合。

语法格式如下：

```
SELECT 字段 1,字段 2,…,字段 n
FROM 表名
WHERE 查询条件 1  AND 查询条件 2  AND …  AND 查询条件 n;
```

【例 5-8】 查询 student 表中院系编号为 4 的所有女学生的信息。

```
SELECT * FROM student WHERE dp_id=4 AND st_sex='女';
```

运行结果如图 5-8 所示。

【例 5-9】 查询 class 表中院系编号为 1 或 2 的班级信息。

```
SELECT * FROM class WHERE dp_id=1 OR dp_id=2;
```

运行结果如图 5-9 所示。

```
mysql> SELECT  * FROM student  WHERE  dp_id=4   AND st_sex='女';
+-------+------------+-------------+---------+--------+----------+-------+
| st_id | st_no      | st_password | st_name | st_sex | class_id | dp_id |
+-------+------------+-------------+---------+--------+----------+-------+
|    53 | 2103010210 | d123465     | 郭枫琳  | 女     |       22 |     4 |
|    55 | 2103010125 | d123465     | 陈莹艺  | 女     |       23 |     4 |
|    56 | 2103010127 | d123465     | 黄婕怡  | 女     |       23 |     4 |
|    57 | 2103010129 | d123465     | 谢礼婷  | 女     |       23 |     4 |
|    65 | 2103060144 | d123465     | 彭小桐  | 女     |       25 |     4 |
+-------+------------+-------------+---------+--------+----------+-------+
5 rows in set (0.00 sec)
```

图 5-8　查询 student 表中院系编号为 4 的所有女学生的信息

```
mysql> SELECT * FROM class WHERE dp_id=1 OR dp_id=2;
+----------+----------+--------------+-------------+-------+
| class_id | class_no | class_name   | class_grade | dp_id |
+----------+----------+--------------+-------------+-------+
|        1 | 1        | 21机器人1班  | 2021        |     2 |
|        2 | 2        | 21机器人2班  | 2021        |     2 |
|        3 | 1        | 21工业1班    | 2021        |     2 |
|        4 | 2        | 21一体化2班  | 2021        |     2 |
|        5 | 1        | 21数控1班    | 2021        |     2 |
|        6 | 6        | 21计应6班    | 2021        |     1 |
|        7 | 1        | 21云计算1班  | 2021        |     1 |
|        8 | 1        | 21电子1班    | 2021        |     1 |
|        9 | 1        | 21计应1班    | 2021        |     1 |
|       10 | 8        | 21计应8班    | 2021        |     1 |
|       11 | 3        | 21动漫3班    | 2021        |     1 |
|       12 | 3        | 21网络3班    | 2021        |     1 |
|       13 | 1        | 21物联网1班  | 2021        |     1 |
|       14 | 3        | 21软件3班    | 2021        |     1 |
|       15 | 2        | 21大数据2班  | 2021        |     1 |
|       16 | 1        | 21网络1班    | 2021        |     1 |
|       27 | 4        | 21计应4班    | 2021        |     1 |
+----------+----------+--------------+-------------+-------+
17 rows in set (0.00 sec)
```

图 5-9　查询 class 表中院系编号为 1 或 2 的班级信息

3）指定范围查询

指定范围查询表示要查询的记录在指定的条件范围内或者不在指定的条件范围内，使用 BETWEEN…AND…来查询在指定范围内的值，使用 NOT BETWEEN…AND…来查询不在指定范围内的值。该语句需要两个参数，即范围的开始值和结束值，如果字段的值满足指定的范围查询条件，则记录将被返回。语法格式如下：

```
SELECT 字段 1,字段 2,…,字段 n
FROM 表名
WHERE 查询条件 [NOT] BETWEEN 开始值 AND 结束值;
```

【例 5-10】在 project 表中查询培训天数在 20～35 天之间的竞赛项目名称及培训天数。

```
SELECT pr_name,pr_days FROM project WHERE pr_days BETWEEN 20 AND 35;
```

运行结果如图 5-10 所示。

```
mysql> SELECT pr_name,pr_days FROM project WHERE pr_days BETWEEN 20 AND 35;
+------------------------------+---------+
| pr_name                      | pr_days |
+------------------------------+---------+
| 移动互联网应用软件开发       |      31 |
| 云计算                       |      31 |
| 智慧网联技术与应用           |      24 |
| 工业产品数字化设计与制造     |      35 |
| 电子商务技能                 |      34 |
| 英语口语（专业组）           |      24 |
| 英语口语（非英语专业组）     |      23 |
+------------------------------+---------+
7 rows in set (0.01 sec)
```

图 5-10　查询培训天数在 20～35 天之间的竞赛项目名称及培训天数

4）模糊条件查询

如果要查询所有包含字符“陈”的学生名字，该如何查询呢？简单的比较操作在这里已经行不通了，需要使用通配符进行匹配查询，通过创建查询模式对表中的数据进行比较。执行这个任务的关键字是 LIKE。

通配符是一种在 SQL 的 WHERE 条件子句中拥有特殊意思的字符，SQL 语句支持多重通配符。

一般情况下，模糊条件查询的语法格式如下：

```
SELECT 字段 FROM 表 WHERE 某字段 LIKE 条件;
```

其中，关于“条件”，SQL 提供了 4 种匹配模式。

① %：匹配任意长度的字符，甚至包括零字符。

② _：匹配单个任意字符，它常用来限制表达式的字符长度。如果要匹配多个字符，则需要使用相同个数的“_”。

③ []：表示括号内所列字符中的一个（类似正则表达式），用来指定一个字符、字符串或范围，要求所匹配的对象为它们中的任一个。

④ [^]：表示不在括号所列字符之内的单个字符。其取值和[]相同，但它要求匹配的对象为指定字符以外的任一字符。

【例 5-11】查询 student 表中姓“陈”的学生信息。

```
SELECT * FROM student WHERE st_name LIKE '陈%';
```

运行结果如图 5-11 所示。

```
mysql> SELECT * FROM student WHERE st_name LIKE '陈%';
+-------+------------+-------------+---------+--------+----------+-------+
| st_id | st_no      | st_password | st_name | st_sex | class_id | dp_id |
+-------+------------+-------------+---------+--------+----------+-------+
|     4 | 2107070104 | a123456     | 陈楚    | 女     |        3 |     2 |
|    42 | 2105070405 | c123456     | 陈湘儿  | 女     |       18 |     3 |
|    43 | 2105070418 | c123456     | 陈梓婷  | 女     |       18 |     3 |
|    49 | 2005130111 | c123456     | 陈锦泷  | 男     |       21 |     3 |
|    55 | 2103010125 | d123465     | 陈莹艺  | 女     |       23 |     4 |
|    64 | 2103060140 | d123465     | 陈潮毅  | 男     |       25 |     4 |
|    68 | 2109010107 | f123456     | 陈启    | 男     |       28 |     5 |
|    73 | 2108030112 | f123456     | 陈永东  | 男     |       30 |     5 |
+-------+------------+-------------+---------+--------+----------+-------+
8 rows in set (0.00 sec)
```

图 5-11　查询姓“陈”的学生信息

【例 5-12】查询 student 表中姓“李”的且名字为两个字的学生信息。

```
SELECT * FROM student WHERE st_name LIKE '李_';
```

运行结果如图 5-12 所示。

```
mysql> SELECT * FROM student WHERE st_name LIKE '李_';
+-------+------------+-------------+---------+--------+----------+-------+
| st_id | st_no      | st_password | st_name | st_sex | class_id | dp_id |
+-------+------------+-------------+---------+--------+----------+-------+
|    10 | 2101050601 | b123456     | 李正    | 男     |        6 |     1 |
|    75 | 2108030129 | f123456     | 李灿    | 男     |       30 |     5 |
+-------+------------+-------------+---------+--------+----------+-------+
2 rows in set (0.00 sec)
```

图 5-12　查询姓“李”的且名字为两个字的学生信息

【例 5-13】查询 student 表中名字带有单字“旭”的学生，姓可以为李、王、林、张。

```
SELECT * FROM student WHERE st_name REGEXP '[李王林张]旭';
```

运行结果如图 5-13 所示。

```
mysql> SELECT * FROM student WHERE st_name REGEXP '[李王林张]旭';
+-------+------------+-------------+---------+--------+----------+-------+
| st_id | st_no      | st_password | st_name | st_sex | class_id | dp_id |
+-------+------------+-------------+---------+--------+----------+-------+
|    19 | 2101050618 | b123456     | 张旭    | 男     |        9 |     1 |
+-------+------------+-------------+---------+--------+----------+-------+
1 row in set (0.02 sec)
```

图 5-13　查询名字带有单字“旭”的学生，姓可以为李、王、林、张

【例 5-14】查询 student 表中名字带有单字“灿”的学生，姓不可以为王、林、张。

```
SELECT * FROM student WHERE st_name REGEXP '[^王林张]灿';
```

运行结果如图 5-14 所示。

```
mysql> SELECT * FROM student WHERE st_name REGEXP '[^王林张]灿';
+-------+------------+-------------+---------+--------+----------+-------+
| st_id | st_no      | st_password | st_name | st_sex | class_id | dp_id |
+-------+------------+-------------+---------+--------+----------+-------+
|    75 | 2108030129 | f123456     | 李灿    | 男     |       30 |     5 |
+-------+------------+-------------+---------+--------+----------+-------+
1 row in set (0.00 sec)
```

图 5-14　查询名字带有单字“灿”的学生，姓不可以为王、林、张

5）空值查询

创建数据表时，设计者可以指定某字段中是否包含空值。空值不同于 0，也不同于空字符串。空值一般表示数据未知、不适用或在以后添加数据。在 SELECT 语句中使用 IS NULL 子句，可以查询某字段内容为空的记录。

【例 5-15】查询 teacher 表中 2 号院系没有信息介绍的教师。

```
SELECT * FROM teacher WHERE dp_id=2 AND tc_info IS NULL;
```

运行结果如图 5-15 所示。

```
mysql> SELECT * FROM teacher WHERE dp_id=2 AND tc_info IS NULL;
+-------+-------+-------------+---------+--------+-------+---------+
| tc_id | tc_no | tc_password | tc_name | tc_sex | dp_id | tc_info |
+-------+-------+-------------+---------+--------+-------+---------+
|     1 | 100   | teach100    | 李华    | 男     |     2 | NULL    |
|     2 | 101   | teach101    | 梁锦柱  | 男     |     2 | NULL    |
|     3 | 102   | teach102    | 姜家亮  | 男     |     2 | NULL    |
|     4 | 103   | teach103    | 徐炳风  | 男     |     2 | NULL    |
|     5 | 104   | teach104    | 张忠东  | 男     |     2 | NULL    |
|     6 | 105   | teach105    | 陈光    | 男     |     2 | NULL    |
+-------+-------+-------------+---------+--------+-------+---------+
6 rows in set (0.00 sec)
```

图 5-15　查询 2 号院系没有信息介绍的教师

6）消除重复记录

有时，出于对数据分析的要求，需要消除重复记录，如何使查询结果中没有重复值呢？在 SELECT 语句中，可以使用 DISTINCT 关键字，使 MySQL 消除重复记录。如果查询结果中有重复记录且重复的次数并不重要，就可以在查询结果中消除重复记录。

【例 5-16】查询 teacher 表中院系编号为 2 的教师性别情况。

```
SELECT DISTINCT tc_sex FROM teacher WHERE dp_id=2;
```

运行结果如图 5-16 所示。

```
mysql> SELECT DISTINCT tc_sex FROM teacher WHERE dp_id=2;
+--------+
| tc_sex |
+--------+
| 男     |
+--------+
1 row in set (0.01 sec)
```

图 5-16　消除重复记录

7）显示前 *N* 条记录

SELECT 语句可返回所有匹配的记录，有可能是表中的所有记录，如果仅需要返回第一条记录或者前几条记录，可使用 LIMIT 关键字，其基本语法格式如下：

```
LIMIT[位置偏移量] 行数;
```

其中，第一个参数“位置偏移量”参数表示 MySQL 从哪一条记录开始显示，是一个可选参数，如果不指定“位置偏移量”，将会从表中的第一条记录开始（第一条记录的位置偏移量是 0，第二条记录的位置偏移量是 1，以此类推）；第二个参数“行数”表示返回的记录条数。

【例 5-17】查询前 3 名学生的信息。

```
SELECT * FROM student LIMIT 3;
```

运行结果如图 5-17 所示。

```
mysql> SELECT * FROM student LIMIT 3;
+-------+------------+-------------+---------+--------+----------+-------+
| st_id | st_no      | st_password | st_name | st_sex | class_id | dp_id |
+-------+------------+-------------+---------+--------+----------+-------+
|     1 | 2110080121 | a123456     | 梁炳林  | 男     |        1 |     2 |
|     2 | 2110080133 | a123456     | 赖旋    | 男     |        1 |     2 |
|     3 | 2110080201 | a123456     | 廖子涵  | 男     |        2 |     2 |
+-------+------------+-------------+---------+--------+----------+-------+
3 rows in set (0.00 sec)
```

图 5-17　查询前 3 名学生的信息

3．使用聚合函数

有时，SELECT 语句并不需要返回实际表中的数据，而需要对数据进行统计和总结。MySQL 提供了一些查询功能，可以对获取的数据进行分析。聚合函数用于实现数据统计等功能，常用的聚合函数有 COUNT()，SUM()，AVG()，MAX()和 MIN()。下面举例说明聚合函数的用法。

1）COUNT()函数

COUNT()函数用于统计数据表中包含的记录的总数，或者根据查询结果返回字段中包含的记录数，其使用方法有以下两种。

```
COUNT(*)
```

计算表的总记录数，不管字段是有数值的还是为空的。

```
COUNT(字段名)
```

计算指定字段下总的记录数，计算时将忽略字段为空的记录。

【例 5-18】统计 student 表中男生的人数。

```
SELECT COUNT(*) AS 男生人数
FROM student
WHERE st_sex='男';
```

运行结果如图 5-18 所示。

2）SUM()函数

SUM()函数是一个求总和的函数，返回指定字段值的总和。

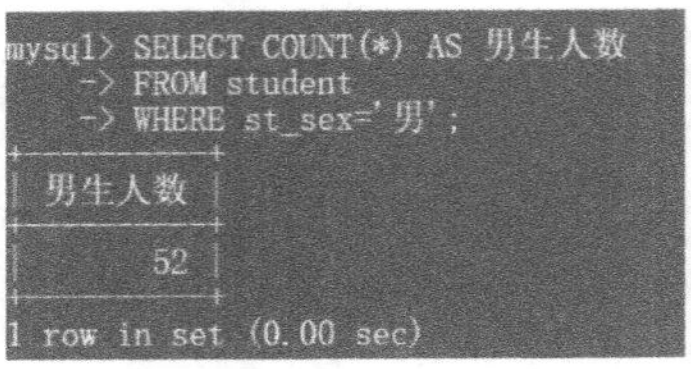

```
mysql> SELECT COUNT(*) AS 男生人数
    -> FROM student
    -> WHERE st_sex='男';
+----------+
| 男生人数 |
+----------+
|       52 |
+----------+
1 row in set (0.00 sec)
```

图 5-18　统计 student 表中男生的人数

【例 5-19】 统计院系编号为 6（只有一个）的竞赛项目的总培训天数。

```
SELECT SUM(pr_days) AS 总培训天数 FROM project
WHERE dp_id=6;
```

运行结果如图 5-19 所示。

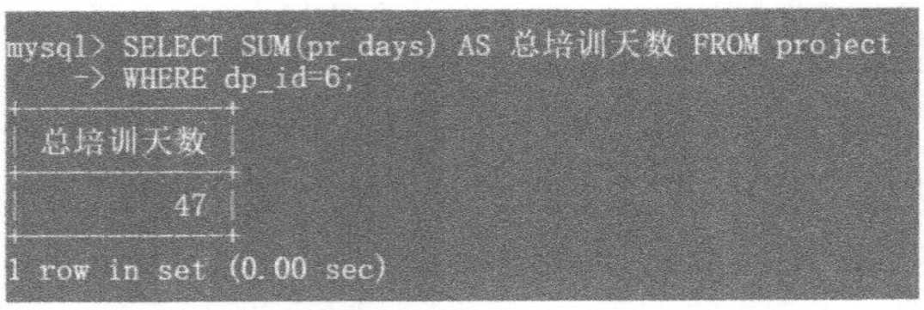

```
mysql> SELECT SUM(pr_days) AS 总培训天数 FROM project
    -> WHERE dp_id=6;
+------------+
| 总培训天数 |
+------------+
|         47 |
+------------+
1 row in set (0.00 sec)
```

图 5-19　统计院系编号为 6（只有一个）的竞赛项目的总培训天数

3）AVG()函数

AVG()函数通过计算返回的记录数和字段值的和，求得指定字段值的平均值。

【例 5-20】 统计 project 表中各种竞赛项目的平均培训天数。

```
SELECT AVG(pr_days) AS 平均培训天数
FROM project;
```

运行结果如图 5-20 所示。

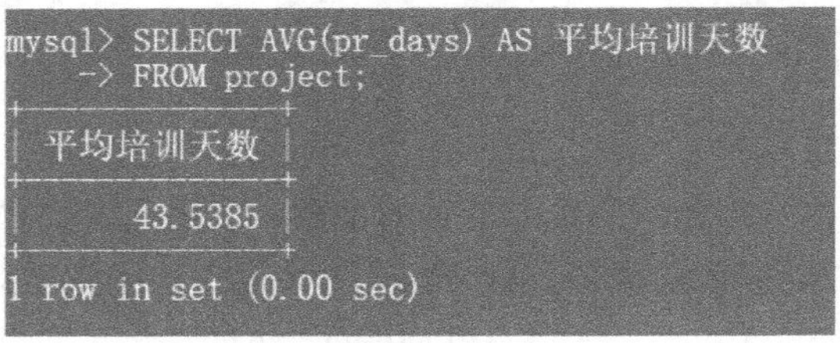

```
mysql> SELECT AVG(pr_days) AS 平均培训天数
    -> FROM project;
+--------------+
| 平均培训天数 |
+--------------+
|      43.5385 |
+--------------+
1 row in set (0.00 sec)
```

图 5-20　统计 project 表中各种竞赛项目的平均培训天数

4）MAX()函数

MAX()函数返回查询字段中的最大值。

【例 5-21】 在 project 表中找出所有竞赛项目中的最大培训天数。

```
SELECT MAX(pr_days) AS 最大培训天数
FROM project;
```

运行结果如图 5-21 所示。

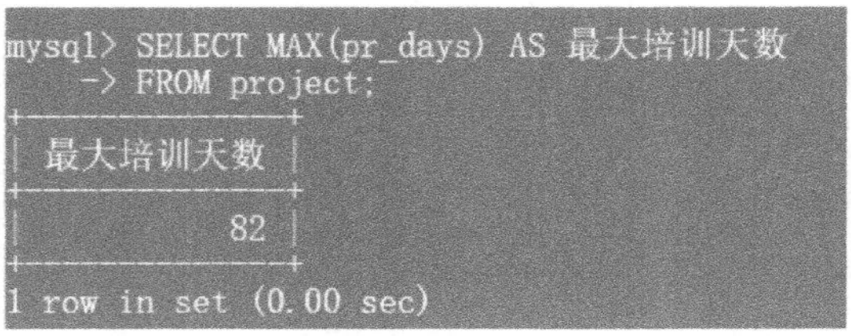

```
mysql> SELECT MAX(pr_days) AS 最大培训天数
    -> FROM project;
+--------------+
| 最大培训天数 |
+--------------+
|           82 |
+--------------+
1 row in set (0.00 sec)
```

图 5-21　在 project 表中找出所有竞赛项目中的最大培训天数

5）MIN()函数

MIN()函数返回查询字段中的最小值。

【例 5-22】 在 project 表中找出所有竞赛项目中的最小培训天数。

```
SELECT MIN(pr_days) AS 最小培训天数
FROM project;
```

运行结果如图 5-22 所示。

```
mysql> SELECT MIN(pr_days) AS 最小培训天数
    -> FROM project;
+--------------+
| 最小培训天数 |
+--------------+
|           23 |
+--------------+
1 row in set (0.00 sec)
```

图 5-22　找出所有竞赛项目中的最小培训天数

4．分组查询

分组查询是指将数据按照某个或多个字段进行分组后输出，可以使用 GROUP BY 子句，将结果集中的行分成若干个组来输出。在一个查询语句中，若用了 GROUP BY 子句，则 SELECT 子句中的字段只能使用分组项字段和聚合函数。其基本语法格式如下：

```
[GROUP BY 字段][HAVING <条件表达式>]
```

其中，“字段”为进行分组时所依据的字段名；“HAVING <条件表达式>”指定满足限定条件的结果被显示。

【例 5-23】 查询 project 表中平均培训天数大于 40 天的院系编号和平均培训时间。

```
SELECT dp_id,AVG(pr_days) AS 平均培训天数
FROM project
GROUP BY dp_id
HAVING AVG(pr_days)>40;
```

运行结果如图 5-23 所示。

```
mysql> SELECT dp_id,AVG(pr_days) AS 平均培训天数
    -> FROM project
    -> GROUP BY dp_id
    -> HAVING AVG(pr_days)>40;
+-------+--------------+
| dp_id | 平均培训天数 |
+-------+--------------+
|     3 |      45.3333 |
|     4 |      61.0000 |
|     5 |      51.2500 |
+-------+--------------+
3 rows in set (0.00 sec)
```

图 5-23　查询 project 表中平均培训天数大于 40 天的院系编号和平均培训时间

5．排序输出

从前面的查询结果中可以看出，有些字段的值是没有任何顺序的，MySQL 可以通过在 SELECT 语句中使用 ORDER BY 子句，对查询的结果进行排序，有升序排序和降序排序两种方式，默认采用升序排序。

【例 5-24】 查询 project 表中竞赛项目的项目名称和培训天数，并按培训天数降序排列。

```
SELECT pr_name,pr_days
FROM project
ORDER BY pr_days DESC;
```

运行结果如图 5-24 所示。

```
mysql> SELECT pr_name,pr_days
    -> FROM project
    -> ORDER BY pr_days DESC;
+------------------------------+---------+
| pr_name                      | pr_days |
+------------------------------+---------+
| 中餐主题宴会设计               |      82 |
| 烹饪                          |      68 |
| 会计技能                       |      61 |
| 建筑装饰技术应用               |      61 |
| 服装设计与工艺                 |      54 |
| 互联网广告设计                 |      50 |
| 软件测试                       |      48 |
| 智慧零售运营与管理             |      47 |
| 秘书职业技能                   |      47 |
| 现代电气控制系统安装与调试     |      46 |
| Web应用软件开发                |      45 |
| 物联网技术应用                 |      44 |
| 信息网络布线                   |      41 |
| 信息安全管理与评估             |      41 |
| 大数据技术与应用               |      41 |
| 互联网金融                     |      41 |
| 建筑工程识图                   |      40 |
| 动漫制作                       |      37 |
| 工业机器人技术应用             |      36 |
| 工业产品数字化设计与制造       |      35 |
| 电子商务技能                   |      34 |
| 移动互联网应用软件开发         |      31 |
| 云计算                         |      31 |
| 智慧网联技术与应用             |      24 |
| 英语口语（专业组）             |      24 |
| 英语口语（非英语专业组）       |      23 |
+------------------------------+---------+
26 rows in set (0.00 sec)
```

图 5-24　查询 project 表中竞赛项目的项目名称和培训天数（按培训天数降序排列）

四、任务总结

本任务主要介绍 MySQL 中的单表数据查询操作，该操作使用 SELECT 语句实现，从查询指定字段、选择行查询、使用聚合函数、分组查询和排序输出 5 个方面分别进行介绍。查询是对数据库中的数据进行检索，并按用户要求返回所需数据的过程，它是 SQL 中的核心操作。其中，查询指定字段包括查询所有字段、查询部分字段，以及为字段起别名 3 个方面，通过实际情况查询所需要的字段，并为查询后的字段起别名；选择行查询包括简单条件查询、复合条件查询、指定范围查询、模糊条件查询、空值查询、消除重复记录和显示前 *N* 条记录 7 个方面，通过相应的查询使用户查找到满足条件的记录。

使用聚合函数，是为了能够对一组值执行计算并返回单一的值。除 COUNT()函数以外，聚合函数忽略空值。聚合函数经常与 SELECT 语句的 GROUP BY 子句一同使用。常用的 5 种聚合函数为 COUNT()、SUM()、AVG()、MAX()和 MIN()。

分组查询使用 GROUP BY 关键字，可以对查询结果按照某个字段或多个字段进行分组。字段中值相等的为一组。

排序输出使用 ORDER BY 关键字，可以对查询结果按照某个字段的实际情况进行升序或降序排序。

任务 2　连接查询

一、任务描述

微课视频

在一个数据库中，通常存在多个数据表，用户一般需要对多个表进行组合查询来找出所需要的信息。如果一个查询需要对多个表进行操作，那么这样的操作就称为连接查询。多表连接查询是关系型数据库中非常重要、常用的查询。多表连接分为内连接、外连接等不同的连接方式，可以满足用户各种各样的查询要求。

二、任务分析

学生的基本信息存储在 student 表中，而项目编号存储在学生参赛表（st_project）中，这就涉及两个表的查询了。而这两个表中有一个公共字段，即学生编号（st_id），所以可以通过学生编号这个公共字段将这两个表连接起来，以得到符合要求的查询结果。

三、任务完成

1．第一种内连接查询

1）自连接查询

如果在一个连接查询中，涉及的两个表是同一个表，这种查询称为自连接查询。自连接是一种特殊的内连接，它是指相互连接的表在物理上为同一个表，但可以在逻辑上可分为两个表。

【例 5-25】查询所有教师工号比“张咏风”大的教师的姓名、工号和性别。

```
SELECT A.tc_name,A.tc_no,A.tc_sex
FROM teacher A,teacher B
WHERE B.tc_name='张咏风' AND A.tc_no>B.tc_no;
```

运行结果如图 5-25 所示。

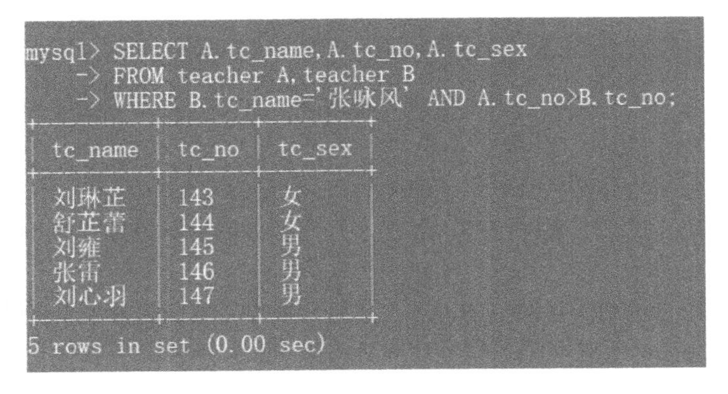

图 5-25　自连接查询

2）表间连接查询

连接多个不同表进行的查询称为表间连接查询。

【例 5-26】查询学生“王晓东”参加的竞赛项目名称、培训地点、培训开始时间和培训结束时间。

```
SELECT pr_name, pr_trainaddress, pr_starttime, pr_endtime
FROM student,st_project,project
WHERE st_name='王晓东' AND student.st_id=st_project.st_id
```

```
AND st_project.pr_id=project.pr_id;
```

运行结果如图 5-26 所示。

```
mysql> SELECT pr_name,pr_trainaddress,pr_starttime,pr_endtime
    -> FROM student,st_project,project
    -> WHERE st_name='王晓东' AND student.st_id=st_project.st_id
    -> AND st_project.pr_id=project.pr_id;
+--------------+-----------------+---------------------+---------------------+
| pr_name      | pr_trainaddress | pr_starttime        | pr_endtime          |
+--------------+-----------------+---------------------+---------------------+
| 电子商务技能 | 教3-107         | 2022-09-05 00:00:00 | 2022-10-09 00:00:00 |
+--------------+-----------------+---------------------+---------------------+
1 row in set (0.00 sec)
```

图 5-26 表间连接查询

2．第二种内连接查询

除用以上方式实现内连接查询以外，还可以使用 JOIN ON 关键字实现内连接查询。

【例 5-27】用 JOIN ON 查询编号为 27 的学生的班级编号、班级名和年级。

```
SELECT class.class_no,class.class_name,class.class_grade
FROM student JOIN class
ON student.st_id=27 AND student.class_id=class.class_id;
```

运行结果如图 5-27 所示。

```
mysql> SELECT class.class_no,class.class_name,class.class_grade
    -> FROM student JOIN class
    -> ON student.st_id=27 AND student.class_id=class.class_id;
+----------+------------+-------------+
| class_no | class_name | class_grade |
+----------+------------+-------------+
| 3        | 21网络3班  | 2021        |
+----------+------------+-------------+
1 row in set (0.00 sec)
```

图 5-27 第二种内连接查询

3．外连接查询

外连接查询包括左外连接查询、右外连接查询和全外连接查询（本书仅介绍前两种）。

1）*左外连接查询*

左外连接查询的结果集包括 LEFT OUTER 子句中指定的左表中的所有行，而不仅仅是连接列所匹配的行。若左表中的某行在右表中没有匹配行，则在相关联的结果集行中，右表的所有选择列表列均为空值。

【例 5-28】查询 3 号院系所有的学生姓名、性别、参赛项目编号和对应的指导教师编号，如果该学生没有参赛，也需要显示参赛项目编号和对应的指导教师编号。

```
SELECT student.st_name,student.st_sex,st_project.pr_id,st_project.tc_id
FROM student LEFT OUTER JOIN st_project
ON student.st_id=st_project.st_id
WHERE dp_id=3;
```

运行结果如图 5-28 所示。

2）*右外连接查询*

右外连接查询是左外连接的反向连接，将返回右表中的所有行。如果右表中的某行在左表中没有匹配行，则将为左表返回空值。

```
mysql> SELECT student.st_name,student.st_sex,
    -> st_project.pr_id,st_project.tc_id
    -> FROM student LEFT OUTER JOIN st_project
    -> ON student.st_id=st_project.st_id
    -> WHERE dp_id=3;
+---------+--------+-------+-------+
| st_name | st_sex | pr_id | tc_id |
+---------+--------+-------+-------+
| 温淑琳  | 女     |    14 |    25 |
| 王晓东  | 男     |    14 |    25 |
| 陈湘儿  | 女     |    14 |    26 |
| 陈梓婷  | 女     |    14 |    26 |
| 谢晓姗  | 女     |    15 |    27 |
| 刘海仪  | 女     |    15 |    27 |
| 罗珠薇  | 女     |    15 |    28 |
| 傅琪雯  | 女     |    15 |    28 |
| 张海标  | 男     |    16 |    29 |
| 陈锦泷  | 男     |    16 |    29 |
| 袁展业  | 男     |    16 |    30 |
| 陆玮琨  | 男     |    16 |    30 |
+---------+--------+-------+-------+
12 rows in set (0.00 sec)
```

图 5-28　左外连接查询

【例 5-29】查询所有的教师姓名、性别及指导的项目编号，如果该教师没有指导竞赛，也需要显示项目编号。

```
SELECT teacher.tc_name,teacher.tc_sex,st_project.pr_id
FROM st_project RIGHT OUTER JOIN teacher
ON teacher.tc_id=st_project.tc_id;
```

运行结果如图 5-29 所示。

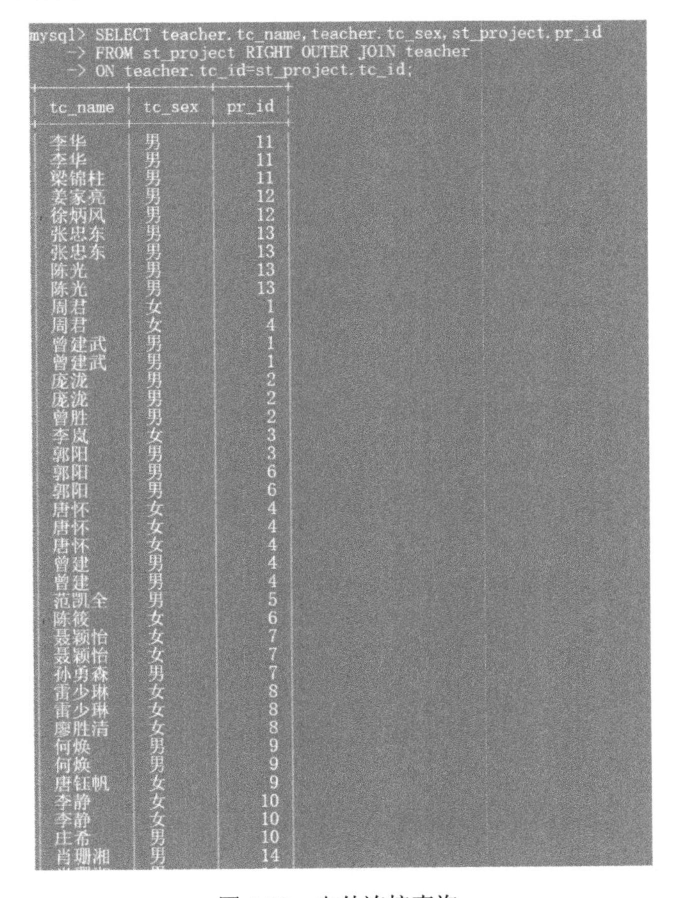

```
mysql> SELECT teacher.tc_name,teacher.tc_sex,st_project.pr_id
    -> FROM st_project RIGHT OUTER JOIN teacher
    -> ON teacher.tc_id=st_project.tc_id;
```

tc_name	tc_sex	pr_id
李华	男	11
李华	男	11
梁锦柱	男	11
姜家亮	男	12
徐炳风	男	12
张忠东	男	13
张忠东	男	13
陈光	男	13
陈光	男	13
周君	女	1
周君	女	4
曾建武	男	1
曾建武	男	1
庞泷	男	2
庞泷	男	2
曾胜	男	2
李岚	女	3
郭阳	男	3
郭阳	男	6
郭阳	男	6
唐怀	女	4
唐怀	女	4
唐怀	女	4
曾建	男	4
曾建	男	4
范凯全	男	5
陈筱	女	6
聂颖怡	女	7
聂颖怡	女	7
孙勇森	男	7
雷少琳	女	8
雷少琳	女	8
廖胜清	女	8
何焕	男	9
何焕	男	9
唐钰帆	女	9
李静	女	10
李静	女	10
庄希	男	10
肖珊湘	男	14

图 5-29　右外连接查询

四、任务总结

本任务主要介绍连接查询，分为两部分。

（1）内连接（典型的连接运算，使用像=或<>之类的比较运算符）。内连接使用比较运算符根据每个表的共有字段值匹配两个表中的行。

（2）外连接。外连接可以是左外连接、右外连接或全外连接。

在 FROM 子句中指定外连接时，可以由下列两组关键字中的一组指定。

① LEFT JOIN 或 LEFT OUTER JOIN。左外连接的结果集包括 LEFT OUTER 子句中指定的左表中的所有行，而不仅仅是连接列所匹配的行。如果左表中的某行在右表中没有匹配行，则在相关联的结果集中，右表的所有选择列表列均为空值。

② RIGHT JOIN 或 RIGHT OUTER JOIN。右外连接是左外连接的反向连接。将返回右表中的所有行。如果右表中的某行在左表中没有匹配行，则将为左表返回空值。

任务 3　子查询

一、任务描述

微课视频

当一个查询是另一个查询的条件时，其称为子查询。子查询是一个 SELECT 语句，它嵌套在一个 SELECT 语句、SELECT...INTO 语句、INSERT...INTO 语句、DELETE 语句或 UPDATE 语句中，或嵌套在另一个子查询中。在学生技能竞赛管理系统中，要求查询出所有参赛学生的学号和姓名。

二、任务分析

根据任务 2 可知，使用连接查询将学生表（student）与学生参赛表（st_project）按照学生编号相等连接，即可得到已经参赛的学生姓名和项目编号，因为凡是在学生参赛表中的学生都是已经参赛的。除使用连接查询之外，还可以使用子查询实现，子查询又称嵌套查询。

三、任务完成

1. 使用 EXISTS 关键字的子查询

将 EXISTS 关键字引入子查询后，子查询的作用就相当于进行存在测试。外部查询的 WHERE 子句测试子查询返回的行是否存在。子查询实际上不产生任何数据，它只返回 TRUE 或 FALSE，其目标表达式通常都是“*”。

【例 5-30】 查询已有学生参赛的项目名称和培训天数。

```
SELECT pr_name,pr_time
FROM project
WHERE EXISTS
(SELECT * FROM st_project WHERE st_project.pr_id=project.pr_id);
```

运行结果如图 5-30 所示。

2. 使用 IN 或 NOT IN 关键字的子查询

通过 IN 或 NOT IN 关键字引入的子查询，其结果是包含零个或多个值的列表。子查询返回结果之后，外部查询将利用这些结果。

```
mysql> SELECT pr_name,pr_time
    -> FROM project
    -> WHERE EXISTS
    -> (SELECT * FROM st_project WHERE st_project.pr_id=project.pr_id);
+----------------------------------+---------------------+
| pr_name                          | pr_time             |
+----------------------------------+---------------------+
| 移动互联网应用软件开发           | 2022-10-17 00:00:00 |
| 云计算                           | 2022-10-17 00:00:00 |
| 信息网络布线                     | 2022-11-11 00:00:00 |
| Web应用软件开发                  | 2022-10-31 00:00:00 |
| 动漫制作                         | 2022-11-07 00:00:00 |
| 信息安全管理与评估               | 2022-11-21 00:00:00 |
| 物联网技术应用                   | 2022-10-30 00:00:00 |
| 软件测试                         | 2022-11-28 00:00:00 |
| 大数据技术与应用                 | 2022-11-21 00:00:00 |
| 智慧网联技术与应用               | 2022-10-10 00:00:00 |
| 工业机器人技术应用               | 2022-10-12 00:00:00 |
| 工业产品数字化设计与制造         | 2022-10-11 00:00:00 |
| 现代电气控制系统安装与调试       | 2022-10-22 00:00:00 |
| 电子商务技能                     | 2022-10-10 00:00:00 |
| 会计技能                         | 2022-11-06 00:00:00 |
| 互联网金融                       | 2022-11-21 00:00:00 |
| 智慧零售运营与管理               | 2022-11-27 00:00:00 |
| 秘书职业技能                     | 2022-10-23 00:00:00 |
| 烹饪                             | 2022-11-13 00:00:00 |
| 中餐主题宴会设计                 | 2022-11-27 00:00:00 |
| 英语口语（专业组）               | 2022-10-25 00:00:00 |
| 英语口语（非英语专业组）         | 2022-10-24 00:00:00 |
| 建筑装饰技术应用                 | 2022-11-06 00:00:00 |
| 建筑工程识图                     | 2022-10-16 00:00:00 |
| 互联网广告设计                   | 2022-11-20 00:00:00 |
| 服装设计与工艺                   | 2022-10-30 00:00:00 |
+----------------------------------+---------------------+
26 rows in set (0.00 sec)
```

图 5-30　使用 EXISTS 关键字的子查询

【例 5-31】查询所有参赛学生的学号和姓名。

```
SELECT st_no,st_name
FROM student
WHERE st_id IN
(SELECT st_id FROM st_project);
```

运行结果如图 5-31 所示。

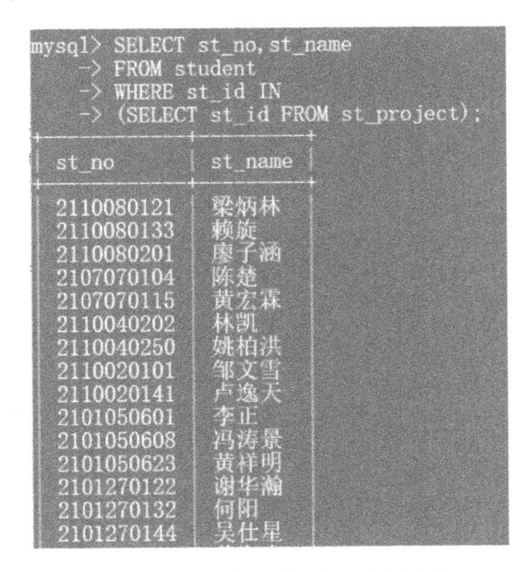

```
mysql> SELECT st_no,st_name
    -> FROM student
    -> WHERE st_id IN
    -> (SELECT st_id FROM st_project);
+------------+---------+
| st_no      | st_name |
+------------+---------+
| 2110080121 | 梁炳林  |
| 2110080133 | 赖旋    |
| 2110080201 | 廖子涵  |
| 2107070104 | 陈楚    |
| 2107070115 | 黄宏森  |
| 2110040202 | 林凯    |
| 2110040250 | 姚柏洪  |
| 2110020101 | 邹文雪  |
| 2110020141 | 卢逸天  |
| 2101050601 | 李正    |
| 2101050608 | 冯涛景  |
| 2101050623 | 黄祥明  |
| 2101270122 | 谢华瀚  |
| 2101270132 | 何阳    |
| 2101270144 | 吴仕星  |
```

图 5-31　使用 IN 关键字的子查询

3．使用 ANY 或 ALL 关键字的子查询

若要使带有>ALL 的子查询中的行满足外部查询中指定的条件，引入子查询的字段的值必须大

于子查询返回的值列表中的所有值。

同样，>ANY 表示要使某一行满足外部查询中指定的条件，引入子查询的字段的值必须至少大于子查询返回的值列表中的一个值。

【例 5-32】查询比信息工程学院所有竞赛项目的培训天数都多的项目名称和培训天数。

```
SELECT pr_name,pr_days
FROM project,department
WHERE pr_days>ALL
(SELECT pr_days FROM project,department WHERE dp_name='信息工程学院'
AND department.dp_id=project.dp_id)
AND dp_name!='信息工程学院'
AND  department.dp_id=project.dp_id;
```

运行结果如图 5-32 所示。

```
mysql> SELECT pr_name,pr_days
    -> FROM project,department
    -> WHERE pr_days>ALL
    -> (SELECT pr_days FROM project,department WHERE dp_name='信息工程学院'
    -> AND department.dp_id=project.dp_id)
    -> AND dp_name!='信息工程学院'
    -> AND  department.dp_id=project.dp_id;
+------------------+---------+
| pr_name          | pr_days |
+------------------+---------+
| 会计技能         |      61 |
| 烹饪             |      68 |
| 中餐主题宴会设计 |      82 |
| 建筑装饰技术应用 |      61 |
| 互联网广告设计   |      50 |
| 服装设计与工艺   |      54 |
+------------------+---------+
6 rows in set (0.01 sec)
```

图 5-32　使用>ALL 进行子查询

4．使用比较运算符的子查询

子查询可以由一个比较运算符（=、<>、>、>=、<、!>、!< 或 <=）引入。

【例 5-33】查询培训天数大于平均培训天数的项目编号、项目名称和培训天数。

```
SELECT pr_id,pr_name,pr_days
FROM project
WHERE pr_days>(SELECT AVG(pr_days) FROM project);
```

运行结果如图 5-33 所示。

```
mysql> SELECT pr_id,pr_name,pr_days
    -> FROM project
    -> WHERE pr_days> (SELECT AVG(pr_days)FROM project);
+-------+--------------------------+---------+
| pr_id | pr_name                  | pr_days |
+-------+--------------------------+---------+
|     4 | Web应用软件开发          |      45 |
|     7 | 物联网技术应用           |      44 |
|     8 | 软件测试                 |      48 |
|    13 | 现代电气控制系统安装与调试 |    46 |
|    15 | 会计技能                 |      61 |
|    17 | 智慧零售运营与管理       |      47 |
|    18 | 秘书职业技能             |      47 |
|    19 | 烹饪                     |      68 |
|    20 | 中餐主题宴会设计         |      82 |
|    23 | 建筑装饰技术应用         |      61 |
|    25 | 互联网广告设计           |      50 |
|    26 | 服装设计与工艺           |      54 |
+-------+--------------------------+---------+
12 rows in set (0.00 sec)
```

图 5-33　使用比较运算符的子查询

四、任务总结

在 SQL 中，一个 SELECT…FROM…WHERE 语句称为一个查询块。将一个查询块嵌套到另一个查询块中的 WHERE 子句或 HAVING 子句中的查询称为子查询或嵌套查询。子查询总写在一组圆括号中，可以用在使用表达式的任何地方。上层查询块称为外层查询或父查询，下层查询块称为内层查询或子查询。SQL 允许多层嵌套查询，即子查询中还可以嵌套其他子查询。

子查询的执行不依赖于外层查询，其一般的求解方法是由内向外处理。即先处理最内层的子查询，将子查询的结果作为外层查询的查询条件。

在本任务中，分别介绍了使用 EXISTS 关键字的子查询、使用 IN 或 NOT IN 关键字的子查询、使用 ANY 或 ALL 关键字的子查询和使用比较运算符的子查询。通过介绍以上 4 种子查询，让学生逐步掌握子查询的相关知识和技巧。

其中，使用 EXISTS 关键字的子查询将外层查询的结果传到内层，判断内层的查询是否成立。该查询实际上不返回任何数据，而是返回 TRUE 或 FALSE。该查询可以与 IN 引入的子查询互换，但是该查询的效率更高；通过 IN（或 NOT IN）关键字引入的子查询，其结果是包含零个或多个值的列表。子查询返回结果之后，外部查询将利用这些结果。

子查询返回单值时可以用比较运算符进行，但返回多值时要用 ANY（有的系统用 SOME）或 ALL 关键字进行。而使用 ANY 或 ALL 关键字时必须同时使用比较运算符。

拓展阅读

“工匠精神”是一种劳动精神。人民创造历史从根本上看是劳动创造历史。人类在改造自然的伟大斗争中，不断认识自然的客观规律，通过在劳动实践中不断积累实践经验与技能，从而推动历史进步和创造更为丰富的社会财富。“中国梦”的实现，人民群众美好生活需要的满足，都需要广大劳动人民的劳动创造。正如习近平总书记在 2019 年春节团拜会上所说：“用辛勤劳动创造中国人民的美好生活、创造中华民族的美好未来。”

通过劳动实现自我价值或人生价值是工匠精神的本质内涵。劳动是人类赖以生存的根本，同时也为个人提供了实现人生价值的舞台和空间。习近平总书记指出：“劳动是财富的源泉，也是幸福的源泉。人世间的美好梦想，只有通过诚实劳动才能实现；发展中的各种难题，只有通过诚实劳动才能破解；生命里的一切辉煌，只有通过诚实劳动才能铸就。劳动创造了中华民族，造就了中华民族的辉煌历史，也必将创造出中华民族的光明未来。”一个人只有通过诚实劳动，才可为社会创造物质财富与精神财富，才可得到他人和社会的认可与褒奖。与此同时，实现自我人生价值目标而产生的幸福感和愉悦感，会进一步激发劳动者的创造激情，从而为社会和他人创造更为丰富的财富。习近平总书记还指出：“一切劳动者，只要肯学肯干肯钻研，练就一身真本领，掌握一手好技术，就能立足岗位成长成才，就都能在劳动中发现广阔的天地，在劳动中体现价值、展现风采、感受快乐。”工匠精神是热爱劳动、专注劳动、以劳动为荣的精神。在劳动中体验和升华人生意义与价值，是工匠精神的应有之义。

工匠精神是一丝不苟、精益求精的精神。重细节、追求完美是工匠精神的关键要素。几千年来，我国古代工匠制造了无数精美的工艺美术品，如历代的精美陶瓷及玉器。这些精美的工艺品是古代工匠智慧的结晶，同时也是中国工匠对细节追求完美的体现。现代机械工业尤其是智能工业对细节和精度也有着十分严格的要求，细节和精度决定成败。对细节与精度的把握，是长期工艺实践和训练的结果，通过训练将注重细节与精度培养成习惯、品格，就能从心所欲不逾矩。“功夫”一词，不仅指武功，而且指各种工匠所应具有的习惯性能力。功夫是长期苦练得来的，不下苦功，不可能出细活。工匠从细处见大，在细节上没有终点。

2015年，《大国工匠》纪录片讲述了24位大国工匠的动人故事。这些大国工匠令人感动的地方之一，就是他们对精度的要求。如彭祥华，他能够把装填爆破药量的呈送控制在规定的最小误差之内；高凤林，我国火箭发动机焊接第一人，能把焊接误差控制在0.16毫米之内，并且将焊接停留时间从0.1秒缩短到0.01秒；胡双钱，中国大飞机项目的技师，仅凭双手和传统铁钻床就生产出高精度的零部件。这些故事告诉我们，我国作为制造大国，弘扬工匠精神、培育大国工匠是提升制造品质与水平的重要环节。

实践训练

【实践任务1】

在已经创建的student表中进行如下操作。

（1）计算女学生的人数。

（2）使用LIMIT查询第3～6条记录。

（3）查询学号尾数为3的学生记录。

（4）查询姓“林”的学生记录。

（5）查询院系编号为4、班级编号为2的学生信息。

（6）使用左外连接方式查询student表和department表。

【实践任务2】

在已经创建的project表、department表、teacher表中进行如下操作。

（1）查询项目名称为“云计算”的信息。

（2）查询培训天数小于平均培训天数的项目编号、项目名称和培训天数。

（3）查询比“智能工程学院”的所有竞赛项目培训天数都小的项目名称和培训天数。

（4）查询“信息工程学院”的所有教师姓名。

项目六　数据库编程

学习目标

☑ 项目任务

任务 1　存储过程的使用

任务 2　存储函数的使用

任务 3　触发器的使用

任务 4　游标的使用

任务 5　事务

☑ 知识目标

（1）掌握存储过程的使用方法

（2）掌握存储函数的使用方法，以及其与存储过程的区别

（3）掌握创建、删除触发器的方法

（4）掌握游标的使用步骤

（5）了解事务的使用，掌握事务隔离级别的设置方法

☑ 能力目标

（1）能够创建与使用存储过程

（2）能够创建与使用存储函数

（3）能够创建与使用触发器

（4）能够使用游标实现查询

（5）能够创建与管理事务

☑ 素质目标

（1）形成自主、好学的学习态度

（2）养成务实、解决问题的习惯

（3）培养团队协作的精神

☑ 思政引领

（1）了解数据库管理员日常工作，分析数据库使用情况及数据定义，掌握提高工作效率的方法和技巧，提高执行力和管理能力。

（2）树立正确的职业道德观、积极向上的职业态度，培养积极进取的人生态度。

知识导图

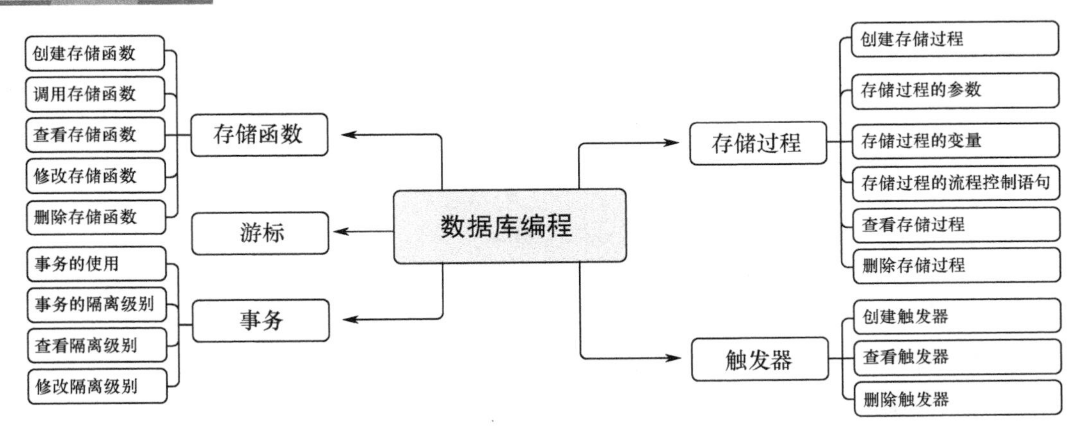

任务1　存储过程的使用

一、任务描述

微课视频

在系统开发过程中，经常会有同一个功能被多次调用的情况，如果每次实现同一功能时都要编写代码，那么会浪费大量的时间。为了解决这类问题，MySQL 8.0 引入了存储过程（Stored Procedure）。存储过程是一组完成特定功能的 SQL 语句集，经编译后存储在数据库中，用户通过指定存储过程的名字和参数（如果该存储过程带有参数）来调用它，存储过程可以重复使用，大大减少了数据库开发人员的工作量。

本任务结合学生技能竞赛管理系统，创建带参数和不带参数的存储过程，以及在存储过程中使用变量和流程控制语句实现编程功能。

二、任务分析

存储过程有以下优点。

① 增强 SQL 的功能性和灵活性：在存储过程内可以编写各种功能代码，完成复杂的判断和复杂的运算，增强灵活性。

② 标准组件式编程：存储过程被创建后，可以在程序中被多次调用，被随时修改，不影响应用程序源代码。

③ 较快的运行速度：存储过程是预编译的，因此可以大大提高运行速度。

④ 减少网络流量：在用户的计算机上调用存储过程时，传送的只是该调用语句，而不是这一功能的全部代码，因此可以大大减少网络流量。

⑤ 增加安全性：通过设置存储过程的权限，可以避免非授权用户对数据的访问，保证数据的安全。

三、任务完成

1．创建存储过程

创建存储过程，使用 CREATE PROCEDURE 语句，语法格式如下：

```
DELIMITER //
CREATE PROCEDURE 存储过程名称 ([过程参数[,…]])
BEGIN
    过程体;
END //
```

例如：

```
DELIMITER //
CREATE PROCEDURE pr_student(OUT num int)
BEGIN
SELECT COUNT(*) INTO num FROM student;
END //
```

运行结果如图 6-1 所示。

2．存储过程的参数

存储过程的参数有以下几种情况（本书只介绍前 3 种）。

```
mysql> DELIMITER //
mysql> CREATE PROCEDURE pr_student(OUT num int)
    -> BEGIN
    -> SELECT COUNT(*) INTO num FROM student;
    -> END //
Query OK, 0 rows affected (0.00 sec)
```

图 6-1　创建存储过程

以上代码创建了一个带有 OUT 参数的存储过程 pr_student()，实现的功能是统计学生表的总人数，并返回统计结果。

说明：MySQL 中默认的语句结束标志为“;”，存储过程内部语句要以分号结束，为了避免冲突，需要更改为其他字符作为语句结束标志，更改结束标志可使用关键字“DELIMITER”定义。

① 不带参数：存储过程不带任何参数。

② 带 IN（输入）参数：表示向存储过程传入参数，存储过程默认带 IN 参数，所以参数 IN 可以省略。

③ 带 OUT（输出）参数：参数值可在存储过程内部被改变，并返回。

④ 带 INOUT（输入/输出）参数：表示定义的参数可传入存储过程，并可以被存储过程修改后传出。

【例 6-1】创建一个不带参数的存储过程，实现查看 student 表信息的功能。

```
DELIMITER //
CREATE  PROCEDURE  sp_student()
BEGIN
SELECT  *  FROM   student;
END //
```

运行结果如图 6-2 所示。

```
mysql> DELIMITER //
mysql> CREATE PROCEDURE sp_student()
    -> BEGIN
    -> SELECT * FROM student;
    -> END //
Query OK, 0 rows affected (0.01 sec)
```

图 6-2　创建不带参数的存储过程

以上代码创建了一个存储过程 sp_student，在后面的程序开发中，可以重复调用此存储过程，实现查看 student 表信息的功能。

调用存储过程的代码如下：

```
CALL sp_student();
```

运行结果如图 6-3 所示。

```
mysql> CALL sp_student();
```

st_id	st_no	st_password	st_name	st_sex	class_id	dp_id
1	2110080121	a123456	梁炳林	男	1	2
2	2110080133	a123456	赖旋	男	1	2
3	2110080201	a123456	廖子涵	男	2	2
4	2107070104	a123456	陈楚	女	3	2
5	2107070115	a123456	黄宏霖	男	3	2
6	2110040202	a123456	林凯	男	4	2
7	2110040250	a123456	姚柏洪	男	4	2
8	2110020101	a123456	邹文雪	女	5	2
9	2110020141	a123456	卢逸天	男	5	2
10	2101050601	b123456	李正	男	6	1

图 6-3　调用存储过程

【例 6-2】创建一个带 IN 参数的存储过程，实现根据学号查看学生信息的功能。

```
DELIMITER //
CREATE PROCEDURE sp_student_no(IN student_no char(10))
BEGIN
SELECT * FROM student WHERE st_no=student_no;
END //
```

运行结果如图 6-4 所示。

```
mysql> DELIMITER //
mysql> CREATE PROCEDURE sp_student_no(IN student_no char(10))
    -> BEGIN
    -> SELECT * FROM student WHERE st_no=student_no;
    -> END //
Query OK, 0 rows affected (0.01 sec)
```

图 6-4　创建带 IN 参数的存储过程

注意：输入参数的类型必须与数据表对应字段的数据类型一致。

调用存储过程，查看学号为“2101050608”的学生信息，代码如下：

```
CALL sp_student_no(2101050608);
```

运行结果如图 6-5 所示。

```
mysql> CALL sp_student_no(2101050608);
+-------+------------+-------------+---------+--------+----------+-------+
| st_id | st_no      | st_password | st_name | st_sex | class_id | dp_id |
+-------+------------+-------------+---------+--------+----------+-------+
|    11 | 2101050608 | b123456     | 冯涛景  | 女     |        6 |     1 |
+-------+------------+-------------+---------+--------+----------+-------+
1 row in set (0.00 sec)

Query OK, 0 rows affected (0.01 sec)
```

图 6-5　调用存储过程

【例 6-3】创建一个带 OUT 参数的存储过程，实现查看学生姓名的功能。

```
DELIMITER //
CREATE PROCEDURE sp_student_name(OUT name varchar(20))
BEGIN
SELECT st_name FROM student;
END //
```

运行结果如图 6-6 所示。

```
mysql> DELIMITER //
mysql> CREATE PROCEDURE sp_student_name(OUT name varchar(20))
    -> BEGIN
    -> SELECT st_name FROM student;
    -> END //
Query OK, 0 rows affected (0.01 sec)
```

图 6-6　创建带 OUT 参数的存储过程

以上代码创建了一个带 OUT 参数的存储过程 sp_student_name，实现查看学生姓名的功能。输出的数据需要用户变量返回。

注意：输出参数的类型必须与数据表对应字段的数据类型一致。

调用存储过程，代码如下：

```
CALL sp_student_name(@name);
```

运行结果如图6-7所示。

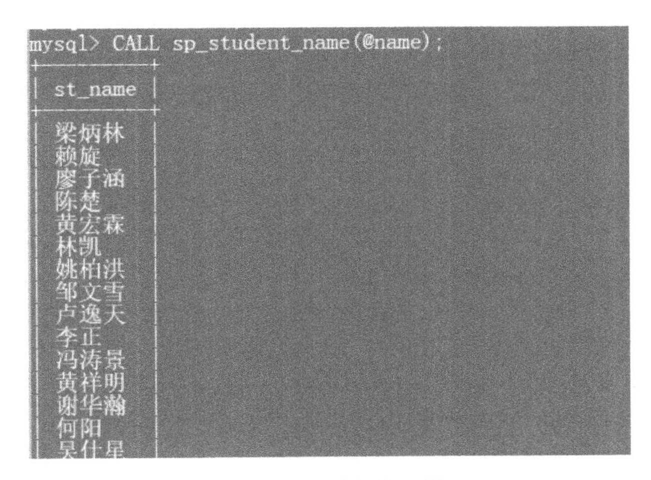

图6-7　调用存储过程

存储过程运行结果由用户变量@name返回。

3. 存储过程的变量

声明变量的语法格式如下：

```
DECLARE var_name[,...] type [DEFAULT value]
```

这个语句用于声明局部变量。DEFAULT子句为变量提供一个默认值，如果没有DEFAULT子句，其初始值为NULL。局部变量的作用范围为它被声明的BEGIN ... END块内。

变量赋值的语法格式如下：

```
SET var_name = expr [, var_name = expr] ...
```

也可以用以下SELECT语句代替SET语句来为用户变量分配一个值。在这种情况下，分配符必须为“：=”而不能为“=”，因为在非SET语句中“=”被视为一个比较操作符。

```
SELECT @t1:=0,@t2:=0,@t3:=0;
```

对于使用SELECT语句为变量赋值的情况，若返回结果为NULL，即没有记录，则此时变量的值为上一次进行变量赋值时的值，如果没有对变量赋过值，则为NULL。

变量赋值（SELECT ... INTO语句）的语法格式如下：

```
SELECT col_name[,...] INTO var_name[,...] table_expr
```

这个SELECT语句把选定的字段直接存储到变量中，采用这种赋值方式时，只有单一的记录可以被取回。例如：

```
SELECT st_no,st_name INTO x,y FROM  student;
```

以上代码的运行结果是把一名学生的学号和姓名分别赋值给x，y变量。

4. 存储过程的流程控制语句

1）带IF…THEN…ELSE语句的存储过程

在存储过程中，IF…THEN…ELSE语句可以根据不同条件执行不同的操作，使存储过程更灵活，其语法格式如下：

```
IF  search_condition  THEN  statement_list
```

```
[ ELSEIF search_condition THEN statement_list ] ...
[ ELSE statement_list ]
END IF
```

其中，search_condition 是判断的条件，为 TRUE 或 FALSE。statement_list 表示一条或者多条 SQL 语句，当 search_condition 为 TRUE 时，运行相应的 SQL 语句。

【例 6-4】创建一个存储过程，输入学生的学号，如果学生的性别为“男”，输出“你是一个男生!”，如果学生的性别为“女”，输出“你是一个女生!”。

```
DELIMITER //
CREATE PROCEDURE pr_sex(IN xuehao char(10),OUT shuchu char(20))
BEGIN
DECLARE the_sex char(2);
SELECT st_sex INTO the_sex FROM student WHERE st_no=xuehao;
IF the_sex='男' THEN
SET shuchu='你是一个男生！';
ELSEIF the_sex='女' THEN
SET shuchu='你是一个女生！';
END IF;
END//
```

运行结果如图 6-8 所示。

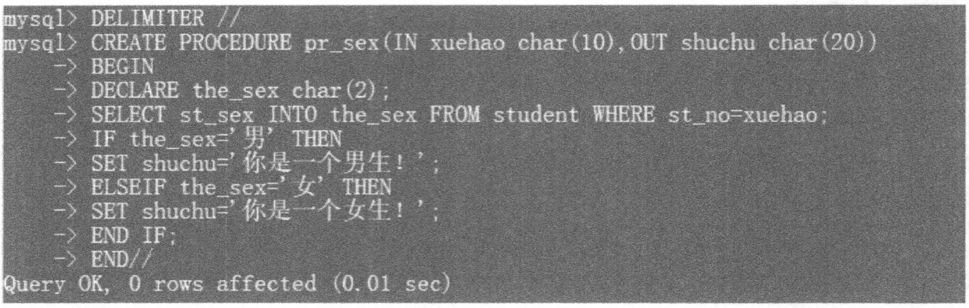

```
mysql> DELIMITER //
mysql> CREATE PROCEDURE pr_sex(IN xuehao char(10),OUT shuchu char(20))
    -> BEGIN
    -> DECLARE the_sex char(2);
    -> SELECT st_sex INTO the_sex FROM student WHERE st_no=xuehao;
    -> IF the_sex='男' THEN
    -> SET shuchu='你是一个男生！';
    -> ELSEIF the_sex='女' THEN
    -> SET shuchu='你是一个女生！';
    -> END IF;
    -> END//
Query OK, 0 rows affected (0.01 sec)
```

图 6-8　创建学生性别查询的存储过程

调用存储过程，输入的学号为“2105070405”，查询输出参数，代码如下：

```
CALL pr_sex('2105070405',@shuchu);

SELECT @shuchu;
```

运行结果如图 6-9 所示。

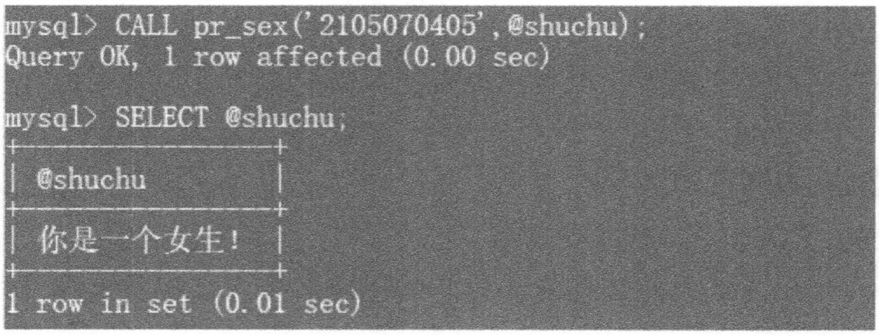

```
mysql> CALL pr_sex('2105070405',@shuchu);
Query OK, 1 row affected (0.00 sec)

mysql> SELECT @shuchu;
+----------------+
| @shuchu        |
+----------------+
| 你是一个女生！ |
+----------------+
1 row in set (0.01 sec)
```

图 6-9　调用存储过程

2）带 CASE 语句的存储过程

在存储过程的 SQL 语句中，一个 CASE 语句可以充当一个 IF…THEN…ELSE 语句，其语法格式如下：

```
CASE case_value
     WHEN  when_value  THEN  statement_list
     [WHEN  when_value  THEN  statement_list]...
     [ELSE statement_list]
END  CASE
```

或者

```
CASE
     WHEN  search_condition  THEN  statement_list
     [WHEN  search_condition  THEN  statement_list]...
     [ELSE statement_list]
END  CASE
```

【例 6-5】 创建一个存储过程，输入学生的学号，如果学生的性别为“男”，则将学生的性别改为“女”，并且输出“性别修改成功”，如果学生的性别为“女”，则输出“性别为女，不需要修改”。

```
CREATE PROCEDURE pr_change(IN xuehao char(10),OUT shuchu char(20))
BEGIN
DECLARE the_sex char(2);
SELECT st_sex INTO the_sex FROM student WHERE st_no=xuehao;
CASE
WHEN the_sex='男' THEN
UPDATE student SET st_sex='女' WHERE st_no=xuehao;
SET shuchu='性别修改成功';
ELSE
SET shuchu='性别为女，不需要修改';
END CASE;
END//
```

运行结果如图 6-10 所示。

```
mysql> CREATE PROCEDURE pr_change(IN xuehao char(10),OUT shuchu char(20))
    -> BEGIN
    -> DECLARE the_sex char(2);
    -> SELECT st_sex INTO the_sex FROM student WHERE st_no=xuehao;
    -> CASE
    -> WHEN the_sex='男' THEN
    -> UPDATE student SET st_sex='女' WHERE st_no=xuehao;
    -> SET shuchu='性别修改成功';
    -> ELSE
    -> SET shuchu='性别为女，不需要修改';
    -> END CASE;
    -> END//
Query OK, 0 rows affected (0.02 sec)
```

图 6-10　创建修改性别的存储过程

调用存储过程，查看并更新学号为“2105070405”的记录，代码如下：

```
CALL pr_change('2105070405',@shuchu);

SELECT @shuchu;
```

运行结果如图 6-11 所示。

```
mysql> CALL pr_change('2105070405',@shuchu);
Query OK, 1 row affected (0.00 sec)

mysql> SELECT @shuchu;
+--------------------+
| @shuchu            |
+--------------------+
| 性别为女，不需要修改 |
+--------------------+
1 row in set (0.00 sec)
```

图 6-11 调用存储过程

5. 查看存储过程

可以利用 SHOW 语句查看已经创建的存储过程。例如，查看例 6-5 创建的存储过程 pr_change，可以利用如下语句：

```
SHOW CREATE PROCEDURE pr_change;
```

运行结果如图 6-12 所示。

```
mysql> SHOW CREATE PROCEDURE pr_change;
| Procedure | sql_mode
  | Create Procedure
  | character_set_client | collation_connection | Database Collation |
| pr_change | ONLY_FULL_GROUP_BY,STRICT_TRANS_TABLES,NO_ZERO_IN_DATE,NO_ZERO_DATE,ERROR_FOR_DIVISION_BY_ZERO,NO_ENGINE_SUBSTITUTION | CREATE DEFINER=`root`@`localhost` PROCEDURE `pr_change`(IN xuehao char(10),OUT shuchu char(20))
BEGIN
DECLARE the_sex char(2);
SELECT st_sex INTO the_sex FROM student WHERE st_no=xuehao;
CASE
WHEN the_sex='男' THEN
UPDATE student SET st_sex='女' WHERE st_no=xuehao;
SET shuchu='性别修改成功';
ELSE
SET shuchu='性别为女，不需要修改';
END CASE;
END | gbk | gbk_chinese_ci | utf8mb4_0900_ai_ci |
1 row in set (0.00 sec)
```

图 6-12 查看存储过程

6. 删除存储过程

可以利用 DROP 语句删除已经创建的存储过程。例如，删除例 6-3 创建的存储过程 sp_student，可以利用如下语句：

```
DROP PROCEDURE sp_student;
```

运行结果如图 6-13 所示。

```
mysql> DROP PROCEDURE sp_student;
Query OK, 0 rows affected (0.01 sec)
```

图 6-13　删除存储过程

四、任务总结

本任务结合学生技能竞赛管理系统中的数据库，介绍了使用存储过程的全过程。

① 通过介绍存储过程的创建语法，讲解存储过程的创建过程。

② 通过三个示例介绍三种存储过程的使用方法，分别是不带参数的存储过程，带 IN 参数的存储过程，以及带 OUT 参数的存储过程。通过比较三种类型的存储过程的使用方法，加深读者对三种存储过程的理解。

③ 通过两个示例介绍了存储过程中变量和流程控制语句的使用。

④ 介绍查看存储过程和删除存储过程的方法。

在数据库系统中，应用存储过程可以简化编程的工作，提高系统运行速度，减少网络流量，提高安全性。在大型项目中，存储过程的使用比较频繁，读者可以参考更多相关实际项目开发的资料，加深对这方面知识的理解。

任务 2　存储函数的使用

一、任务描述

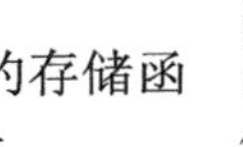
微课视频

本任务主要学习创建、调用、修改、使用和删除存储函数，包括创建基本的存储函数，创建带变量的存储函数，以及在存储函数中调用其他的存储过程或存储函数。

二、任务分析

存储函数与存储过程非常类似，都是在数据库中定义的 SQL 语句的集合。我们可以将实现某种功能的 SQL 语句编写在存储函数中，在需要的时候直接调用这些存储函数。使用存储函数可以大大减少开发人员的工作量，同时减少客户端与服务端之间的数据传输，提高数据交换速度。但是在 MySQL 8.0 中创建存储函数时，后面要加上 DETERMINISTIC 关键字，因为系统默认采用 NOT DETERMINISTIC 形式创建。

创建存储函数的语法格式如下：

```
CREATE  FUNCTION  sp_name([func_parameter[,…]])
RETURNS type
DETERMINISTIC
[ characteristic… ] routine_body
```

其中：

① sp_name：存储函数的名称。

② func_parameter：存储函数的参数列表。

③ type：返回值的类型。

④ characteristic：存储函数的特性。

⑤ routine_body：SQL 语句的内容，可以用 BEGIN...END 来标识 SQL 语句的开始和结束。

三、任务完成

1. 创建存储函数

1）创建基本的存储函数

【例 6-6】创建一个存储函数，返回 student 表中男生的人数。

```
DELIMITER //
CREATE FUNCTION man_num()
RETURNS integer
READS SQL DATA
BEGIN
RETURN(SELECT COUNT(*) FROM student WHERE st_sex='男');
END//
```

运行结果如图 6-14 所示。

```
mysql> DELIMITER //
mysql> CREATE FUNCTION man_num()
    -> RETURNS integer
    -> READS SQL DATA
    -> BEGIN
    -> RETURN(SELECT COUNT(*) FROM student WHERE st_sex='男');
    -> END//
Query OK, 0 rows affected (0.00 sec)
```

图 6-14　创建存储函数 man_num

创建存储函数时，要注意字符集统一，RETURNS 后面的数据类型要与函数返回值的数据类型一致。SELECT 语句返回的 COUNT(*)的数据类型为整型，所以 RETURNS 返回的数据类型也一定是整型。

2）创建带变量的存储函数

【例 6-7】创建一个存储函数，根据指定的学号，返回该学生所在的院系名。

```
DELIMITER //
CREATE FUNCTION fun_pname(xuehao char(10))
RETURNS varchar(20)
DETERMINISTIC
BEGIN
RETURN(SELECT dp_name FROM department JOIN student USING(dp_id) WHERE
st_no=xuehao);
END//
```

运行结果如图 6-15 所示。

```
mysql> DELIMITER //
mysql> CREATE FUNCTION fun_pname(xuehao char(10))
    -> RETURNS varchar(20)
    -> DETERMINISTIC
    -> BEGIN
    -> RETURN(SELECT dp_name FROM department JOIN student USING(dp_id) WHERE st_no=xuehao);
    -> END//
Query OK, 0 rows affected (0.00 sec)
```

图 6-15　创建存储函数 fun_pname

2. 调用存储函数

1）利用 SELECT 语句调用存储函数

在 MySQL 中，用户自定义函数的调用与 MySQL 内部函数的调用方法一样，都使用 SELECT 语句来实现。

【例 6-8】 调用存储函数 man_num 查看男生的人数；调用存储函数 fun_pname 查看学号为"2105070418"的学生所在的院系名。

调用 man_num 的 SQL 语句如下：

```
SELECT  man_num();
```

运行结果如图 6-16 所示。

```
mysql> SELECT man_num();
+-----------+
| man_num() |
+-----------+
|        52 |
+-----------+
1 row in set (0.00 sec)
```

图 6-16　查看男生的人数

调用 fun_pname 存储函数：

```
SELECT fun_pname('2105070418');
```

运行结果如图 6-17 所示。

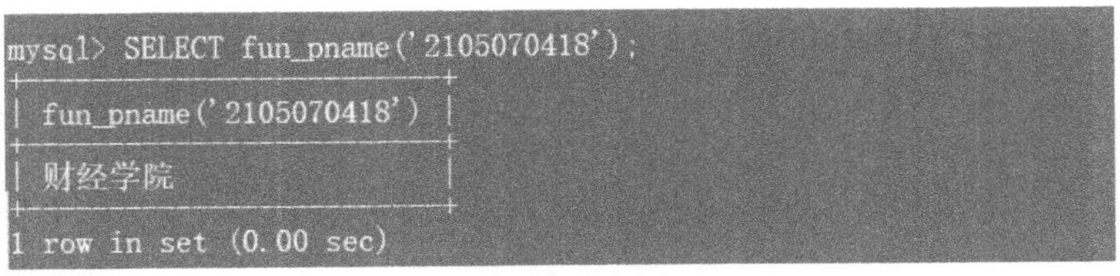

```
mysql> SELECT fun_pname('2105070418');
+-------------------------+
| fun_pname('2105070418') |
+-------------------------+
| 财经学院                |
+-------------------------+
1 row in set (0.00 sec)
```

图 6-17　查看学生所在的院系名

2）调用其他存储过程或存储函数

【例 6-9】 创建一个存储函数 st_num，通过调用存储函数 st_num 获得学生所在的院系名，然后返回该学生所在院系的总人数。

```
DELIMITER //
CREATE FUNCTION st_num(xuehao char(10))
RETURNS integer
DETERMINISTIC
BEGIN
DECLARE pname varchar(20);
SELECT fun_pname(xuehao) INTO pname;
RETURN(SELECT count(*) FROM student WHERE dp_id=(SELECT dp_id FROM
department  WHERE dp_name=pname));
END//
```

运行结果如图 6-18 所示。

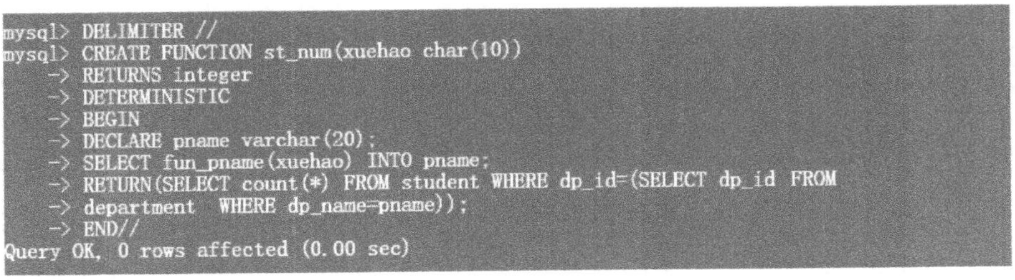

```
mysql> DELIMITER //
mysql> CREATE FUNCTION st_num(xuehao char(10))
    -> RETURNS integer
    -> DETERMINISTIC
    -> BEGIN
    -> DECLARE pname varchar(20);
    -> SELECT fun_pname(xuehao) INTO pname;
    -> RETURN(SELECT count(*) FROM student WHERE dp_id=(SELECT dp_id FROM
    -> department  WHERE dp_name=pname));
    -> END//
Query OK, 0 rows affected (0.00 sec)
```

图 6-18　创建存储函数统计所在院系总人数

指定一个学号“2110080133”，调用存储函数 st_num 的 SQL 语句如下：

```
SELECT st_num('2110080133');
```

运行结果如图 6-19 所示。

```
mysql> SELECT st_num('2110080133');
+----------------------+
| st_num('2110080133') |
+----------------------+
|                    9 |
+----------------------+
1 row in set (0.00 sec)
```

图 6-19　调用学生学号统计所在院系总人数

以上存储函数 st_num 的运行过程是：先通过调用另一个存储函数 fun_pname，获得院系名，再统计该院系所有学生的人数。

3．查看存储函数

可以通过 SHOW FUNCTION STATUS 语句来查看存储函数的状态，如图 6-20 所示。

```
mysql> SHOW FUNCTION STATUS\G
*************************** 1. row ***************************
                  Db: competition
                Name: fun_pname
                Type: FUNCTION
             Definer: root@localhost
            Modified: 2023-10-14 16:16:18
             Created: 2023-10-14 16:16:18
       Security_type: DEFINER
             Comment:
character_set_client: gbk
collation_connection: gbk_chinese_ci
  Database Collation: utf8mb4_0900_ai_ci
*************************** 2. row ***************************
                  Db: competition
                Name: man_num
                Type: FUNCTION
             Definer: root@localhost
            Modified: 2023-10-14 15:30:44
             Created: 2023-10-14 15:30:44
       Security_type: DEFINER
             Comment:
character_set_client: gbk
collation_connection: gbk_chinese_ci
  Database Collation: utf8mb4_0900_ai_ci
*************************** 3. row ***************************
                  Db: competition
                Name: nan_num
                Type: FUNCTION
             Definer: root@localhost
            Modified: 2023-10-14 15:25:51
             Created: 2023-10-14 15:25:51
       Security_type: DEFINER
             Comment:
character_set_client: gbk
collation_connection: gbk_chinese_ci
  Database Collation: utf8mb4_0900_ai_ci
```

图 6-20　查看存储函数的状态

说明：在 MySQL 的命令行窗口中，语句结束符使用“;”、“\g”或“\G”都可以。其中“;”和“\g”的作用是一样的，都是按表格的形式显示结果，而“\G”则用于将原来结果中的列按行显示。

可以通过 SHOW CREATE 语句来查看存储函数的定义信息，如图 6-21 所示。

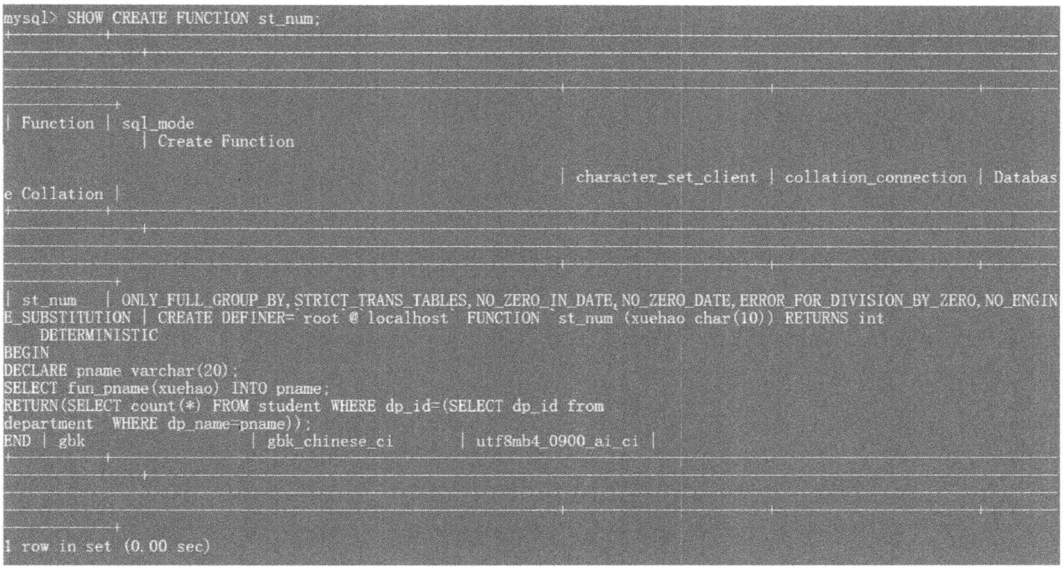

```
mysql> SHOW CREATE FUNCTION st_num;
| Function | sql_mode
    | Create Function
    | character_set_client | collation_connection | Databas
e Collation |
| st_num   | ONLY_FULL_GROUP_BY,STRICT_TRANS_TABLES,NO_ZERO_IN_DATE,NO_ZERO_DATE,ERROR_FOR_DIVISION_BY_ZERO,NO_ENGIN
E_SUBSTITUTION | CREATE DEFINER=`root`@`localhost` FUNCTION `st_num`(xuehao char(10)) RETURNS int
    DETERMINISTIC
BEGIN
DECLARE pname varchar(20);
SELECT fun_pname(xuehao) INTO pname;
RETURN(SELECT count(*) FROM student WHERE dp_id=(SELECT dp_id from
department  WHERE dp_name=pname));
END | gbk                  | gbk_chinese_ci       | utf8mb4_0900_ai_ci |
1 row in set (0.00 sec)
```

图 6-21　查看存储函数的定义信息

4．修改存储函数

修改存储函数的方法有两种，一是通过 ALTER FUNCTION 语句来修改，二是先删除原有的存储函数，再重新创建存储函数。

5．删除存储函数

删除存储函数可以通过 DROP FUNCTION 语句实现，语法格式如下：

```
DROP FUNCTION IF [IF EXISTS] sp_name;
```

【例 6-10】利用 DROP FUNCTION 语句删除存储函数 man_num。

```
DROP FUNCTION IF  EXISTS man_num;
```

运行结果如图 6-22 所示。

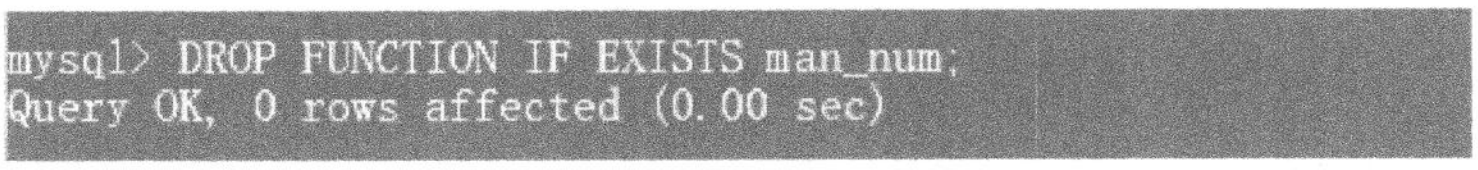

```
mysql> DROP FUNCTION IF EXISTS man_num;
Query OK, 0 rows affected (0.00 sec)
```

图 6-22　删除存储函数

SQL 语句运行成功之后，查看存储函数是否删除成功，代码如下：

```
SHOW CREATE FUNCTION man_num;
```

删除存储函数前要注意，该存储函数是否与其他存储函数或者存储过程有依赖关系，如果有依赖关系，删除之后将会导致其他存储过程或者存储函数无法运行。

四、任务总结

本任务结合学生技能竞赛管理系统中的数据库，介绍存储函数的使用方法，内容包括：

① 创建基本存储函数的方法。

② 创建带变量存储函数的方法。

③ 使用 SELECT 语句调用存储函数，以及在存储函数中调用其他存储函数的方法。

④ 修改与删除存储函数的方法。

通过以上内容，读者能够理解和掌握存储函数的使用方法与技巧，能够在实际的开发中使用存储函数来减少开发的工作量，提高系统的运行性能。

任务 3 触发器的使用

一、任务描述

微课视频

触发器是一种维护数据的完整性或者执行其他特殊任务的存储过程，它在满足一定条件时才会被触发并运行，当触发器被触发时，数据库就会自动运行触发器中的程序。本任务实现在学生技能竞赛管理系统数据库中使用触发器，包括创建触发器，查看触发器和删除触发器。

二、任务分析

在 MySQL 中，创建触发器的语法格式如下：

```
CREATE TRIGGER trigger_name trigger_time trigger_event ON tb_name
FOR EACH ROW trigger_stmt;
```

其中：

① trigger_name：表示触发器的名称。

② tirgger_time：表示触发器的动作时间，可以是 BEFORE 或者 AFTER，BEFORE 表示在事件之前触发程序，而 AFTER 表示在事件之后触发程序。

③ trigger_event：表示激活触发程序的事件类型，有三种，分别为 INSERT、DELETE 和 UPDATE。

④ tb_name：指明在哪个表上建立触发器。

⑤ trigger_stmt：表示当触发器被触发时，运行的程序语句可以是单条 SQL 语句，也可以是用 BEGIN 和 END 包含的多条语句。

可以建立 6 种触发器，即 BEFORE INSERT、BEFORE UPDATE、BEFORE DELETE、AFTER INSERT、AFTER UPDATE、AFTER DELETE。触发器有一个限制，就是不能同时在一个表上建立两种相同类型的触发器，因此在一个表上最多能建立 6 个触发器。

① INSERT 型触发器：插入某一行时，通过 INSERT、LOAD DATA、REPLACE 语句触发。

② UPDATE 型触发器：更改某一行时，通过 UPDATE 语句触发。

③ DELETE 型触发器：删除某一行时，通过 DELETE、REPLACE 语句触发。

注意：MySQL 除对 INSERT、UPDATE、DELETE 基本操作进行了定义之外，还定义了 LOAD DATA 和 REPLACE 语句，这两种语句也能引起 INSERT 型的触发器的触发。

LOAD DATA 语句用于将一个文件装入一个数据表中，相当于一系列的 INSERT 操作。

REPLACE 语句和 INSERT 语句很像，只是在表中有 PRIMARY KEY 或 UNIQUE 索引时，如果插入的数据和原来 PRIMARY KEY 或 UNIQUE 索引一致，会先删除原来的数据，然后增加一个新数据，也就是说，一条 REPLACE 语句有时候等价于一条 INSERT 语句，有时候等价于一条 DELETE 语句加上一条 INSERT 语句。

三、任务完成

1. 创建 INSERT 型触发器

【例 6-11】创建一个记录触发 competition 数据库中数据表的日志表 tb_count，然后通过创建触发器的动作，自动向 tb_count 表中添加一条日志。

先创建日志表 tb_count，代码如下：

```
CREATE TABLE tb_count(
id int(6) PRIMARY KEY AUTO_INCREMENT,
count_num int(10) NOT NULL,
logtime timestamp NOT NULL DEFAULT current_timestamp
);
```

运行结果如图 6-23 所示。

```
mysql> CREATE TABLE tb_count(
    -> id int(6) PRIMARY KEY AUTO_INCREMENT,
    -> count_num int(10) NOT NULL,
    -> logtime timestamp NOT NULL DEFAULT current_timestamp
    -> );
Query OK, 0 rows affected, 2 warnings (0.07 sec)
```

图 6-23　创建日志表

创建触发器 tri_student_count，当在 student 表中增加记录时，tb_count 表自动更新，代码如下：

```
DELIMITER //
CREATE TRIGGER tri_student_count AFTER INSERT ON student
FOR EACH ROW
BEGIN
INSERT INTO tb_count SET count_num=(
SELECT COUNT(*) FROM student);
END//
```

运行结果如图 6-24 所示。

```
mysql> DELIMITER //
mysql> CREATE TRIGGER tri_student_count AFTER INSERT ON student
    -> FOR EACH ROW
    -> BEGIN
    -> INSERT INTO tb_count SET count_num=(
    -> SELECT COUNT(*) FROM student);
    -> END//
Query OK, 0 rows affected (0.03 sec)
```

图 6-24　创建 INSERT 型触发器

运行以上代码后，为验证触发器的运行结果，向 student 表中插入一条记录，代码如下：

```
INSERT INTO student(
st_id,st_no,st_password,st_name,class_id,dp_id)
VALUES
('78','2017260212','wd0212','吴东',2,1);
```

运行结果如图 6-25 所示。

```
mysql> INSERT INTO student(
    -> st_id,st_no,st_password,st_name,class_id,dp_id)
    -> VALUES
    -> ('78','2017260212','wd0212','吴东',2,1);
Query OK, 1 row affected (0.01 sec)
```

图 6-25　向 student 表中插入一条记录

查询日志表 tb_count 中的记录情况：

```
SELECT * FROM tb_count;
```

运行结果如图 6-26 所示。

```
mysql> SELECT * FROM tb_count;
+----+-----------+---------------------+
| id | count_num | logtime             |
+----+-----------+---------------------+
|  1 |        78 | 2023-10-26 13:44:03 |
+----+-----------+---------------------+
1 row in set (0.01 sec)
```

图 6-26 查询日志表

从结果中可以看出，当向 student 表中插入一条记录时，触发器起了作用，tb_count 表中也自动插入了一条日志。

2．创建 DELETE 型触发器

【例 6-12】 创建一个 DELETE 型触发器，使得当在 st_project 表中删除学生数据时，tb_count 表自动更新统计数据，并记录删除时间。

创建触发器 tri_delete_stproject，代码如下：

```
DELIMITER //
CREATE DEFINER='root'@'localhost' TRIGGER tri_delete_stproject AFTER DELETE
ON st_project FOR EACH ROW
BEGIN
INSERT INTO tb_count SET count_num=(
SELECT COUNT(*) FROM st_project);
SET @stprInfo='成功删除一条数据';
END //
```

运行结果如图 6-27 所示。

```
mysql> DELIMITER //
mysql> CREATE DEFINER='root'@'localhost' TRIGGER tri_delete_stproject AFTER DELETE
    -> ON st_project FOR EACH ROW
    -> BEGIN
    -> INSERT INTO tb_count SET count_num=(
    -> SELECT COUNT(*) FROM st_project);
    -> SET @stprInfo='成功删除一条数据';
    -> END //
Query OK, 0 rows affected (0.01 sec)
```

图 6-27 创建 DELETE 型触发器

运行以上代码后，为验证触发器的运行效果，删除 st_project 表中的一条记录，代码如下：

```
DELETE FROM st_project WHERE st_pid=76;
```

运行结果如图 6-28 所示。

```
mysql> DELETE FROM st_project WHERE st_pid=76;
Query OK, 1 row affected (0.01 sec)
```

图 6-28 删除 st_project 表中的一条记录

查询 tb_count 表，代码如下：

```
SELECT * FROM tb_count;
SELECT @stprInfo;
```

运行结果如图 6-29 所示。

```
mysql> SELECT * FROM tb_count;
+----+-----------+---------------------+
| id | count_num | logtime             |
+----+-----------+---------------------+
|  1 |        78 | 2023-10-26 13:44:03 |
|  2 |        77 | 2023-10-26 18:35:44 |
|  4 |        75 | 2023-10-26 23:04:30 |
+----+-----------+---------------------+
3 rows in set (0.00 sec)

mysql> SELECT @stprInfo;
+------------------+
| @stprInfo        |
+------------------+
| 成功删除一条数据 |
+------------------+
1 row in set (0.00 sec)
```

图 6-29　查看数据删除日志

从结果中可以看出，当删除 st_project 表中的一条记录时，触发器起了作用，tb_count 表中自动添加一条日志。

3．创建 UPDATE 型触发器

【例 6-13】创建一个触发器，使得当 st_project 表中数据有修改时，统计 st_score 数据的总数。

```
DELIMITER //
CREATE TRIGGER tri_update_stproject  AFTER UPDATE
ON st_project FOR EACH ROW
BEGIN
INSERT INTO tb_count SET count_num=(
SELECT COUNT(st_score) FROM st_project);
SET @stpupdateInfo='成功更新一条数据的成绩';
END //
```

运行结果如图 6-30 所示。

```
mysql> DELIMITER //
mysql> CREATE TRIGGER tri_update_stproject  AFTER UPDATE
    -> ON st_project FOR EACH ROW
    -> BEGIN
    -> INSERT INTO tb_count SET count_num=(
    -> SELECT COUNT(st_score) FROM st_project);
    -> SET @stpupdateInfo='成功更新一条数据的成绩';
    -> END //
Query OK, 0 rows affected (0.01 sec)
```

图 6-30　创建 UPDATE 型触发器

运行以上代码后，为验证触发器运行效果，修改 st_project 表中的字段值，代码如下：

```
UPDATE st_project SET st_score=87 WHERE st_id=11;
```

运行结果如图6-31所示。

```
mysql> UPDATE st_project SET st_score=87 WHERE st_id=11;
Query OK, 1 row affected (0.01 sec)
Rows matched: 1  Changed: 1  Warnings: 0
```

图6-31 修改st_project表中的字段值

使用SELECT语句查询tb_count表，代码如下：

```
SELECT * FROM tb_count;

SELECT @stpupdateInfo;
```

运行结果如图6-32所示。

```
mysql> SELECT * FROM tb_count;
+----+-----------+---------------------+
| id | count_num | logtime             |
+----+-----------+---------------------+
|  1 |        78 | 2023-10-26 13:44:03 |
|  2 |        77 | 2023-10-26 18:35:44 |
|  4 |        75 | 2023-10-26 23:04:30 |
|  5 |         3 | 2023-10-27 13:57:21 |
+----+-----------+---------------------+
4 rows in set (0.00 sec)

mysql> SELECT @stpupdateInfo;
+--------------------+
| @stpupdateInfo     |
+--------------------+
| 成功更新一条数据的成绩 |
+--------------------+
1 row in set (0.00 sec)
```

图6-32 查看数据修改日志

从结果中可以看出，修改st_project表中st_score字段的值时，触发器起了作用，tb_count表中相应添加一条日志。

4．查看触发器

与查看数据库和查看数据表一样，查看触发器的语法格式如下：

```
SHOW  TRIGGERS  [FROM schema_name];
```

其中，schema_name即Schema的名称，在MySQL中，Schema和Database是一样的，也就是说，可以指定数据库名，这样就不必先用“USE database_name;”语句指定数据库了。

【例6-14】查看学生技能竞赛管理系统数据库competition中的所有触发器。

```
SHOW  TRIGGERS  FROM  competition\G
```

运行结果如图6-33所示。

5．删除触发器

和删除数据库、删除数据表一样，删除触发器的语法格式如下：

```
DROP TRIGGER [IF EXISTS] [schema_name.]trigger_name;
```

【例6-15】删除学生技能竞赛管理系统数据库competition中的tri_delete_stproject触发器。

```
DROP TRIGGER tri_delete_stproject;
```

运行结果如图6-34所示。

```
mysql> SHOW TRIGGERS FROM competition\G
*************************** 1. row ***************************
             Trigger: tri_update_stproject
               Event: UPDATE
               Table: st_project
           Statement: BEGIN
INSERT INTO tb_count SET count_num=(
SELECT COUNT(st_score) FROM st_project);
SET @stpupdateInfo='成功更新一条数据的成绩';
END
              Timing: AFTER
             Created: 2023-10-27 13:56:59.99
            sql_mode: ONLY_FULL_GROUP_BY,STRICT_TRANS_TABLES,NO_ZERO_IN
_DATE,NO_ZERO_DATE,ERROR_FOR_DIVISION_BY_ZERO,NO_ENGINE_SUBSTITUTION
             Definer: root@localhost
character_set_client: gbk
collation_connection: gbk_chinese_ci
  Database Collation: utf8mb4_0900_ai_ci
*************************** 2. row ***************************
             Trigger: tri_delete_stproject
               Event: DELETE
               Table: st_project
           Statement: BEGIN
INSERT INTO tb_count SET count_num=(
SELECT COUNT(*) FROM st_project);
SET @stprInfo='成功删除一条数据';
END
              Timing: AFTER
             Created: 2023-10-26 23:04:05.85
            sql_mode: ONLY_FULL_GROUP_BY,STRICT_TRANS_TABLES,NO_ZERO_IN
_DATE,NO_ZERO_DATE,ERROR_FOR_DIVISION_BY_ZERO,NO_ENGINE_SUBSTITUTION
             Definer: root@localhost
character_set_client: gbk
collation_connection: gbk_chinese_ci
  Database Collation: utf8mb4_0900_ai_ci
```

图 6-33　查看 competition 数据库中的所有触发器

```
mysql> DROP TRIGGER tri_delete_stproject;
Query OK, 0 rows affected (0.01 sec)
```

图 6-34　删除 tri_delete_stproject 触发器

四、任务总结

本任务结合学生技能竞赛管理系统数据库，首先介绍了触发器的触发条件和使用方法，然后通过三个示例介绍三种类型触发器的创建：INSERT 型触发器，DELETE 型触发器和 UPDATE 型触发器，最后介绍查看触发器和删除触发器的方法。

通过以上内容可知，当触发器被触发时，数据库就会自动运行触发器中的程序语句，从而实现数据完整性的维护。

任务 4　游标的使用

一、任务描述

微课视频

游标是由一个查询结果集和在结果集中指向特定记录的游标位置组成的临时文件，它提供了在查询结果集中向前或向后浏览数据、处理结果、集中数据的功能。有了游标，用户就可以访问结果集中任意一行数据，可以在游标指向的位置处执行操作。本任务实现在学生技能竞赛管理系统数据库中创建存储过程，并在存储过程中使用游标，逐条读取记录。

二、任务分析

游标的使用一般分为 5 个步骤，分别是：定义游标→打开游标→使用游标→关闭游标→释放游标。

定义游标的语法格式如下：

```
DECLARE <游标名> CURSOR FOR [SELECT 语句];
```

这个语句用于定义一个游标。也可以在子程序中定义多个游标，但是一个块中的每个游标必须有唯一的名字。定义游标后可进行单条操作，但不能用 SELECT 语句，不能有 INTO 子句。

打开游标 的语法格式如下：

```
OPEN <游标名>;
```

这个语句用于打开之前定义的游标。

使用游标的语法格式如下：

```
FETCH  <游标名> INTO var_name [, var_name] ...
```

这个语句使用指定的游标读取下一行（如果有下一行），并且令游标指针前进。

关闭游标的语法格式如下：

```
CLOSE <游标名>;
```

这个语句用于关闭之前打开的游标。

释放游标的语法格式如下：

```
DEALLOCATE <游标名>;
```

这个语句用于释放之前定义的游标。

三、任务完成

【例 6-16】创建一个存储过程，并在存储过程中使用游标，逐条读取记录。

```
DELIMITER //
CREATE PROCEDURE mytest()
BEGIN
DECLARE xuehao CHAR(10);
DECLARE xingming VARCHAR(20);
DECLARE xingbie CHAR(2);
DECLARE mycursor CURSOR FOR SELECT st_no ,st_name,st_sex FROM student;
OPEN mycursor;
FETCH next FROM mycursor INTO xuehao,xingming,xingbie;
SELECT xuehao,xingming,xingbie;
CLOSE mycursor;
END//
```

运行结果如图 6-35 所示。

```
mysql> DELIMITER //
mysql> CREATE PROCEDURE mytest()
    -> BEGIN
    -> DECLARE xuehao CHAR(10);
    -> DECLARE xingming VARCHAR(20);
    -> DECLARE xingbie CHAR(2);
    -> DECLARE mycursor CURSOR FOR SELECT st_no ,st_name,st_sex FROM student;
    -> OPEN mycursor;
    -> FETCH next FROM mycursor INTO xuehao,xingming,xingbie;
    -> SELECT xuehao,xingming,xingbie;
    -> CLOSE mycursor;
    -> END//
Query OK, 0 rows affected (0.02 sec)
```

图 6-35　创建使用游标的存储过程

以上语句运行后，调用存储过程，测试效果，代码如下：

```
CALL mytest();
```

运行结果如图 6-36 所示。

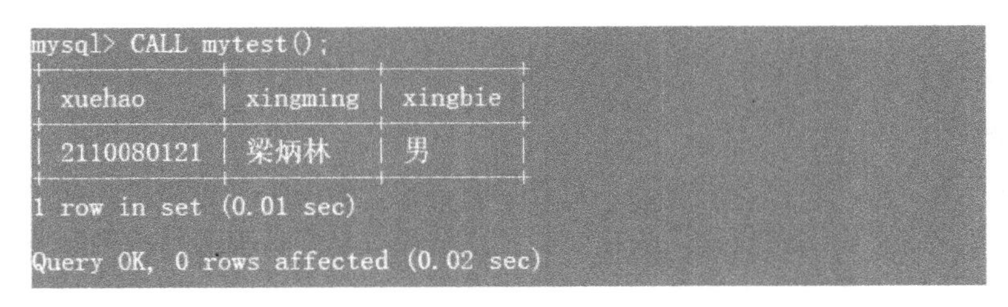
```
mysql> CALL mytest();
+------------+----------+----------+
| xuehao     | xingming | xingbie  |
+------------+----------+----------+
| 2110080121 | 梁炳林   | 男       |
+------------+----------+----------+
1 row in set (0.01 sec)

Query OK, 0 rows affected (0.02 sec)
```

图 6-36　查看使用游标的效果

以上结果说明游标指向第一条记录，并把第一条记录读取了出来。

四、任务总结

本任务结合学生技能竞赛管理系统数据库，首先介绍了使用游标的 5 个步骤，包括定义游标、打开游标、使用游标、关闭游标、释放游标，然后利用一个示例介绍在存储过程中使用游标读取查询结果中数据的方法。

任务 5　事务

一、任务描述

微课视频

在用户使用 MySQL 的过程中，对于一般简单的业务逻辑或中小型程序而言，无须考虑应用事务（Transaction）。但在比较复杂的情况下，即需要通过一组 SQL 语句运行多个并行业务逻辑或程序时，就必须保证所有命令执行的同步性，使执行序列中产生依靠关系的动作能够同时操作成功或同时返回初始状态。在此情况下，用户就需要优先考虑使用 MySQL 事务处理机制。

本任务结合学生技能竞赛管理系统数据库，根据事务使用的一般过程，实现初始化事务、创建事务、提交事务、撤销事务，通过事务实现命令执行的同步性。

二、任务分析

事务有以下四个属性，通常称为 ACID。

① 原子性（Atomicity）：一个事务中的所有操作，要么全部完成，要么全部不完成，不会结束在中间某个环节。事务在运行过程中若发生错误，会回滚到事务开始前的状态，就像这个事务从来没有运行过一样。

② 一致性（Consistency）：在事务开始之前和事务结束以后，数据库的完整性没有被破坏。这表示写入的数据必须完全符合所有的预设规则，包含数据的精确度、串联性。后续数据库可以自发地完成预设的工作。

③ 隔离性（Isolation）：数据库允许多个并发事务同时对其数据进行读写和修改。隔离性可以防止多个事务并发运行时由于交叉运行而导致的数据不一致问题。事务隔离分为不同级别，包括未提交读、提交后读、可重复读和序列化。

④ 持久性（Durability）：事务处理结束后，对数据的修改就是永久的，即使系统故障也不会丢失。

通过 InnoDB 和 BDB 类型表，MySQL 事务能够完全满足事务安全的 ACID 测试，但是，并不是所有类型的表都支持事务，如 MyISAM 表就不支持事务，只能通过伪事务对该表实现事务处理。

三、任务完成

1. 事务的使用

使用事务的一般过程是：初始化事务→创建事务→提交事务→撤销事务。如果用户操作不当，执行事务提交，则系统会默认执行回滚操作。如果用户在提交事务前选择撤销事务，则用户在撤销前的所有事务将被取消，数据库系统会回到初始状态。

下面创建一个名为 bank_account 的数据表：

```
CREATE TABLE bank_account (
id INT PRIMARY KEY AUTO_INCREMENT,
name VARCHAR(10) NOT NULL,
balance DOUBLE
);
```

运行结果如图 6-37 所示。

```
mysql> CREATE TABLE bank_account (
    -> id INT PRIMARY KEY AUTO_INCREMENT,
    -> name VARCHAR(10) NOT NULL,
    -> balance DOUBLE
    -> );
Query OK, 0 rows affected (0.02 sec)
```

图 6-37　创建数据表 bank_account

向数据表 bank_account 中插入两条记录（账户初始数据）：

```
INSERT INTO bank_account(name, balance)
('Kelly', 2000), ('Ruth', 1000);
```

运行结果如图 6-38 所示。

```
mysql> INSERT INTO bank_account(name, balance)
    -> VALUES ('Kelly', 2000), ('Ruth', 1000);
Query OK, 2 rows affected (0.01 sec)
Records: 2  Duplicates: 0  Warnings: 0
```

图 6-38　插入账户初始数据

查询插入数据后的结果：

```
SELECT * FROM bank_account;
```

运行结果如图 6-39 所示。

```
mysql> SELECT * FROM bank_account;
+----+-------+---------+
| id | name  | balance |
+----+-------+---------+
|  1 | Kelly |    2000 |
|  2 | Ruth  |    1000 |
+----+-------+---------+
2 rows in set (0.00 sec)
```

图 6-39　查看账户数据

下面进行事务的相关操作。

1）*初始化事务*

初始化 MySQL 事务时，首先要声明初始化 MySQL 事务后所有的 SQL 语句为一个单元。在

MySQL 中，应用 START TRANSACTION 或 BEGIN 语句来标记一个事务的开始：

```
START TRANSACTION;
```

或

```
BEGIN;
```

运行结果如图 6-40 所示。

```
mysql> START TRANSACTION;
Query OK, 0 rows affected (0.00 sec)
```

图 6-40 初始化事务

2）创建事务

创建事务是在初始化事务成功之后，运行一系列 SQL 语句，例如，初始化事务成功后，在 bank_account 表中更新记账数据：

```
UPDATE bank_account SET
balance=balance-500 WHERE name= 'Kelly';
```

运行结果如图 6-41 所示。

```
mysql> UPDATE bank_account SET
    -> balance=balance-500 WHERE name= 'Kelly';
Query OK, 1 row affected (0.00 sec)
Rows matched: 1  Changed: 1  Warnings: 0
```

图 6-41 更新记账数据

3）提交事务

在用户没有提交事务之前，当其他用户连接 MySQL 服务器时，应用 SELECT 语句查询结果，不会显示没有提交的事务。当且仅当用户成功提交事务后，其他用户才可能通过 SELECT 语句查询事务运行的结果。

事务具有隔离性，当事务处在处理过程中时，其实 MySQL 并未将结果写入磁盘，这样一来，这些正在处理的事务相对其他用户是不可见的。一旦数据被正确写入，用户就可以使用 COMMIT 语句提交事务：

```
COMMIT;
```

运行结果如图 6-42 所示。

```
mysql> COMMIT;
Query OK, 0 rows affected (0.00 sec)
```

图 6-42 提交事务

以上语句运行之后，可以通过 SELECT 语句查看事务运行的结果。

```
SELECT * FROM bank_account;
```

运行结果如图 6-43 所示。

```
mysql> SELECT * FROM bank_account;
+----+-------+---------+
| id | name  | balance |
+----+-------+---------+
|  1 | Kelly |    1500 |
|  2 | Ruth  |    1500 |
+----+-------+---------+
2 rows in set (0.00 sec)
```

图 6-43 查看事务运行的结果

由以上运行结果可见，提交事务后，成功更新数据，Kelly 的 balance 数据变为 1500。

4）撤销事务（事务回滚）

撤销事务，又称事务回滚。即事务被用户初始化且用户输入的 SQL 语句被运行后，如果创建事务时的 SQL 语句与业务逻辑不符，或者数据库操作错误，可使用 ROLLBACK 语句撤销数据库发生的所有变化：

```
ROLLBACK;
```

运行结果如图 6-44 所示。

```
mysql> ROLLBACK;
Query OK, 0 rows affected (0.01 sec)
```

图 6-44 撤销事务

运行结果显示，更新数据未能成功，此处不做具体运行结果展示。

也可以通过 ROLLBACK TO SAVEPOINT 语句回滚到指定的位置，但需要在创建事务时通过 SAVEPOINT 语句设置回滚的位置点。例如，向 bank_account 表中插入三条记录时，利用 SAVEPOINT 语句设置三个回滚的位置点，代码如下：

```
START TRANSACTION;

SAVEPOINT point1;

INSERT INTO bank_account(name, balance) VALUES('张三',100);

SAVEPOINT point2;

INSERT INTO bank_account(name, balance) VALUES('李四',200);

SAVEPOINT point3;

INSERT INTO bank_account(name, balance) VALUES('小红',300);
```

运行结果如图 6-45 所示。

```
mysql> START TRANSACTION;
Query OK, 0 rows affected (0.00 sec)

mysql> SAVEPOINT point1;
Query OK, 0 rows affected (0.00 sec)

mysql> INSERT INTO bank_account(name, balance) VALUES('张三',100);
Query OK, 1 row affected (0.00 sec)

mysql> SAVEPOINT point2;
Query OK, 0 rows affected (0.00 sec)

mysql> INSERT INTO bank_account(name, balance) VALUES('李四',200);
Query OK, 1 row affected (0.00 sec)

mysql> SAVEPOINT point3;
Query OK, 0 rows affected (0.00 sec)

mysql> INSERT INTO bank_account(name, balance) VALUES('小红',300);
Query OK, 1 row affected (0.00 sec)
```

图 6-45 创建多个回滚的位置点

使用 SELECT 语句查看数据更新情况，代码如下：

```
SELECT * FROM bank_account;
```

运行结果如图 6-46 所示。

```
mysql> SELECT * FROM bank_account;
+----+-------+---------+
| id | name  | balance |
+----+-------+---------+
|  1 | Kelly |    1500 |
|  2 | Ruth  |    1500 |
|  3 | 张三  |     100 |
|  4 | 李四  |     200 |
|  5 | 小红  |     300 |
+----+-------+---------+
5 rows in set (0.00 sec)
```

图 6-46　查看数据更新情况

以上代码在创建事务时设置了三个回滚的位置点，因此在插入语句有误时，可以回滚到相应的位置点，假设第三条插入语句有误，可以利用以下语句回滚到 point2 并查看数据，代码如下：

```
ROLLBACK TO SAVEPOINT point2;
SELECT * FROM bank_account;
```

运行结果如图 6-47 所示。

```
mysql> ROLLBACK TO SAVEPOINT point2;
Query OK, 0 rows affected (0.00 sec)

mysql> SELECT * FROM bank_account;
+----+-------+---------+
| id | name  | balance |
+----+-------+---------+
|  1 | Kelly |    1500 |
|  2 | Ruth  |    1500 |
|  3 | 张三  |     100 |
+----+-------+---------+
3 rows in set (0.00 sec)
```

图 6-47　回滚到 point2 并查看数据

可以根据需要删除回滚位置点，例如，删除 point1，代码如下：

```
RELEASE SAVEPOINT point1;
```

运行结果如图 6-48 所示。

```
mysql> RELEASE SAVEPOINT point1;
Query OK, 0 rows affected (0.00 sec)
```

图 6-48　删除 point1

2．事务的隔离级别

数据库在多线程并发访问时，用户可以通过不同的线程运行不同的事务，事务中的这种并发访问可能会导致以下三个问题。

① 脏读（Dirty Read）：所有事务都可以看到其他未提交事务的运行结果。

② 不可重复读（Nonrepeatable Read）：一个事务只能看见已经提交的事务所做的改变。

③ 幻读（Phantom Read）：同一事务的多个实例在并发读取数据时，会看到同样的数据行。

为了保证这些事务和数据库性能都不受影响，设置事务的隔离级别是非常必要的，在 MySQL

数据库中，有以下四种隔离级别。

① READ_UNCOMMITTED（未提交读）：这是事务最低的隔离级别，它允许另一个事务看到这个事务未提交的数据。这种隔离级别可能会导致脏读、不可重复读、幻读。

② READ_COMMITTED（提交后读）：它保证一个事务修改的数据在提交后才能被另一个事务读取，即另一个事务不能读取该事务未提交的数据。这种隔离级别可能会导致不可重复读和幻读。

③ REPEATABLE_READ（可重复读）：它保证一个事务在相同条件下前后两次获取的数据是一致的。此隔离级别可能出现的问题是幻读，但 InnoDB 和 Falcon 存储引擎通过多版本并发控制机制解决了该问题。

④ SERIALIZABLE（序列化）：事务被处理为顺序运行的。这种隔离级别可能导致大量的超时现象和锁竞争。

3. 查看隔离级别

MySQL 中提供了以下几种不同的方式查看隔离级别，可以根据具体情况选择相应的方式。

① 查看全局隔离级别：

```
SELECT @@global.tx_isolation;
```

② 查看当前进程中的隔离级别：

```
SELECT @@session.tx_isolation;
```

③ 查看下一个事务的隔离级别：

```
SELECT @@tx_isolation;
```

4. 修改隔离级别

在 MySQL 中，事务隔离级别的修改可以通过全局修改或者 SET 语句两种方式进行，具体如下。

全局修改：打开 MySQL 的配置文件 my.ini，设置参数 transaction-isolation，其值为 READ_UNCOMMITTED、READ_COMMITTED、REPEATABLE_READ、SERIALIZABLE 中的一种。全局修改的语法格式如下：

```
transaction-isolation=参数值;
```

通过 SET 语句进行设置：在打开的进程中，通过 SET 语句进行隔离级别的设置，语法格式如下：

```
SET [SESSION | GLOBAL] TRANSACTION ISOLATION LEVEL 参数值;
```

四、任务总结

本任务结合学生技能竞赛管理系统数据库，首先介绍了事务的四个属性，即原子性、一致性、隔离性、持久性，然后介绍了使用事务的一般过程：初始化事务、创建事务、提交事务、撤销事务，最后介绍了事务隔离级别的作用，以及查看和修改事务隔离级别的方法。

拓展阅读

1. MySQL 中 Redo Log 的作用

事务的属性中有一个是持久性，即事务提交成功后，对数据库中数据做的修改将被永久保存下来，不能回滚到原来的数据中。MySQL 的 Redo Log（重做日志）是事务处理过程中用于恢复数据的重要机制之一，主要记录数据库中所有的修改操作，包括插入、更新和删除操作，属于 InnoDB 存储引擎的日志，是物理日志，日志记录的内容是数据的更改。在提交事务时，Redo Log 会记录用户修改的信息，以便在数据库发生故障或异常情况下进行数据恢复。

Redo Log 包括两部分，一是内存中的日志缓存（Redo Log Buffer），易于丢失；二是日志文件（Redo Log File），是持久性的。

MySQL 每运行一条 DML 语句，首先将操作记录写入 Redo Log Buffer，当有空闲线程、内存不足、Redo Log 写满时，开始刷脏。因此，Redo Log 的存储效率受到多个因素的影响，需要根据实际情况进行合理的配置和维护，以实现高效的存储和数据恢复。

提高 Redo Log 的存储效率，需注意以下几点。

① 日志大小。Redo Log 的大小取决于事务的大小和复杂度。每个事务都会生成一定量的 Redo Log，事务越大，Redo Log 也就越大，直接影响存储空间的消耗。因此，我们应该合理配置 Redo Log 的大小，以避免浪费存储空间。

② 日志数量。MySQL 默认情况下会创建多个 Redo Log 文件，每个文件的大小是固定的。当一个 Redo Log 文件写满后，会切换到下一个 Redo Log 文件中继续记录。这种机制可以避免单个 Redo Log 文件过大导致的性能问题。

③ 写入速度。Redo Log 的写入速度受到多个因素的影响，包括磁盘 I/O 性能、CPU 性能及 Redo Log 的缓存设置等。如果 Redo Log 的写入速度过慢，可能会导致事务的提交时间增加，进而影响数据库的整体性能。因此，可以通过调整 Redo Log 的缓存设置来平衡写入速度和磁盘 I/O 负载。

④ 持久性保证。Redo Log 是 MySQL 保证数据持久性的重要手段之一。在事务提交时，Redo Log 会被写入到磁盘中，以保证即使在数据库发生故障时，用户也能恢复数据。然而，Redo Log 的持久性也会受到磁盘 I/O 性能和硬件故障等因素的影响。因此，使用硬件 RAID 冗余可以提供更高的数据可靠性和持久性。

⑤ 定期监控和维护。需要定期监控 Redo Log 的使用情况和性能指标，及时对其进行维护和优化，以确保其正常运行和高效的存储效率。

2．常见的误操作及防止误操作的安全措施

1）常见的误操作

① 误删文件。误删重要文件可能导致数据无法恢复，造成不必要的损失和麻烦。

② 误操作设备。误操作设备可能导致电器故障、火灾、爆炸等严重后果。

③ 误触网络链接。误触网络链接可能导致恶意软件的下载和安装，进而导致个人信息泄露、财产损失等。

④ 误单击广告。误单击广告可能导致恶意软件的下载和安装，对设备和隐私造成威胁。

2）防止误操作的安全措施

① 提高安全意识。要培养自己对数据安全的重视，要求自己遵守安全规范和政策，在业务代码中，尽量不明文保存数据库连接账号和密码信息，对数据进行加密保护，防止备份数据被未经授权的人员获取。要不断学习和提高自身素质，以适应不断变化的市场需求和技术发展。

② 做事严谨细致。操纵数据时要认真负责，精益求精，重要的数据操纵、数据定义尽可能通过工具自动实施，减少人工操作。

③ 及时处理异常数据。建立有效的监控机制和异常处理流程可快速响应和处理数据问题，要对异常情况进行深入分析，找出原因并及时采取预防措施，避免类似的问题再次发生。

④ 制定备份策略。要定期对数据库进行备份，利用自动化工具定期执行重复性任务，监控和优化数据库性能，定时定点做好数据备份工作，确保数据的完整性、可靠性。

⑤ 遵守职业道德规范。遵守职业道德规范是必不可少的。企业可定期组织数据安全培训，提

高员工的安全技能和知识水平。数据库管理员需要参与数据治理和合规性方面的工作，确保组织的数据库合规，遵守隐私和数据保护法规。企业需制定和实施数据管理策略，确保数据库被正确使用和保护。

实践训练

【实践任务 1：存储函数练习】

① 创建一个存储函数 myclass，返回 class 表中 class_id 为 2 的班级名。

② 创建一个存储函数 myclass2，根据指定的学号，返回该学生所在的班级名。

③ 创建一个存储函数 class_num，通过调用存储函数 myclass 获得学生所在的班级名，并返回该学生所在班级的总人数。

【实践任务 2：存储过程练习】

① 创建不带参数的存储过程 pr_count，用于统计 student 表中男生的总人数。

② 创建一个带参数的存储过程 pr_student，根据学生学号查询学生所在班级。

③ 创建一个存储过程 pr_class，用参数指定班级名，查询该班级总人数。

【实践任务 3：触发器练习】

① 在数据库 competition 中，创建一个触发器 del_trigger，使得当 student 表中删除一条记录时，用户变量 theout 的值就被设置为“信息删除成功”。

② 在数据库 competition 中，创建一个触发器 update_trigger，使得当修改 student 表中的学号时，学生参赛表 st_project 中的学号相应更新。

【实践任务 4：游标练习】

① 游标的作用是什么？

② 使用游标的 5 个步骤是什么？

③ 请使用游标和循环语句编写一个存储过程 pr_student，根据学生编号查询学生的姓名、性别、所在班级名，并按照班级名分组输出。

【实践任务 5：事务练习】

① 事务的隔离级别有几种？它们有什么特点？

② 查看事务全局隔离级别的语句是什么？

③ 要把事务的隔离级别设置成 REPEATABLE_READ，应该怎么修改？

④ 使用事务，执行如下步骤：首先初始化一个事务，然后删除 student 表中的所有内容，并查看表中的内容。使用 ROLLBACK 语句撤销事务后，重新查询表中的数据。

项目七　数据库索引与视图

学习目标

☑ 项目任务

任务 1　索引的创建与删除

任务 2　视图的创建与管理

☑ 知识目标

（1）掌握索引、视图的含义和作用

（2）了解索引的分类

（3）掌握创建、删除索引的方法

（4）掌握创建、查看、修改、更新、删除视图的方法

☑ 能力目标

（1）能够创建索引

（2）能够删除索引

（3）能够创建视图

（4）能够查看、修改视图

（5）能够更新、删除视图

☑ 素质目标

（1）形成自主好学的学习态度

（2）养成务实解决问题的习惯

（3）培养团队协作的精神

☑ 思政引领

（1）不断更新理念，利用先进的思维方法解决问题，注重先进理论的学习及思维拓展。

（2）数据是企业的核心资产，如何保护数据，是每个企业应当重视的课题。因此，培养学生对数据的保护意识与防护能力尤为重要。

知识导图

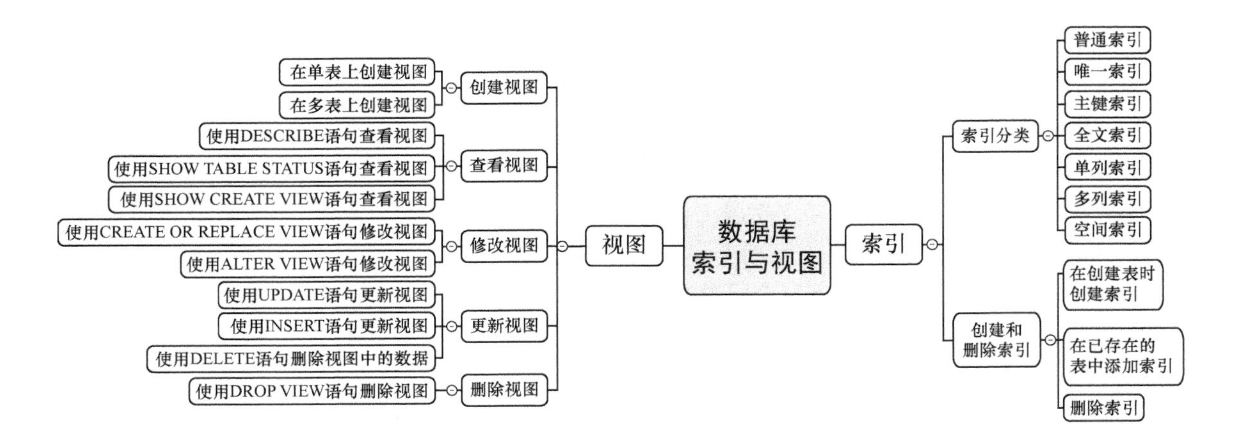

任务 1 索引的创建与删除

一、任务描述

微课视频

微课视频

微课视频

大型数据库中的表要容纳成千上万甚至上百万的数据，学生技能竞赛管理系统数据库中，有些表中的记录也非常多。当用户检索大量数据时，如果要遍历表中的所有记录，查询时间就会比较长。为表创建或添加一些合适的索引，可以使用户快速寻找到具有特定值的记录，提高数据检索速度，改善数据库性能。但创建和维护索引也要耗费时间，并且随着数据量的增加，耗费的时间会变长。此外，索引需要占用物理空间，对表中的数据进行增加、删除、修改时，文件占用的磁盘空间会变大。有经验的工程师在插入大量记录时，往往会先删除索引，再插入数据，最后重新创建索引。

本任务主要介绍索引的创建与删除。创建索引可以通过两种不同的方法实现，分别是在创建表时创建索引和在已存在的表中添加索引。对已存在的、不必要的索引进行删除也有两种方法，分别为使用 ALTER TABLE 语句和使用 DROP INDEX 语句。

二、任务分析

在 MySQL 中，索引是对数据表中单列或者多列的值进行排序后的一种特殊的数据库结构，利用它可以快速查询数据表中的特定记录。索引是提高数据库性能的重要方式之一。

在 MySQL 中，索引的种类有很多，根据应用范围和查询需求的不同，索引大致可分为 7 类，具体如下。

① 普通索引：是最基本的索引，它没有任何限制，是 MySQL 中的基本类型，由关键字 KEY 或者 INDEX 定义。

② 唯一索引：索引字段的值必须唯一，但允许有空值（注意和主键不同），它由关键字 UNIQUE 定义。

③ 主键索引：是一种特殊的索引，用于根据主键自身的唯一性标识每条记录。

④ 全文索引：使用 FULLTEXT 参数可以设置全文索引。全文索引只能在 CHAR、VARCHAR 或 TEXT 类型的字段上创建。查询数据量较大的字符串类型的字段时，使用全文索引可以大大提高查询速度。在 MySQL 中，只有 MyISAM 存储引擎支持全文索引（注意：MySQL 默认存储引擎为 InnoDB）。

⑤ 单列索引：是指在表中某个字段上创建的索引，可以是普通索引，也可以是唯一索引，还可以是全文索引，只需要保证该索引值对应一个字段即可。

⑥ 多列索引：是指在表中多个字段上创建的索引，且只有在查询条件中使用了这些字段中的第一个字段时，它才会被使用。

⑦ 空间索引：能提高系统获取空间数据的效率，由 SPATIAL 定义在空间数据类型的字段上，在 MySQL 中，只有 MyISAM 存储引擎支持空间索引。

三、任务完成

1. 在创建表时创建索引

使用 CREATE TABLE 语句在创建数据表时直接创建索引，这种方法比较直接、方便，语法格式如下：

```
CREATE TABLE 表名(
字段名 数据类型[约束条件],
字段名 数据类型[约束条件]
......
字段名 数据类型
[UNIQUE | FULLTEXT | SPATIAL ] INDEX | KEY
[别名](字段名1 [(长度)] [ASC | DESC]));
```

① [UNIQUE | FULLTEXT | SPATIAL]为可选参数，分别表示唯一索引、全文索引和空间索引。

② INDEX 和 KEY 为同义词，两者作用相同，用来创建索引。

③ 别名为可选参数，用来为创建的索引取新的名字。

④ 字段名指定需要创建索引的字段，该字段必须从数据表中定义的多个字段中选择。

⑤ 长度为可选参数，表示索引的长度，只有字符串类型的字段才能指定索引长度。

⑥ ASC 或 DESC 指定索引值存储顺序是升序还是降序。

1）创建普通索引

【例 7-1】 在 competition 数据库中，创建一个 student 表，并为其字段 st_id 创建普通索引。

```
CREATE TABLE student(
st_id INT,
st_no CHAR(10) NOT NULL,
st_password VARCHAR(12) NOT NULL,
st_name VARCHAR(20) NOT NULL,
st_sex CHAR(2) DEFAULT '男',
class_id INT,
dp_id INT,
INDEX in_st_id(st_id)
);
```

运行结果如图 7-1 所示。

```
mysql> USE competition;
Database changed
mysql> CREATE TABLE student(
    -> st_id INT,
    -> st_no CHAR(10) NOT NULL,
    -> st_password VARCHAR(12) NOT NULL,
    -> st_name VARCHAR(20) NOT NULL,
    -> st_sex CHAR(2) DEFAULT '男',
    -> dp_id INT,
    -> INDEX in_st_id(st_id)
    -> );
Query OK, 0 rows affected (0.02 sec)
```

图 7-1　创建普通索引

以上语句运行之后，在 MySQL 命令行窗口中通过下面的语句查看普通索引是否创建成功。

```
SHOW CREATE TABLE student\G
```

运行结果如图 7-2 所示，可以清晰地看到，该表的索引为 st_id，表明 student 表的索引创建成功，后文中，其余索引被创建后，均可使用该语句查看对应索引是否创建成功。

```
mysql> SHOW CREATE TABLE student\G
*************************** 1. row ***************************
       Table: student
Create Table: CREATE TABLE `student` (
  `st_id` int DEFAULT NULL,
  `st_no` char(10) NOT NULL,
  `st_password` varchar(12) NOT NULL,
  `st_name` varchar(20) NOT NULL,
  `st_sex` char(2) DEFAULT '男',
  `dp_id` int DEFAULT NULL,
  KEY `in_st_id` (`st_id`)
) ENGINE=InnoDB DEFAULT CHARSET=utf8mb4 COLLATE=utf8mb4_0900_ai_ci
1 row in set (0.00 sec)
```

图 7-2　查看普通索引是否创建成功

2）创建唯一索引

【例 7-2】在 competition 数据库中，创建一个 department 表，并为其字段 dp_name 创建唯一索引。

```
CREATE  TABLE  department(
dp_id INT  NOT NULL,
dp_name VARCHAR(20) NOT NULL,
dp_phone VARCHAR(20),
dp_info TEXT,
UNIQUE INDEX  uni_dp_name(dp_name)
);
```

运行结果如图 7-3 所示。

```
mysql> CREATE TABLE department(
    -> dp_id INT NOT NULL,
    -> dp_name VARCHAR(20) NOT NULL,
    -> dp_phone VARCHAR(20),
    -> dp_info TEXT,
    -> UNIQUE INDEX uni_dp_name(dp_name)
    -> );
Query OK, 0 rows affected (0.01 sec)
```

图 7-3　创建唯一索引

以上代码为 department 表的 dp_name 字段创建了唯一索引，需要注意的是，作为唯一索引的字段的值必须是唯一的。也就是说，dp_name 字段中不能出现两个或两个以上相同的值。创建完成后，使用 SHOW CREATE TABLE 语句查看表的结构，结果如图 7-4 所示。从图中可以看出，在 department 表的 dp_name 字段上已经创建了名为 uni_dp_name 的唯一索引。

```
mysql> SHOW CREATE TABLE department\G
*************************** 1. row ***************************
       Table: department
Create Table: CREATE TABLE `department` (
  `dp_id` int NOT NULL,
  `dp_name` varchar(20) NOT NULL,
  `dp_phone` varchar(20) DEFAULT NULL,
  `dp_info` text,
  UNIQUE KEY `uni_dp_name` (`dp_name`)
) ENGINE=InnoDB DEFAULT CHARSET=utf8mb4 COLLATE=utf8mb4_0900_ai_ci
1 row in set (0.00 sec)
```

图 7-4　使用 SHOW CREATE TABLE 语句查看表的结构

3）主键索引

【例 7-3】在 competition 数据库中，创建一个 teacher 表，并为其字段 tc_id 创建主键索引。

```
CREATE TABLE  teacher(
tc_id INT  NOT NULL  PRIMARY KEY,
tc_no CHAR(10) NOT NULL,
tc_password VARCHAR(12) NOT NULL,
tc_name VARCHAR(20) NOT NULL,
tc_sex CHAR(2) DEFAULT '男',
dp_id INT,
tc_info TEXT
);
```

运行结果如图 7-5 所示。

```
mysql> CREATE TABLE teacher (
    -> tc_id INT NOT NULL PRIMARY KEY,
    -> tc_no CHAR(10) NOT NULL,
    -> tc_password VARCHAR(12) NOT NULL,
    -> tc_name VARCHAR(20) NOT NULL,
    -> tc_sex CHAR(2) DEFAULT '男',
    -> dp_id INT,
    -> tc_info TEXT
    -> );
Query OK, 0 rows affected (0.01 sec)
```

图 7-5　创建主键索引

以上代码为 teacher 表的 tc_id 字段创建了一个主键索引，与唯一索引不同的是，每个表只能有一个主键索引，而可以有多个唯一索引。

4）单列索引

【例 7-4】在 competition 数据库中，创建一个 project 表，并为其字段 pr_name 创建单列索引。

```
CREATE  TABLE  project(
pr_id INT  PRIMARY KEY AUTO_INCREMENT,
pr_name  VARCHAR(50) NOT NULL,
dp_id INT,
dp_address  VARCHAR(50),
pr_time DATETIME,
pr_trainaddress  VARCHAR(50),
pr_start DATETIME,
pr_end DATETIME,
pr_days INT,
pr_info TEXT,
pr_active CHAR(2),
INDEX single(pr_name(10))
);
```

运行结果如图 7-6 所示。

```
mysql> CREATE TABLE project(
    -> pr_id INT PRIMARY KEY AUTO_INCREMENT,
    -> pr_name VARCHAR(50) NOT NULL,
    -> dp_id INT,
    -> dp_address VARCHAR(50),
    -> pr_time DATETIME,
    -> pr_trainaddress VARCHAR(50),
    -> pr_start DATETIME,
    -> pr_end DATETIME,
    -> pr_days INT,
    -> pr_info TEXT,
    -> pr_active CHAR(2),
    -> INDEX single(pr_name(10))
    -> );
Query OK, 0 rows affected (0.02 sec)
```

图 7-6　创建单列索引

以上代码为 project 表的 pr_name 字段创建了名为 single，长度为 10 的单列索引，细心的读者可以发现，pr_name 字段的长度比其原来的定义长度 50 小了很多，这样设置索引长度可以提高查询效率，优化查询速度。

5）多列索引

【例 7-5】 在 competition 数据库中，创建一个 class 表，并为其字段 class_id 和 class_name 创建多列索引。

```
CREATE  TABLE  class(
class_id INT  PRIMARY KEY AUTO_INCREMENT,
class_no  CHAR(10) NOT NULL,
class_name  CHAR(20) NOT NULL,
class_grade CHAR(10) NOT NULL,
dp_id  INT,
INDEX multi_class(class_id,class_name)
);
```

运行结果如图 7-7 所示。

```
mysql> CREATE TABLE class(
    -> class_id INT PRIMARY KEY AUTO_INCREMENT,
    -> class_no CHAR(10) NOT NULL,
    -> class_name CHAR(20) NOT NULL,
    -> class_grade CHAR(10) NOT NULL,
    -> dp_id INT,
    -> INDEX multi_class(class_id,class_name)
    -> );
Query OK, 0 rows affected (0.02 sec)
```

图 7-7　创建多列索引

以上代码在 project 表中创建了一个名为 multi_class 的多列索引，字段包括 class_id 和 class_name。使用多列索引时需要注意，只有在查询条件中使用了多列索引的第一个字段时，索引才会被使用，即只有在查询条件中使用 class_id 字段时，索引才生效，要符合最左前缀原则。

6）全文索引

【例 7-6】 在 competition 数据库中，创建一个 st_project 表，并为其字段 remark 创建全文索引。

```
CREATE TABLE st_project(
st_pid INT PRIMARY KEY AUTO_INCREMENT,
```

```
    st_id INT,
    pr_id INT,
    tc_id INT,
    remark TEXT(255),
    FULLTEXT INDEX full_remark(remark)
    )ENGINE=MyISAM;
```

运行结果如图 7-8 所示。

```
mysql> CREATE TABLE st_projet(
    -> st_pid INT PRIMARY KEY AUTO_INCREMENT,
    -> st_id INT,
    -> pr_id INT,
    -> tc_id INT,
    -> remark TEXT(255),
    -> FULLTEXT INDEX full_remark(remark)
    -> )ENGINE = MyISAM;
Query OK, 0 rows affected (0.01 sec)
```

图 7-8 创建全文索引

以上代码在 st_project 表的 remark 字段上创建了一个名为 full_remark 的全文索引，对于内容较多的字段，可以使用全文索引。需要注意的是，MySQL 8.0 中默认的存储引擎为 InnoDB，创建全文索引时需要将存储引擎设为 MyISAM。另外，全文索引不支持中文，使用时，字符集需要经过处理。

7）空间索引

【例 7-7】在 competition 数据库中，创建一个 admin 表，并为其字段 ad_name 创建空间索引。

```
    CREATE TABLE admin(
    ad_id  INT  PRIMARY KEY AUTO_INCREMENT,
    ad_name GEOMETRY NOT NULL,
    ad_password  VARCHAR(12)  NOT NULL,
    ad_type CHAR(12),
    SPATIAL  INDEX spatial_ad_name(ad_name)
    )ENGINE=MyISAM;
```

运行结果如图 7-9 所示。

```
mysql> CREATE TABLE admin(
    -> ad_id INT PRIMARY KEY AUTO_INCREMENT,
    -> ad_name GEOMETRY NOT NULL,
    -> ad_password VARCHAR(12) NOT NULL,
    -> ad_type CHAR(12),
    -> SPATIAL INDEX spatial_ad_name(ad_name)
    -> )ENGINE = MyISAM;
Query OK, 0 rows affected, 1 warning (0.01 sec)
```

图 7-9 创建空间索引

以上代码为 admin 表的 ad_name 字段创建了一个名为 spatial_ad_name 的空间索引。

2．在已存在的表中添加索引

在已存在的表中，可以用 CREATE INDEX 或 ALTER TABLE 语句，直接为表中的一个或多个字段添加索引。

1）使用 CREATE INDEX 语句添加索引

使用 CREATE INDEX 语句添加索引的基本语法格式如下：

```
CREATE [UNIQUE | FULLTEXT | SPATIAL ] INDEX 别名
ON 表名 (字段名1 [(长度)] [ASC | DESC])
);
```

参数含义详见上文“在创建表时创建索引”中的介绍。

先在 competition 数据库中创建一个没有任何索引的学生表 student1，表中包含 st_id，st_no，st_password，st_name，st_sex，st_info 字段：

```
CREATE TABLE student1(
st_id INT,
st_no CHAR(10) NOT NULL,
st_password VARCHAR(12) NOT NULL,
st_name VARCHAR(20) NOT NULL,
st_sex CHAR(2) DEFAULT '男',
class_id INT,
dp_id INT,
st_info TEXT
);
```

运行结果如图 7-10 所示。

```
mysql> CREATE TABLE student1(
    -> st_id INT,
    -> st_no CHAR(10) NOT NULL,
    -> st_password VARCHAR(12) NOT NULL,
    -> st_name VARCHAR(20) NOT NULL,
    -> st_sex CHAR(2) DEFAULT '男',
    -> class_id INT,
    -> dp_id INT,
    -> st_info TEXT
    -> );
Query OK, 0 rows affected (0.01 sec)
```

图 7-10 创建 student1 表

【例 7-8】在 competition 数据库中，为已经存在的 student1 表的 st_no 字段添加名为 index_st_no 的普通索引。

在添加索引之前，先用 SHOW CREATE TABLE 语句查看 student1 表的结构，如图 7-11 所示，可知该表未对 st_no 字段设置索引。

```
mysql> SHOW CREATE TABLE student1\G
*************************** 1. row ***************************
       Table: student1
Create Table: CREATE TABLE `student1` (
  `st_id` int DEFAULT NULL,
  `st_no` char(10) NOT NULL,
  `st_password` varchar(12) NOT NULL,
  `st_name` varchar(20) NOT NULL,
  `st_sex` char(2) DEFAULT '男',
  `class_id` int DEFAULT NULL,
  `dp_id` int DEFAULT NULL,
  `st_info` text
) ENGINE=InnoDB DEFAULT CHARSET=utf8mb4 COLLATE=utf8mb4_0900_ai_ci
1 row in set (0.00 sec)
```

图 7-11 查看 student1 表未添加索引前的结构

然后输入如下代码：

```
CREATE INDEX index_st_no ON student1(st_no);
```

运行结果如图 7-12 所示。

```
mysql> CREATE INDEX index_st_no ON student1(st_no);
Query OK, 0 rows affected (0.01 sec)
Records: 0  Duplicates: 0  Warnings: 0
```

图 7-12　在 student1 表中添加普通索引

使用 SHOW CREATE TABLE 语句再次查看 student1 表的结构，如图 7-13 所示，可以发现 st_id 字段的普通索引添加成功。

```
mysql> SHOW CREATE TABLE student1\G
*************************** 1. row ***************************
       Table: student1
Create Table: CREATE TABLE `student1` (
  `st_id` int DEFAULT NULL,
  `st_no` char(10) NOT NULL,
  `st_password` varchar(12) NOT NULL,
  `st_name` varchar(20) NOT NULL,
  `st_sex` char(2) DEFAULT '男',
  `class_id` int DEFAULT NULL,
  `dp_id` int DEFAULT NULL,
  `st_info` text,
  KEY `index_st_no` (`st_no`)
) ENGINE=InnoDB DEFAULT CHARSET=utf8mb4 COLLATE=utf8mb4_0900_ai_ci
1 row in set (0.00 sec)
```

图 7-13　查看 student1 表添加普通索引后的结构

【例 7-9】在 competition 数据库中，为已经存在的 student1 表的 st_id 字段添加名为 uni_st_id 的唯一索引。

```
CREATE UNIQUE INDEX uni_st_id ON student1(st_id);
```

运行结果如图 7-14 所示。

```
mysql> CREATE UNIQUE INDEX uni_st_id ON student1(st_id);
Query OK, 0 rows affected (0.01 sec)
Records: 0  Duplicates: 0  Warnings: 0
```

图 7-14　在 student1 表中添加唯一索引

使用 SHOW CREATE TABLE 语句查看 student1 表的结构，如图 7-15 所示，可以发现 st_id 字段的唯一索引添加成功。

```
mysql> SHOW CREATE TABLE student1\G
*************************** 1. row ***************************
       Table: student1
Create Table: CREATE TABLE `student1` (
  `st_id` int DEFAULT NULL,
  `st_no` char(10) NOT NULL,
  `st_password` varchar(12) NOT NULL,
  `st_name` varchar(20) NOT NULL,
  `st_sex` char(2) DEFAULT '男',
  `class_id` int DEFAULT NULL,
  `dp_id` int DEFAULT NULL,
  `st_info` text,
  UNIQUE KEY `uni_st_id` (`st_id`),
  KEY `index_st_no` (`st_no`)
) ENGINE=InnoDB DEFAULT CHARSET=utf8mb4 COLLATE=utf8mb4_0900_ai_ci
1 row in set (0.00 sec)
```

图 7-15　查看 student1 表添加唯一索引后的结构

【例 7-10】在 competition 数据库中，为已经存在的 student1 表的 st_no 和 st_name 字段添加名为 multi_st 的多列索引。

```
CREATE INDEX multi_st ON student1(st_name, st_no);
```

运行结果如图 7-16 所示。

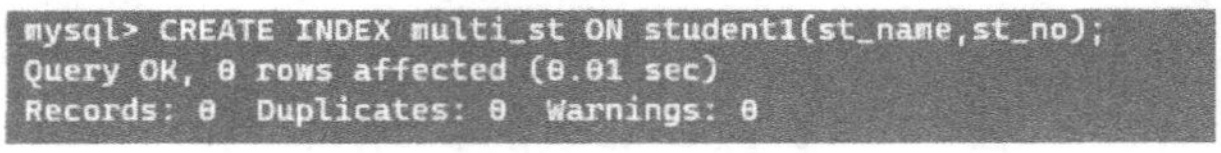

```
mysql> CREATE INDEX multi_st ON student1(st_name,st_no);
Query OK, 0 rows affected (0.01 sec)
Records: 0  Duplicates: 0  Warnings: 0
```

图 7-16 在 student1 表中添加多列索引

使用 SHOW CREATE TABLE 语句查看 student1 表的结构，如图 7-17 所示，可以发现名为 multi_st 的多列索引添加成功。

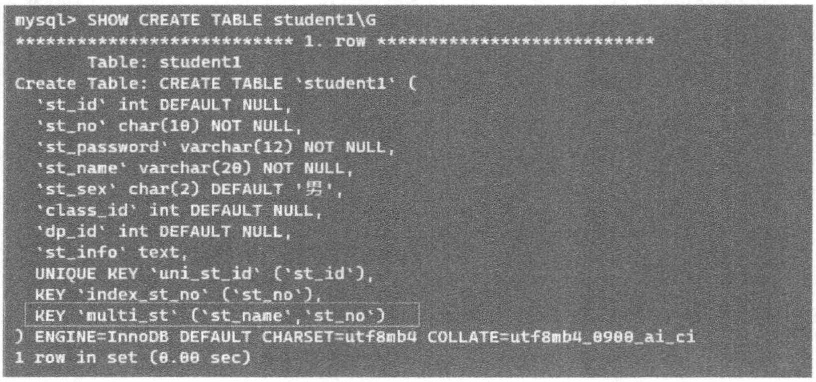

```
mysql> SHOW CREATE TABLE student1\G
*************************** 1. row ***************************
       Table: student1
Create Table: CREATE TABLE `student1` (
  `st_id` int DEFAULT NULL,
  `st_no` char(10) NOT NULL,
  `st_password` varchar(12) NOT NULL,
  `st_name` varchar(20) NOT NULL,
  `st_sex` char(2) DEFAULT '男',
  `class_id` int DEFAULT NULL,
  `dp_id` int DEFAULT NULL,
  `st_info` text,
  UNIQUE KEY `uni_st_id` (`st_id`),
  KEY `index_st_no` (`st_no`),
  KEY `multi_st` (`st_name`,`st_no`)
) ENGINE=InnoDB DEFAULT CHARSET=utf8mb4 COLLATE=utf8mb4_0900_ai_ci
1 row in set (0.00 sec)
```

图 7-17 查看 student1 表添加多列索引后的结构

2）使用 ALTER TABLE 语句添加索引

使用 ALTER TABLE 语句添加索引的基本语法格式如下：

```
ALTER  TABLE 表名 ADD [UNIQUE | FULLTEXT | SPATIAL ] INDEX
索引名 ( 字段名 [(长度)] [ASC | DESC])
);
```

为举例说明，先将上面创建的 student1 表删除，再重新创建一个没有任何索引的 student1 表。

【例 7-11】在 competition 数据库中，为已经存在的 student1 表的 st_no 字段添加名为 index_st_no 的普通索引。

在添加索引之前，先用 SHOW CREATE TABLE 语句查看 student1 表的结构，如图 7-18 所示，发现该表未对任何字段设置索引。

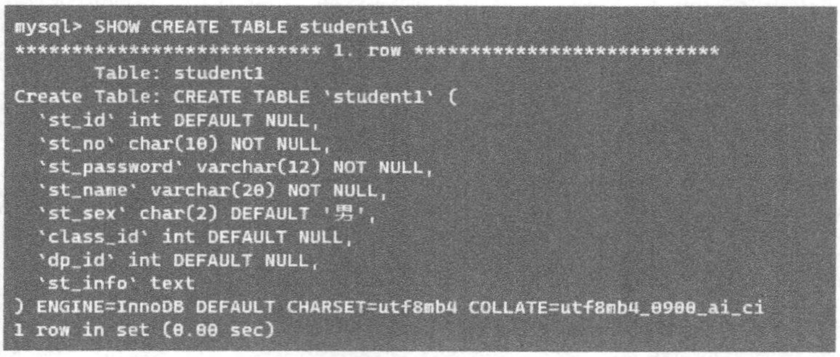

```
mysql> SHOW CREATE TABLE student1\G
*************************** 1. row ***************************
       Table: student1
Create Table: CREATE TABLE `student1` (
  `st_id` int DEFAULT NULL,
  `st_no` char(10) NOT NULL,
  `st_password` varchar(12) NOT NULL,
  `st_name` varchar(20) NOT NULL,
  `st_sex` char(2) DEFAULT '男',
  `class_id` int DEFAULT NULL,
  `dp_id` int DEFAULT NULL,
  `st_info` text
) ENGINE=InnoDB DEFAULT CHARSET=utf8mb4 COLLATE=utf8mb4_0900_ai_ci
1 row in set (0.00 sec)
```

图 7-18 查看 class 表未添加索引前的结构

然后输入如下代码：

```
ALTER TABLE student1 ADD INDEX  index_st_no(st_no);
```

运行结果如图 7-19 所示。

```
mysql> ALTER TABLE student1 ADD INDEX index_st_no(st_no);
Query OK, 0 rows affected (0.01 sec)
Records: 0  Duplicates: 0  Warnings: 0
```

图 7-19　在 student1 表中添加普通索引

使用 SHOW CREATE TABLE 语句再次查看 student1 表的结构，如图 7-20 所示，可以发现 st_no 字段的普通索引添加成功。

```
mysql> SHOW CREATE TABLE student1\G
*************************** 1. row ***************************
       Table: student1
Create Table: CREATE TABLE `student1` (
  `st_id` int DEFAULT NULL,
  `st_no` char(10) NOT NULL,
  `st_password` varchar(12) NOT NULL,
  `st_name` varchar(20) NOT NULL,
  `st_sex` char(2) DEFAULT '男',
  `class_id` int DEFAULT NULL,
  `dp_id` int DEFAULT NULL,
  `st_info` text,
  KEY `index_st_no` (`st_no`)
) ENGINE=InnoDB DEFAULT CHARSET=utf8mb4 COLLATE=utf8mb4_0900_ai_ci
1 row in set (0.00 sec)
```

图 7-20　查看 student1 表添加普通索引后的结构

【例 7-12】在 competition 数据库中，为已经存在的 student1 表的 st_id 字段添加名为 uni_st_id 的唯一索引。

```
ALTER TABLE student1 ADD UNIQUE INDEX uni_st_id(st_id);
```

运行结果如图 7-21 所示。

```
mysql> ALTER TABLE student1 ADD UNIQUE INDEX uni_st_id(st_id);
Query OK, 0 rows affected (0.01 sec)
Records: 0  Duplicates: 0  Warnings: 0
```

图 7-21　在 student1 表中添加唯一索引

【例 7-13】在 competition 数据库中，为已经存在的 student1 表的 st_no 和 st_name 字段添加名为 multi_st 的多列索引。

```
ALTER TABLE student1 ADD INDEX multi_st(st_name, st_no);
```

运行结果如图 7-22 所示。

```
mysql> ALTER TABLE student1 ADD INDEX multi_st(st_name,st_no);
Query OK, 0 rows affected (0.01 sec)
Records: 0  Duplicates: 0  Warnings: 0
```

图 7-22　在 student1 表中添加多列索引

【例 7-14】在 competition 数据库中，为已经存在的 student1 表的 st_info 字段添加名为 full_st_info 的全文索引。

```
ALTER TABLE student1 ADD FULLTEXT INDEX full_st_info(st_info);
```

运行结果如图 7-23 所示。

```
mysql> ALTER TABLE student1 ADD FULLTEXT INDEX full_st_info(st_info);
Query OK, 0 rows affected, 1 warning (0.08 sec)
Records: 0  Duplicates: 0  Warnings: 1
```

图 7-23　在 student1 表中添加全文索引

使用 SHOW CREATE TABLE 语句查看 student1 表的结构，如图 7-24 所示，可以发现，名为 uni_st_id 的唯一索引、名为 multi_st 的多列索引和名为 full_st_info 的全文索引添加成功。

```
mysql> SHOW CREATE TABLE student1\G
*************************** 1. row ***************************
       Table: student1
Create Table: CREATE TABLE `student1` (
  `st_id` int DEFAULT NULL,
  `st_no` char(10) NOT NULL,
  `st_password` varchar(12) NOT NULL,
  `st_name` varchar(20) NOT NULL,
  `st_sex` char(2) DEFAULT '男',
  `class_id` int DEFAULT NULL,
  `dp_id` int DEFAULT NULL,
  `st_info` text,
  UNIQUE KEY `uni_st_id` (`st_id`),
  KEY `index_st_no` (`st_no`),
  KEY `multi_st` (`st_name`,`st_no`),
  FULLTEXT KEY `full_st_info` (`st_info`)
) ENGINE=InnoDB DEFAULT CHARSET=utf8mb4 COLLATE=utf8mb4_0900_ai_ci
1 row in set (0.00 sec)
```

图 7-24　查看 student1 表添加索引后的结构

3. 删除索引

在已存在的表中，可以用 DROP INDEX 或 ALTER TABLE 语句删除索引。

1）使用 DROP INDEX 语句删除索引

使用 DROP INDEX 语句删除索引的基本语法格式如下：

```
DROP INDEX 别名 ON 表名;
```

【例 7-15】在 competition 数据库中，将为 student1 表的 st_no 字段设置的普通索引删除。

```
DROP INDEX index_st_no ON student1;
```

运行结果如图 7-25 所示。

```
mysql> DROP INDEX index_st_no ON student1;
Query OK, 0 rows affected (0.02 sec)
Records: 0  Duplicates: 0  Warnings: 0
```

图 7-25　删除 student1 表中的普通索引

2）使用 ALTER TABLE 语句删除索引

使用 ALTER TABLE 语句删除索引的基本语法格式如下：

```
ALTER TABLE 表名 DROP INDEX 别名;
```

【例 7-16】在 competition 数据库中，将为 student1 表的 st_name 和 st_no 字段设置的多列索引删除。

```
ALTER TABLE student1 DROP INDEX multi_st;
```

运行结果如图 7-26 所示。

```
mysql> ALTER TABLE student1 DROP INDEX multi_st;
Query OK, 0 rows affected (0.01 sec)
Records: 0  Duplicates: 0  Warnings: 0
```

图 7-26　删除 student1 表中的多列索引

使用 SHOW CREATE TABLE 语句查看 student1 表删除索引后的结构，如图 7-27 所示。可以看出，普通索引和多列索引已被删除，只剩下唯一索引和全文索引。

```
mysql> SHOW CREATE TABLE student1\G
*************************** 1. row ***************************
       Table: student1
Create Table: CREATE TABLE `student1` (
  `st_id` int DEFAULT NULL,
  `st_no` char(10) NOT NULL,
  `st_password` varchar(12) NOT NULL,
  `st_name` varchar(20) NOT NULL,
  `st_sex` char(2) DEFAULT '男',
  `class_id` int DEFAULT NULL,
  `dp_id` int DEFAULT NULL,
  `st_info` text,
  UNIQUE KEY `uni_st_id` (`st_id`),
  FULLTEXT KEY `full_st_info` (`st_info`)
) ENGINE=InnoDB DEFAULT CHARSET=utf8mb4 COLLATE=utf8mb4_0900_ai_ci
1 row in set (0.00 sec)
```

图 7-27　查看 student1 表删除索引后的结构

四、任务总结

本任务结合学生技能竞赛管理系统数据库中的各数据表，介绍了 MySQL 数据库索引的基础知识，包括创建索引和删除索引的方法（应该重点掌握创建索引的两种方法）。在实际项目中，读者应结合查询速度、磁盘空间、维护开销等因素尝试使用多个不同的索引，从而建立最优的索引。

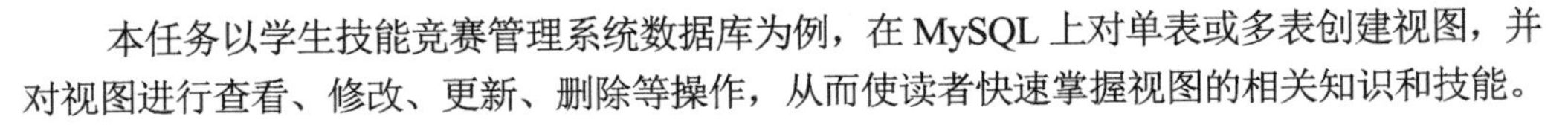

任务 2　视图的创建与管理

一、任务描述

微课视频

本任务以学生技能竞赛管理系统数据库为例，在 MySQL 上对单表或多表创建视图，并对视图进行查看、修改、更新、删除等操作，从而使读者快速掌握视图的相关知识和技能。

二、任务分析

视图和真实的表一样，包含一系列带有名称的行和列。但是，视图在数据库中并不以存储的数据值集的形式存在，它是一个虚拟表，视图中的数据来自当前或其他数据库中的一个或多个表，或者来自其他视图。通过视图进行查询没有任何限制，当修改视图中的数据时，基本表中相应的数据也会发生变化；当基本表中的数据发生变化时，视图中相应的数据也会产生变化。

与直接从数据表中读取数据相比，视图有以下三个优点。

① 视图能简化操作。视图可以使数据库看起来结构简单、清晰，并且可以简化用户的数据查询操作。例如，那些定义了若干个表连接的视图，就将表与表之间的连接操作对用户隐藏起来了。用户所做的只是对一个虚拟表的简单查询，而这个虚拟表是怎样得来的，用户无须了解。

② 视图能增强安全性。设计数据库应用系统时，对不同的用户定义不同的视图，使机密数据不会在不应该看到这些数据的用户视图上。这样，视图机制就自动提供了对机密数据的安全保护功能。

③ 视图能增强数据的逻辑独立性。数据的物理独立性是指用户的应用程序不依赖于数据库的物理结构。数据的逻辑独立性是指当数据库重构造时，如增加新的关系或对原有的关系增加新的字段时，用户的应用程序不受影响。层次数据库和网状数据库一般能较好地支持数据的物理独立性，而对于逻辑独立性则不能完全支持。

视图的缺点如下：

① 利用视图查询数据可能会很慢，如果视图是基于其他视图创建的，则会更慢；

② 视图是根据数据库中的基本表创建的，每当更改与其相关联的表的结构时，都必须更改视图。

创建视图时，需要注意以下三点：

① 定义视图的用户必须对所参照的表或视图有 SELECT 权限；

② 在定义中引用的表或视图必须存在；

③ 默认在当前数据库中创建视图，如果需要在指定数据库中创建视图，则需要指定具体数据库的名称。

查看视图是指查看数据库中已存在的视图的基本信息，包括视图的结构和视图的定义，查看视图的用户必须要具有 SHOW VIEW 的权限。

修改视图是指修改数据库中已存在的表的定义，当基本表的字段名或数据类型等信息改变时，可通过修改视图的方式确保其与基本表信息一致。

视图是一个虚拟表，本身是没有数据的，当视图中的数据改变时，基本表中的数据也会跟着发生改变，并不是所有的视图都可以更新，在以下 5 种情况下，视图是不能更新的。

① 视图中包含 COUNT()、SUM()、MAX()和 MIN()等函数。

② 视图中包含 UNION、UNION ALL、DISTINCT、GROUP BY 和 HAVING 等关键字。

③ 视图是常量视图。

④ 视图中的 SELECT 语句中包含子查询。

⑤ 创建视图时，设置 ALGORITHM 为 TEMPTABLE 类型。

删除视图是指删除数据库中已存在的视图，该操作只会删除视图的定义，不会删除原数据表中的数据，且用户必须具有 DROP 权限。

三、任务完成

1．创建视图

在 MySQL 中，可以通过 CREATE VIEW 语句来创建视图，基本语法格式如下：

```
CREATE [OR REPLACE] [ALGORITHM = {UNDEFINED | MERGE | TEMPTABLE}]
VIEW 视图名 [(字段名)]
AS SELECT 语句
[WITH [CASCADED | LOCAL] CHECK OPTION];
```

① OR REPLACE 是可选参数，表示用该语句替换已有视图。

② ALGORITHM 是可选参数，表示视图选择的算法，有三个选项：UNDEFINED 表示自动选择算法，MERGE 表示用视图定义的某一部分取代语句对应的部分，TEMPTABLE 表示将视图的结果存放在临时表中。

③ 字段名为视图的字段定义明确的名称，多个字段名之间用逗号隔开。

④ AS 指定视图要执行的操作。

⑤ SELECT 语句是一个完整的查询语句，表示从表中查询出满足条件的记录，将这些记录导入视图中，可在 SELECT 语句中查询多个表或视图。

⑥ WITH CHECK OPTION 是可选参数，表示要在权限范围之内创建视图。

⑦ CASCADED 是可选参数，表示创建视图时需要满足与该视图相关的所有条件。

⑧ LOCAL 是可选参数，表示创建视图时只需要满足视图本身定义的条件。

1）在单表上创建视图

【例 7-17】为数据库 competition 中的 student 表创建视图 st_man_view，包含男生的 st_no，st_name， st_sex 字段的信息。

在单表上创建视图前，先用 SELECT 语句查看 student 表的完整信息，如图 7-28 所示。

```
mysql> SELECT * FROM student;
+-------+------------+-------------+---------+--------+----------+-------+
| st_id | st_no      | st_password | st_name | st_sex | class_id | dp_id |
+-------+------------+-------------+---------+--------+----------+-------+
|     1 | 2017060201 | ABC123456   | 李国豪  | 男     |     NULL |  NULL |
|     2 | 2017060202 | 3324446     | 张晓英  | 女     |     NULL |  NULL |
|     3 | 2017060203 | A4324233    | 陈兵兵  | 男     |     NULL |  NULL |
|     4 | 2017060204 | rrew1234    | 黄云芳  | 女     |     NULL |  NULL |
|     5 | 2017060205 | ttr456743   | 谢峰    | 男     |     NULL |  NULL |
|     6 | 2017060206 | jrr43256    | 李明博  | 男     |     NULL |  NULL |
|     7 | 2017060207 | A7653262    | 张小静  | 女     |     NULL |  NULL |
+-------+------------+-------------+---------+--------+----------+-------+
7 rows in set (0.00 sec)
```

图 7-28 查看 student 表的完整信息

然后输入如下代码创建视图：

```
CREATE VIEW st_man_view
AS
SELECT st_no, st_name, st_sex FROM student WHERE st_sex= '男';
```

运行结果如图 7-29 所示。

```
mysql> CREATE VIEW st_man_view
    -> AS
    -> SELECT st_no,st_name,st_sex FROM student WHERE st_sex='男';
Query OK, 0 rows affected (0.01 sec)
```

图 7-29 创建视图 st_man_view

视图 st_man_view 创建后，通过 SELECT 语句查看视图中的数据，如图 7-30 所示。

```
mysql> SELECT * FROM st_man_view;
+------------+---------+--------+
| st_no      | st_name | st_sex |
+------------+---------+--------+
| 2017060201 | 李国豪  | 男     |
| 2017060203 | 陈兵兵  | 男     |
| 2017060205 | 谢峰    | 男     |
| 2017060206 | 李明博  | 男     |
+------------+---------+--------+
4 rows in set (0.01 sec)
```

图 7-30 查看视图 st_man_view 中的数据

从结果中可以看出，视图 st_man_view 成功创建。视图的内容来源于 student 单表，并且隐藏了 st_password 等字段的内容。以后若需要查看同样的信息，则只需要运行简单的查询语句就可以实现，大大简化了操作。

2）在多表上创建视图

【例 7-18】为数据库 competition 中的 department 表和 class 表创建一个视图 dp_class_view，视图内容包括 dp_name，class_name，class_grade 字段。

在多表上创建视图前，先用 SELECT 语句查看 department 表和 class 表的完整信息，如图 7-31 和图 7-32 所示。

```
mysql> SELECT * FROM department;
+-------+--------------+---------------+------------------------------------------------+
| dp_id | dp_name      | dp_phone      | dp_info                                        |
+-------+--------------+---------------+------------------------------------------------+
|     1 | 信息工程学院 | 0760-6249550  | 广东创新科技职业学院信息工程学院有4500名学生   |
|     2 | 财经学院     | 0760-6249553  | 广东创新科技职业学院财经学院有4800名学生       |
|     3 | 机电工程系   | 0760-6249522  | 广东创新科技职业学院机电工程系有2020名学生     |
|     4 | 建筑与设计学院 | 0760-6249554 | 广东创新科技职业学院建筑与设计学院有1800名学生 |
|     5 | 管理学院     | 0760-6249555  | 广东创新科技职业学院管理学院有1200名学生       |
|     6 | 人文教育学院 | 0760-6249556  | 广东创新科技职业学院人文教育学院有480名学生    |
+-------+--------------+---------------+------------------------------------------------+
6 rows in set (0.00 sec)
```

图 7-31　查看 department 表的完整信息

```
mysql> SELECT * FROM class;
+----------+----------+------------+-------------+-------+
| class_id | class_no | class_name | class_grade | dp_id |
+----------+----------+------------+-------------+-------+
|        1 | 04001    | 网络技术   | 15级        |     1 |
|        2 | 04002    | 网络技术   | 15级        |     1 |
|        3 | 05001    | 会计       | 15级        |     2 |
|        4 | 05002    | 会计       | 15级        |     2 |
|        5 | 04001    | 网络技术   | 14级        |     1 |
|        6 | 05001    | 会计       | 15级        |     2 |
|        7 | 05002    | 财务管理   | 15级        |     2 |
+----------+----------+------------+-------------+-------+
7 rows in set (0.00 sec)
```

图 7-32　查看 class 表的完整信息

然后输入如下代码：

```
CREATE VIEW dp_class_view
AS
SELECT departmentbak.dp_name,classbak.class_name,classbak.class_grade
FROM departmentbak,classbak WHERE departmentbak.dp_id=classbak.dp_id;
```

运行结果如图 7-33 所示。

```
mysql> CREATE VIEW dp_class_view
    -> AS
    -> SELECT department.dp_name,class.class_name,class.class_grade
    -> FROM department,class WHERE department.dp_id=class.dp_id;
Query OK, 0 rows affected (0.01 sec)
```

图 7-33　创建视图 dp_class_view

视图 dp_class_view 创建后，通过 SELECT 语句查看视图中的数据，如图 7-34 所示。

```
mysql> SELECT * FROM dp_class_view;
+--------------+------------+-------------+
| dp_name      | class_name | class_grade |
+--------------+------------+-------------+
| 信息工程学院 | 网络技术   | 15级        |
| 信息工程学院 | 网络技术   | 15级        |
| 信息工程学院 | 网络技术   | 14级        |
| 财经学院     | 会计       | 15级        |
| 财经学院     | 会计       | 15级        |
| 财经学院     | 会计       | 15级        |
| 财经学院     | 财务管理   | 15级        |
+--------------+------------+-------------+
7 rows in set (0.00 sec)
```

图 7-34　查看视图 dp_class_view 中的数据

从结果中可以看出，视图 dp_class_view 已经成功创建。视图的内容来源于数据库 competition 中的 department 表和 class 表。

2．查看视图

在 MySQL 中，查看视图的用户必须具有 SHOW VIEW 的权限。查看视图的方式有三种，分别是使用 DESCRIBE 语句、使用 SHOW TABLE STATUS 语句、使用 SHOW CREATE VIEW 语句。

1）使用 DESCRIBE 语句查看视图

DESCRIBE 语句可以简写为 DESC 语句，可用来查看表或视图的结构信息，语法格式如下：

```
DESCRIBE 视图名;
```

【例 7-19】 使用 DESCRIBE 语句查看上文中创建的视图 dp_class_view。

```
DESCRIBE dp_class_view;
```

运行结果如图 7-35 所示。

```
mysql> DESCRIBE dp_class_view;
+-------------+-------------+------+-----+---------+-------+
| Field       | Type        | Null | Key | Default | Extra |
+-------------+-------------+------+-----+---------+-------+
| dp_name     | varchar(20) | NO   |     | NULL    |       |
| class_name  | char(20)    | NO   |     | NULL    |       |
| class_grade | char(10)    | NO   |     | NULL    |       |
+-------------+-------------+------+-----+---------+-------+
3 rows in set (0.01 sec)
```

图 7-35　使用 DESCRIBE 语句查看视图 dp_class_view

图 7-35 中，视图 dp_class_view 的结构信息解释如下。

① Field：表示视图中的字段名称。

② Type：表示视图中字段的数据类型。

③ Null：表示视图中字段值是否可以为 NULL。

④ Key：表示该字段是否已经创建索引。

⑤ Default：表示该字段的默认值。

⑥ Extra：表示该字段的附加信息。

2）使用 SHOW TABLE STATUS 语句查看视图

在 MySQL 中，可以使用 SHOW TABLE STATUS 语句来查看视图的信息，语法格式如下：

```
SHOW  TABLE  STATUS  LIKE  '视图名';
```

其中，“LIKE”表示后面匹配的是字符串；“视图名”是指要查看的视图的名称，需要用单引号引起，可以是一个具体的视图名，也可以包含通配符。

【例 7-20】 使用 SHOW TABLE STATUS 语句查看上文中创建的视图 dp_class_view。

```
SHOW TABLE status LIKE 'dp_class_view'\G
```

运行结果如图 7-36 所示。

```
mysql> SHOW TABLE STATUS LIKE 'dp_class_view'\G
*************************** 1. row ***************************
           Name: dp_class_view
         Engine: NULL
        Version: NULL
     Row_format: NULL
           Rows: NULL
 Avg_row_length: NULL
    Data_length: NULL
Max_data_length: NULL
   Index_length: NULL
      Data_free: NULL
 Auto_increment: NULL
    Create_time: 2023-08-26 14:48:59
    Update_time: NULL
     Check_time: NULL
      Collation: NULL
       Checksum: NULL
 Create_options: NULL
        Comment: VIEW
1 row in set (0.01 sec)
```

图 7-36　使用 SHOW TABLE STATUS 语句查看视图 dp_class_view

由图 7-35 可以看到，视图 dp_class_view 的存储引擎、数据长度等信息都显示为 NULL，说明视图为虚拟表，与普通数据表是有区别的。使用 SHOW TABLE STATUS 语句查看 student 表，结果如图 7-37 所示。可以看出，student 表中的存储引擎、数据长度等信息是有具体值的。

```
mysql> SHOW TABLE STATUS LIKE 'student'\G
*************************** 1. row ***************************
           Name: student
         Engine: InnoDB
        Version: 10
     Row_format: Dynamic
           Rows: 7
 Avg_row_length: 2340
    Data_length: 16384
Max_data_length: 0
   Index_length: 49152
      Data_free: 0
 Auto_increment: 8
    Create_time: 2023-08-26 13:19:43
    Update_time: 2023-08-26 13:19:43
     Check_time: NULL
      Collation: utf8mb3_general_ci
       Checksum: NULL
 Create_options:
        Comment:
1 row in set (0.01 sec)
```

图 7-37　使用 SHOW TABLE STATUS 语句查看 student 表

3）使用 SHOW CREATE VIEW 语句查看视图

在 MySQL 中，使用 SHOW CREATE VIEW 语句可以查看视图的详细定义，语法格式如下：

```
SHOW CREATE VIEW 视图名;
```

【例 7-21】使用 SHOW CREATE VIEW 语句查看已创建的视图 dp_class_view。

```
SHOW CREATE VIEW dp_class_view\G
```

运行结果如图 7-38 所示。

```
mysql> SHOW CREATE VIEW dp_class_view\G
*************************** 1. row ***************************
                View: dp_class_view
         Create View: CREATE ALGORITHM=UNDEFINED DEFINER=`root`@`localh
ost` SQL SECURITY DEFINER VIEW `dp_class_view` AS select `department`.`
dp_name` AS `dp_name`,`class`.`class_name` AS `class_name`,`class`.`cla
ss_grade` AS `class_grade` from (`department` join `class`) where (`dep
artment`.`dp_id` = `class`.`dp_id`)
character_set_client: gbk
collation_connection: gbk_chinese_ci
1 row in set (0.00 sec)
```

图 7-38　使用 SHOW CREATE VIEW 语句查看视图 dp_class_view

运行结果显示了视图 dp_class_view 的详细信息，包括视图的各个属性、WITH LOCAL CHECK OPTION 条件和字符编码等。

3. 修改视图

在 MySQL 中，使用 CREATE OR REPLACE VIEW 语句和 ALTER VIEW 语句可以修改视图。

1）使用 CREATE OR REPLACE VIEW 语句修改视图

CREATE OR REPLACE VIEW 语句的使用方式非常灵活。在视图已经存在的情况下，可对视图进行修改；当视图不存在时，可以创建视图。CREATE OR REPLACE VIEW 语句的基本语法格式和 CREATE VIEW 语句相同。

【例 7-22】 使用 CREATE OR REPLACE VIEW 语句修改视图 st_man_view，将原来的 st_no，st_name，st_sex 这三个字段更换为 st_no，st_name，st_sex，st_password 这四个字段。

先使用 DESC 语句查看视图 st_man_view 的结构，以便进行对比，如图 7-39 所示。

```
mysql> DESC st_man_view;
+---------+-------------+------+-----+---------+-------+
| Field   | Type        | Null | Key | Default | Extra |
+---------+-------------+------+-----+---------+-------+
| st_no   | char(10)    | NO   |     | NULL    |       |
| st_name | varchar(20) | NO   |     | NULL    |       |
| st_sex  | char(2)     | YES  |     | 男      |       |
+---------+-------------+------+-----+---------+-------+
3 rows in set (0.00 sec)
```

图 7-39　查看修改前视图 st_man_view 的结构

然后输入如下代码：

```
CREATE OR REPLACE VIEW st_man_view
AS
SELECT st_no,st_name,st_sex,st_password
FROM student WHERE st_sex= '男';
```

运行结果如图 7-40 所示。

再次输入 DESC 语句查看修改后的视图 st_man_view，如图 7-41 所示。

```
mysql> CREATE OR REPLACE VIEW st_man_view
    -> AS
    -> SELECT st_no,st_name,st_sex,st_password
    -> FROM student WHERE st_sex='男';
Query OK, 0 rows affected (0.01 sec)
```

图 7-40　修改视图 st_man_view

```
mysql> DESC st_man_view;
+-------------+-------------+------+-----+---------+-------+
| Field       | Type        | Null | Key | Default | Extra |
+-------------+-------------+------+-----+---------+-------+
| st_no       | char(10)    | NO   |     | NULL    |       |
| st_name     | varchar(20) | NO   |     | NULL    |       |
| st_sex      | char(2)     | YES  |     | 男      |       |
| st_password | varchar(12) | NO   |     | NULL    |       |
+-------------+-------------+------+-----+---------+-------+
4 rows in set (0.00 sec)
```

图 7-41　查看修改后的视图 st_man_view

从结果中可以看到，修改后的新视图 st_man_view 比原视图多了一个字段 st_password。

2）使用 ALTER VIEW 语句修改视图

使用 ALTER VIEW 语句可以改变视图的定义，包括有定义索引的视图，但不影响所依赖的存储过程或触发器，该语句与 CREATE VIEW 语句有着同样的限制：如果删除索引并重建了一个视图，就必须重新为它分配权限。

其基本语法格式如下：

```
ALTER [ ALGORITHM = { UNDEFINED | MERGE | TEMPTABLE } ]
VIEW 视图名 [ ( 字段名 ) ]
AS SELECT 语句
[ WITH [ CASCADED | LOCAL ] CHECK OPTION ] ;
```

相关参数含义详见上文中的“创建视图”部分。

【例 7-23】使用 ALTER VIEW 语句修改已创建的视图 st_man_view，将视图中的字段信息改为 st_no 和 st_sex 字段的信息。

```
ALTER VIEW  st_man_view
AS
SELECT st_no, st_sex FROM student WHERE st_sex= '男';
```

运行结果如图 7-42 所示。

```
mysql> ALTER VIEW st_man_view
    -> AS
    -> SELECT st_no,st_sex FROM student WHERE st_sex='男';
Query OK, 0 rows affected (0.01 sec)
```

图 7-42　修改视图 st_man_view

上述语句运行成功后，可以使用 DESC 语句查看修改后的视图，结果如图 7-43 所示。

```
mysql> DESC st_man_view;
+--------+----------+------+-----+---------+-------+
| Field  | Type     | Null | Key | Default | Extra |
+--------+----------+------+-----+---------+-------+
| st_no  | char(10) | NO   |     | NULL    |       |
| st_sex | char(2)  | YES  |     | 男      |       |
+--------+----------+------+-----+---------+-------+
2 rows in set (0.00 sec)
```

图 7-43　查看修改后的视图 st_man_view

4．更新视图

因为视图是一个虚拟表，表中没有数据，所以在更新视图时，要转换到基本表中来更新。更新视图时，只能更新用户权限范围内的数据，超出了权限范围，就不能更新了。可以使用 UPDATE、INSERT 语句来更新视图中的数据，以及使用 DELETE 语句删除视图中的数据。

1）使用 UPDATE 语句更新视图

【例 7-24】使用 UPDATE 语句更新视图 dp_class_view 中 class_name 字段对应的值，将原来的值“财务管理”改为“电子商务”。

先用 SELECT 语句查看更新前视图 dp_class_view 中的数据，结果如图 7-44 所示。

```
mysql> SELECT * FROM dp_class_view;
+--------------+------------+-------------+
| dp_name      | class_name | class_grade |
+--------------+------------+-------------+
| 信息工程学院 | 网络技术   | 15级        |
| 信息工程学院 | 网络技术   | 15级        |
| 信息工程学院 | 网络技术   | 14级        |
| 财经学院     | 会计       | 15级        |
| 财经学院     | 会计       | 15级        |
| 财经学院     | 会计       | 15级        |
| 财经学院     | 财务管理   | 15级        |
+--------------+------------+-------------+
7 rows in set (0.00 sec)
```

图 7-44　查看更新前视图 dp_class_view 中的数据

然后使用 UPDATE 语句更新视图 dp_class_view 中的数据：

```
UPDATE dp_class_view SET class_name='电子商务'
WHERE class_name='财务管理';
```

运行结果如图 7-45 所示。

```
mysql> UPDATE dp_class_view SET class_name='电子商务'
    -> WHERE class_name='财务管理';
Query OK, 1 row affected (0.01 sec)
Rows matched: 1  Changed: 1  Warnings: 0
```

图 7-45　更新视图 dp_class_view 中的数据

使用 SELECT 语句查看更新后的视图 dp_class_view 中的数据，如图 7-46 所示，由结果可知，更新成功。

```
mysql> SELECT * FROM dp_class_view;
+--------------+------------+-------------+
| dp_name      | class_name | class_grade |
+--------------+------------+-------------+
| 信息工程学院 | 网络技术   | 15级        |
| 信息工程学院 | 网络技术   | 15级        |
| 信息工程学院 | 网络技术   | 14级        |
| 财经学院     | 会计       | 15级        |
| 财经学院     | 会计       | 15级        |
| 财经学院     | 会计       | 15级        |
| 财经学院     | 电子商务   | 15级        |
+--------------+------------+-------------+
7 rows in set (0.00 sec)
```

图 7-46　查看更新后视图 dp_class_view 中的数据

再通过 SELECT 语句查看更新后原表 class 中的数据，如图 7-47 所示，可以看到，视图更新时，原表也一起更新。

```
mysql> SELECT * FROM class;
+----------+----------+------------+-------------+-------+
| class_id | class_no | class_name | class_grade | dp_id |
+----------+----------+------------+-------------+-------+
|        1 | 04001    | 网络技术   | 15级        |     1 |
|        2 | 04002    | 网络技术   | 15级        |     1 |
|        3 | 05001    | 会计       | 15级        |     2 |
|        4 | 05002    | 会计       | 15级        |     2 |
|        5 | 04001    | 网络技术   | 14级        |     1 |
|        6 | 05001    | 会计       | 15级        |     2 |
|        7 | 05002    | 电子商务   | 15级        |     2 |
+----------+----------+------------+-------------+-------+
7 rows in set (0.00 sec)
```

图 7-47　查看更新后原表 class 中的数据

2）使用 INSERT 语句更新视图

【例 7-25】使用 INSERT 语句向 class 表中插入一条记录，从而使视图 dp_class_view 中对应增加一条记录。

```
INSERT INTO class(class_no,class_name,class_grade,dp_id)
VALUES('04003','计算机应用技术','14 级','1');
```

运行结果如图 7-48 所示。

```
mysql> INSERT INTO class(class_no,class_name,class_grade,dp_id)
    -> VALUES('04003','计算机应用技术','14级','1');
Query OK, 1 row affected (0.01 sec)
```

图 7-48　更新 class 表中的数据

使用 SELECT 语句查看更新后原表 class 中的数据，如图 7-49 所示，由结果可知，更新成功。

```
mysql> SELECT * FROM class;
+----------+----------+----------------+-------------+-------+
| class_id | class_no | class_name     | class_grade | dp_id |
+----------+----------+----------------+-------------+-------+
|        1 | 04001    | 网络技术       | 15级        |     1 |
|        2 | 04002    | 网络技术       | 15级        |     1 |
|        3 | 05001    | 会计           | 15级        |     2 |
|        4 | 05002    | 会计           | 15级        |     2 |
|        5 | 04001    | 网络技术       | 14级        |     1 |
|        6 | 05001    | 会计           | 15级        |     2 |
|        7 | 05002    | 电子商务       | 15级        |     2 |
|        8 | 04003    | 计算机应用技术 | 14级        |     1 |
+----------+----------+----------------+-------------+-------+
8 rows in set (0.00 sec)
```

图 7-49　查看更新后原表 class 中的数据

再通过 SELECT 语句查看视图 dp_class_view 中的数据，如图 7-50 所示，可以看到，更新之后，视图中的数据也一起更新。

```
mysql> SELECT * FROM dp_class_view;
+--------------+----------------+-------------+
| dp_name      | class_name     | class_grade |
+--------------+----------------+-------------+
| 信息工程学院 | 网络技术       | 15级        |
| 信息工程学院 | 网络技术       | 15级        |
| 信息工程学院 | 网络技术       | 14级        |
| 信息工程学院 | 计算机应用技术 | 14级        |
| 财经学院     | 会计           | 15级        |
| 财经学院     | 会计           | 15级        |
| 财经学院     | 会计           | 15级        |
| 财经学院     | 电子商务       | 15级        |
+--------------+----------------+-------------+
8 rows in set (0.00 sec)
```

图 7-50　查看更新后视图 dp_class_view 中的数据

3）使用 DELETE 语句删除视图中的数据

【例 7-26】 使用 DELETE 语句删除视图 st_man_view 中的学号为“2017060205”的一条记录，从而使 student 表中对应的记录也被删除。

```
DELETE FROM st_man_view  WHERE  st_no='2017060205';
```

运行结果如图 7-51 所示。

```
mysql> DELETE FROM st_man_view WHERE st_no='2017060205';
Query OK, 1 row affected (0.01 sec)
```

图 7-51　删除视图 st_man_view 中的数据

请读者自行使用 SELECT 语句查看修改后视图 st_man_view 中的数据和 student 表中的数据，可以发现，当删除视图中的记录时，对应的原表中的记录也被删除了。

5. 删除视图

在 MySQL 中，删除视图通过 DROP VIEW 语句实现，基本语法格式如下：

```
DROP VIEW [IF EXISTS]
视图名列表
[RESTRICT | CASCADE]
```

① IF EXISTS 为可选参数，判断视图是否存在，不存在则不运行，存在则运行。

② “视图名列表”表示要删除的视图名称列表，各个视图名之间用逗号隔开。

③ RESTRICT 表示只有不存在相关视图和完整性约束的视图才能删除。

④ CASCADE 表示任何相关视图和完整性约束一并被删除。

【例 7-27】使用 DROP VIEW 语句删除视图 dp_class_view。

```
DROP VIEW IF EXISTS dp_class_view;
```

运行结果如图 7-52 所示。

```
mysql> DROP VIEW IF EXISTS dp_class_view;
Query OK, 0 rows affected (0.01 sec)
```

图 7-52　删除视图 dp_class_view

为了验证视图是否真正删除成功，可使用 SHOW CREATE VIEW 语句查看视图，运行结果如图 7-53 所示。

```
mysql> SHOW CREATE VIEW dp_class_view;
ERROR 1146 (42S02): Table 'competition.dp_class_view' doesn't exist
```

图 7-53　查看视图 dp_class_view 是否删除成功

结果显示，视图 dp_class_view 不存在，说明视图删除成功。

四、任务总结

本任务结合学生技能竞赛管理系统数据库，阐述了索引的创建与删除、视图的创建与管理。需要注意视图与表的联系和差别。本任务介绍了创建视图、查看视图、修改视图、更新视图、删除视图的方法，其中创建视图、修改视图是本章的重点内容，这部分内容比较多，也比较复杂，希望读者多操作、多练习。创建视图和修改视图后一定要查看视图的结构，确保创建和修改视图的操作正确。更新视图时若遇到一些不能更新的情况，可根据文中提到的不能更新的因素逐个排除和分析。

拓展阅读

索引是帮助 MySQL 高效获取数据的数据结构。

数据查询是数据库的最主要功能。我们都希望数据查询的速度尽可能快，因此数据库系统的设计者经常从查询算法的角度对数据库进行优化。

最基本的查询算法是顺序查找（Linear Search），但这种算法在数据量很大时不适用。在计算机科学的发展过程中，出现了很多优秀的查找算法，如二分查找、二叉树查找等。二分查找要求被检索的数据有序，二叉树查找应用于二叉树上，需要数据库系统维护满足特定查找算法的数据结构，这种数据结构以某种方式引用（指向）数据，这样就可以在这些数据结构上实现高级查找算法。这种数据结构就是索引。

索引可以加快查询速度，但并不是所有查询语句都需要建立索引。因为索引虽然加快了查询速度，但也是有代价的。索引文件本身要消耗存储空间，同时索引会加重插入、删除和修改记录时的负担。另外，MySQL 在运行时也要消耗资源维护索引，因此索引并不是越多越好的。

一般在两种情况下不建议创建索引：一种情况是表中的记录比较少，如对于只有一两千条甚至几百条记录的表，没必要创建索引；另一种情况是索引的选择性较低。所谓索引的选择性，是指不重复的索引值与表中记录数的比值，选择性越高的索引，价值越大，这是由 B+树的性质决定的。

MySQL 本身存在很复杂的机制，查询优化策略和各种引擎的实现差异等都会使情况变得更加复杂。但这些理论是索引调优的基础，只有在明白理论的基础上，才能首先对调优策略进行合理推断并了解其背后的机制，然后结合实践中不断的实验和摸索，真正达到高效使用 MySQL 索引的目的。

实践训练

【实践任务 1】

在 competition 数据库中，创建一个 performance 表，使用三种不同的方法创建索引。performance 表的内容如表 7-1 所示。

表 7-1 performance 表

字段名	数据类型	主键	外键	非空	唯一	自动增长
id	INT	是	否	是	是	是
st_name	VARCHAR(20)	否	否	否	否	否
st_sex	VARCHAR(6)	否	否	否	否	否
tc_name	VARCHAR(20)	否	否	否	否	否
score	INT(10)	否	否	是	否	否
info	TEXT	否	否	否	否	否

其中，在 id 字段上创建名为 perf_id 的唯一索引，在 st_name 和 tc_name 字段上创建名为 perf_na 的多列索引，在 info 字段创建名为 perf_info 的全文索引。

【实践任务 2】

使用 DROP INDEX 语句删除实践任务 1 中的所有索引。

【实践任务 3】

在 performance 表上创建视图 perf_view，视图中的字段包括 st_name，st_sex，score。

【实践任务 4】

在视图 perf_view 中插入几条记录，查看记录是否插入成功。

【实践任务 5】

修改视图 perf_view，将视图中的条件设置为 st_sex 等于“男”。

【实践任务 6】

删除视图 perf_view。

项目八　数据库安全及性能优化

学习目标

☑ 项目任务

任务 1　数据库用户管理

任务 2　数据库权限管理

任务 3　数据库性能优化

☑ 知识目标

（1）掌握创建用户、删除用户的方法

（2）掌握修改用户密码的方法

（3）掌握用户权限授予与回收的方法

（4）掌握优化服务器、分析数据表、优化查询的方法

☑ 能力目标

（1）能够创建用户、删除用户

（2）能够修改用户密码

（3）能够授予与回收用户权限

（4）能够优化服务器，分析数据表，以及优化查询

☑ 素质目标

（1）形成自主好学的学习态度

（2）养成务实解决问题的习惯

（3）培养团队协作的精神

☑ 思政引领

（1）了解数据库管理员需要遵守的职业道德，在日常工作过程中提高警惕性，遵守最高级别的安全要求，确保所有数据库在安全环境中运行。

（2）数据库管理员要有工匠精神，以保证数据的一致性、准确性、完整性和安全性，并为客户提供高质量的服务，要确保客户的问题得到及时解决和处理。

知识导图

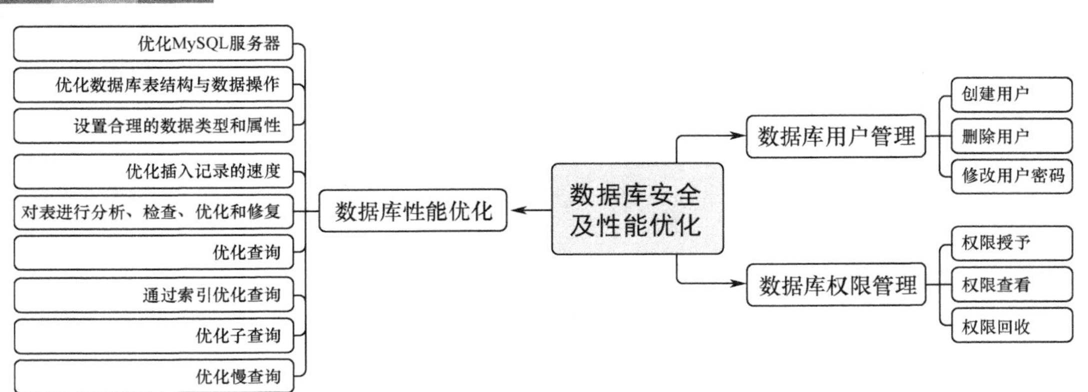

任务1　数据库用户管理

一、任务描述

微课视频

MySQL 8.0 已经发布 GA 版，相对于之前的版本，本教材使用的 MySQL 8.0.33 版本在性能、效率和功能上都有所提升，为开发者提供了更便捷、高效的服务。MySQL 系统中有两类用户，分别是 root 用户和普通用户。root 用户是管理员用户，具有最高的权限，可以对整个数据库系统进行管理操作，具有创建用户、删除用户、管理用户的权限等。而普通用户只能够根据被赋予的某些权限进行管理操作。在 MySQL 8.0 中，经过代码重构，优化器更加强大，新增了一些特性。MySQL 8.0 在创建用户、修改密码、授权等语句的使用上与旧版本均有所不同。为了更好、更安全地管理数据库，本任务以不同的方式进行创建用户、修改用户密码，以及删除用户等操作。

二、任务分析

安装 MySQL 时，数据库系统默认安装一个名为 mysql 的数据库，该数据库不能删除，否则系统将无法正常运行，mysql 数据库中包含了大量的表，如 user、coumns_piv、host、proc、event、servers 等，其中 user 表就是用户管理表。

user 表中含有 42 个字段，可以用以下语句查看该表中的信息，在 MySQL 8.0 中，原来的 password 字段被更换成了 authentication_string 字段。

```
SELECT * FROM mysql.user;
```

这些字段大致可以分为四类，具体如下。

1. 用户类字段

当应用程序操作数据库之前，必须先与数据库建立连接，建立连接时用到的主机名、用户名和密码就是 user 表中的 host、user、authentication_string 字段，这些字段就是用户类字段。

建立数据库连接时，输入的信息必须与这三个字段的内容相匹配。

可以用以下语句查看 user 表中用户类字段的内容：

```
SELECT  host,user,authentication_string  FROM  mysql.user;
```

2. 权限类字段

在 user 表中，权限类字段有 20 多个，其中包括 Select_priv、Insert_priv、Update_priv、Delete_priv、Create_priv 等以 priv 结尾的字段，这些字段的取值对整个数据库有效，它的取值只有 N 或 Y，其中 N 表示该用户不具有相应的权限，Y 表示该用户具有相应的权限。安全起见，普通用户的权限类字段的值默认是 N，也就是说，如果普通用户要具有相应的权限，必须把相应字段的值由 N 改为 Y。

可以通过以下语句查看以上 5 个权限类字段的值。

```
SELECT Select_priv, Insert_priv, Update_priv, Delete_priv, Create_priv FROM
mysql.user;
```

3. 安全类字段

在 user 表中，有 6 个字段用于管理用户的安全信息，具体如下。

① ssl_tpye 和 ssl_cipher：用于加密。

② x509_issuer 和 x509_subject：用于标识用户。

③ plugin 和 authentication_string：用于存储与授权相关的插件。

4. 资源控制类字段

在 user 表中，用于限制用户使用资源的字段有四个，具体如下。

① max_questions：表示每小时内允许用户执行查询数据库操作的次数。

② max_updates：表示每小时内允许用户执行更新数据库操作的次数。

③ max_connections：表示每小时内允许用户执行连接数据库操作的次数。

④ max_user_conntions：表示单个用户同时连接数据库的个数。

三、任务完成

数据库系统安装的时候，默认创建了一个用户 root，这是管理员用户，具有管理整个数据库系统的权限。安全起见，还应该为每个数据库建立普通用户，并根据应用程序的需要为每个普通用户授予相应的权限。

1. 创建用户

1）使用 CREATE USER 语句创建用户

使用 CREATE USER 语句创建用户是比较常用的方法，这种方法安全、准确、错误少，但是创建的用户没有任何权限，如果需要设置权限，那么需要借助其他授权语句进行。权限的管理将在后面的内容中详细介绍。

CREATE USER 语句的语法格式如下：

```
CREATE USER 'username' @ 'hostname' IDENTIFIED  BY 'new_passwrod';
```

【例 8-1】使用 CREATE USER 语句为数据库创建一个用户，用户名为 tc_user，密码为 tc123456。

```
CREATE USER 'tc_user'@'localhost'
IDENTIFIED  BY  'tc123456';
```

运行结果如图 8-1 所示。

```
mysql> CREATE USER 'tc_user'@'localhost'
    -> IDENTIFIED  BY  'tc123456';
Query OK, 0 rows affected (0.03 sec)
```

图 8-1 创建用户 tc_user

使用以上语句创建用户之后，用 SELECT 语句验证创建用户是否成功：

```
SELECT host,user,authentication_string FROM mysql.user;
```

运行结果如图 8-2 所示。

```
mysql> SELECT host,user,authentication_string FROM mysql.user;
+-----------+------------------+------------------------------------------------------------------------+
| host      | user             | authentication_string                                                  |
+-----------+------------------+------------------------------------------------------------------------+
| localhost | mysql.infoschema | $A$005$THISISACOMBINATIONOFINVALIDSALTANDPASSWORDTHATMUSTNEVERBRBEUSED |
| localhost | mysql.session    | $A$005$THISISACOMBINATIONOFINVALIDSALTANDPASSWORDTHATMUSTNEVERBRBEUSED |
| localhost | mysql.sys        | $A$005$THISISACOMBINATIONOFINVALIDSALTANDPASSWORDTHATMUSTNEVERBRBEUSED |
| localhost | root             | $A$005$?Jr[□P/□p04u□2 HBHSHf8XR.KbYNUfuEJk5sUUcpPvFLNvDfkX.Mw9M/3J4x3 |
| localhost | tc_user          | $A$005$G□RM xsM□e□□ 7
!3%NN0pmqq2E0q/rrXXwxTarRrUz/usL4J2QaQ2CmRdm.OB |
+-----------+------------------+------------------------------------------------------------------------+
5 rows in set (0.00 sec)
```

图 8-2 验证创建用户是否成功

从结果中可以看到，tc_user 用户已经创建成功。

2）使用 INSERT 语句创建用户

使用 INSERT 语句创建用户，即向 user 表中插入用户信息，该操作和向普通表中添加一条记录一样，但执行该操作的用户必须拥有对 mysql.user 表的 INSERT 权限。通常使用 INSERT 语句只能添加 host,user, authentication_string 这三个字段的值。

使用 INSERT 语句创建用户的语法格式如下：

```
INSERT INTO mysql.user (
host,user,authentication_string,ssl_cipher,x509_issuer,x509_subject)
VALUES('hostname','username','password', ' ', ' ', ' ');
```

以上语法中，因为 user 表中的 ssl_cipher、x509_issuer、x509_subject 字段没有默认值，所以需要为这三个字段添加一个值，值为 NULL 即可。

【例 8-2】 使用 INSERT 语句为数据库创建一个用户，主机名为 hostname，用户名为 username，密码为 password。

```
INSERT INTO mysql.user(
host,user,authentication_string,ssl_cipher,x509_issuer,x509_subject)
VALUES('hostname','username','password', ' ', ' ', ' ');
```

运行结果如图 8-3 所示。

```
mysql> INSERT INTO mysql.user (
    -> host,user, authentication_string,ssl_cipher,x509_issuer,x509_subject )
    -> VALUES('hostname','username','password', ' ', ' ', ' ');
Query OK, 1 row affected (0.06 sec)
```

图 8-3 创建用户 username

使用以上语句创建用户之后，用 SELECT 语句验证创建用户是否成功：

```
SELECT host,user FROM mysql.user;
```

运行结果如图 8-4 所示。

```
mysql> SELECT host,user FROM mysql.user;
+-----------+------------------+
| host      | user             |
+-----------+------------------+
| hostname  | username         |
| localhost | mysql.infoschema |
| localhost | mysql.session    |
| localhost | mysql.sys        |
| localhost | root             |
| localhost | tc_user          |
+-----------+------------------+
6 rows in set (0.01 sec)
```

图 8-4 验证创建用户是否成功

从结果中可以看到，username 用户已经创建成功。

2．删除用户

在 MySQL 中，可以创建用户，也可以删除用户。删除用户有两种方法，分别为使用 DROP USER 语句和使用 DELETE 语句，下面分别介绍这两种方法。

1）使用 DROP USER 语句删除用户

使用 DROP USER 语句删除用户时，执行该操作的用户需要具有 DROP USER 的权限。

使用 DROP USER 语句删除用户的语法格式如下：

```
DROP USER 'username' @ 'hostname';
```

【例 8-3】 使用 DROP USER 语句删除学生技能竞赛管理系统数据库 competition 中的 tc_user 用户。

```
DROP USER 'tc_user'@'localhost';
```

运行结果如图 8-5 所示。

```
mysql> DROP USER 'tc_user'@'localhost';
Query OK, 0 rows affected (0.01 sec)
```

图 8-5　删除用户

使用以上语句删除用户之后，用 SELECT 语句验证是否删除成功：

```
SELECT host,user FROM mysql.user;
```

运行结果如图 8-6 所示。

```
mysql> SELECT host,user FROM mysql.user;
+-----------+------------------+
| host      | user             |
+-----------+------------------+
| hostname  | username         |
| localhost | mysql.infoschema |
| localhost | mysql.session    |
| localhost | mysql.sys        |
| localhost | root             |
+-----------+------------------+
5 rows in set (0.00 sec)
```

图 8-6　验证是否删除成功

从结果中可以看到，tc_user 用户已经成功删除。

2）使用 DELETE 语句删除用户

使用 DELETE 语句删除用户的操作与删除普通表中的数据一样，但执行该操作的用户必须具有 DELETE 的权限。语法格式如下：

```
DELETE FROM mysql.user
WHERE host='hostname'  AND user='username';
```

【例 8-4】使用 DELETE 语句删除学生技能竞赛管理系统数据库 competition 中的 username 用户。

```
DELETE FROM mysql.user
WHERE host='hostname'  AND user='username';
```

运行结果如图 8-7 所示。

```
mysql> DELETE FROM mysql.user
    -> WHERE host='hostname'  AND user='username';
Query OK, 1 row affected (0.00 sec)
```

图 8-7　删除用户

使用以上语句删除用户之后，用 SELECT 语句验证是否删除成功：

```
SELECT host,user FROM mysql.user;
```

运行结果如图 8-8 所示。

```
mysql> SELECT host,user FROM mysql.user;
+-----------+------------------+
| host      | user             |
+-----------+------------------+
| localhost | mysql.infoschema |
| localhost | mysql.session    |
| localhost | mysql.sys        |
| localhost | root             |
+-----------+------------------+
4 rows in set (0.00 sec)
```

图 8-8　验证是否删除成功

从结果中可以看到，username 用户已经成功删除。

3．修改用户密码

在 MySQL 系统中，用户密码至关重要，一旦密码被泄漏给非法用户，非法用户就可能获得或者破坏数据库中的数据。所以密码一旦丢失，就应该立即修改密码。默认用户 root 是管理员用户，root 用户不仅可以修改自己的密码，还可以修改普通用户的密码，而普通用户只能修改自己的密码。修改用户密码的方法有如下三种。

1）修改 root 用户密码

① 使用 UPDATE 语句修改密码：使用 UPDATE 语句修改 root 用户的密码的操作和修改普通表中的数据一样，root 用户的密码保存在 mysql.user 表中，所以 root 用户登录到数据库之后，就可以使用 UPDATE 语句修改密码了。

使用 UPDATE 语句修改密码的语法格式如下：

```
UPDATE  mysql.user  SET authentication_string='new_password'  WHERE
user='username'  AND host='hostname';
```

修改成功后要使用 FLUSH PRIVILEGES 语句重新加载权限表，否则修改之后的密码无法生效。

【例 8-5】使用 UPDATE 语句修改学生技能竞赛管理系统数据库 competition 中 root 用户的密码，新密码为 C123456。

root 用户登录到数据库之后，运行 SQL 语句：

```
UPDATE  mysql.user  SET authentication_string='C123456'
WHERE user='root'  AND host='localhost';
```

运行结果如图 8-9 所示。

```
mysql> UPDATE  mysql.user  SET authentication_string='C123456'
    -> WHERE user='root'  AND host='localhost';
Query OK, 1 row affected (0.01 sec)
Rows matched: 1  Changed: 1  Warnings: 0
```

图 8-9　使用 UPDATE 语句修改密码

② 使用 ALTER USER 语句修改密码：root 用户可以使用 ALTER USER 语句修改密码。

语法格式如下：

```
ALTER USER ' username '@' hostname ' IDENTIFIED WITH mysql_native_password
BY 'new_password';
```

【例 8-6】在 MySQL 命令行窗口中，通过 ALTER USER 语句修改学生技能竞赛管理系统数据库 competition 中 root 用户的密码，新密码为 c123456。

root 用户登录到数据库之后，运行 SQL 语句：

```
ALTER USER 'root'@'localhost' IDENTIFIED WITH
mysql_native_password BY 'c123456';
```

运行结果如图 8-10 所示。

```
mysql> ALTER USER ' root'@'localhost' IDENTIFIED WITH
    -> mysql_native_password BY 'c123456';
Query OK, 0 rows affected (0.01 sec)
```

图 8-10　使用 ALTER USER 语句修改密码

③ 使用 SET 语句修改密码：除前面两种修改密码的方法以外，还可以直接使用 SET 语句修改

root 用户的密码，需要特别注意的是，使用 SET 语句修改的密码是不加密的。语法格式如下：

```
SET PASSWORD='new_password';
```

root 用户登录数据库之后，就可以利用上面的语句修改密码了。

【例 8-7】 在 MySQL 命令行窗口中，通过 SET 语句修改学生技能竞赛管理系统数据库 competition 中 root 用户的密码，新密码为 123456。

```
SET PASSWORD='123456';
```

运行结果如图 8-11 所示。

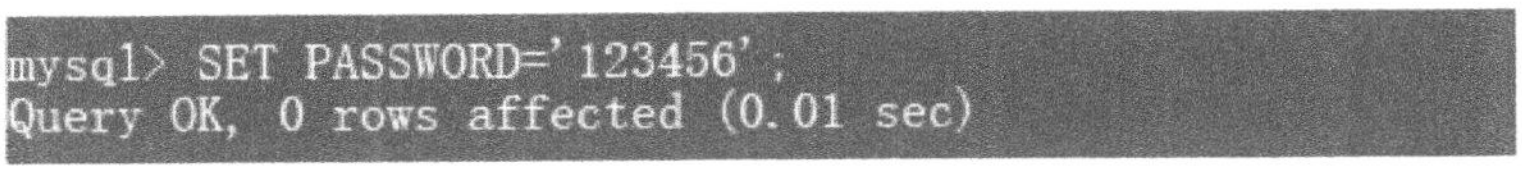

```
mysql> SET PASSWORD='123456';
Query OK, 0 rows affected (0.01 sec)
```

图 8-11　使用 SET 语句修改密码

2）修改普通用户的密码

root 用户除可以修改自己的密码外，还具有修改普通用户密码的权限，root 用户可利用两种方法修改普通用户的密码，下面分别介绍。

① 使用 UPDATE 语句修改普通用户的密码：使用 UPDATE 语句修改普通用户的密码与修改 root 用户密码的方法相同，修改成功后要使用 FLUSH PRIVILEGES 语句重新加载权限表，否则修改之后的密码无法生效。

```
UPDATE  mysql.user  SET authentication_string='new_password'  WHERE
user='username'  AND host='hostname';
```

【例 8-8】 在 MySQL 命令行窗口中，通过 UPDATE 语句修改数据库中 sel_user 用户的密码，新密码为 123123。

```
UPDATE  mysql.user  SET authentication_string='123123'
WHERE user='st_user'  AND host='hostname';
```

运行结果如图 8-12 所示。

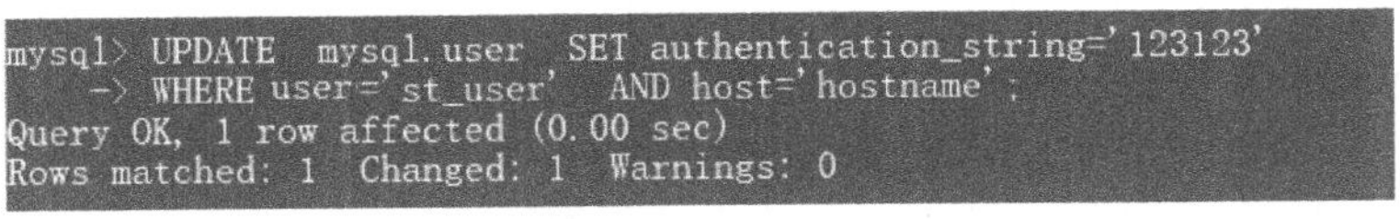

```
mysql> UPDATE  mysql.user  SET authentication_string='123123'
    -> WHERE user='st_user'  AND host='hostname';
Query OK, 1 row affected (0.00 sec)
Rows matched: 1  Changed: 1  Warnings: 0
```

图 8-12　使用 UPDATE 语句修改密码

② 使用 SET 语句修改普通用户的密码：使用 SET 语句修改普通用户的密码与修改 root 用户密码的方法基本相同，不同的是，需要加 FOR 子句指定要修改哪个用户的密码，语法格式如下：

```
SET PASSWORD FOR  'username'@'hostname'= 'new_password';
```

【例 8-9】 在 MySQL 命令行窗口中，使用 SET 语句修改数据库系统中 st_user 用户的密码，新密码为 st123456。

```
SET PASSWORD FOR 'st_user'@'hostname'='st123456';
```

运行结果如图 8-13 所示。

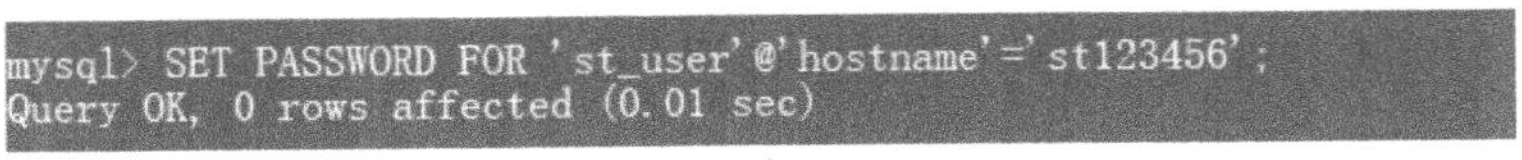

```
mysql> SET PASSWORD FOR 'st_user'@'hostname'='st123456';
Query OK, 0 rows affected (0.01 sec)
```

图 8-13　使用 SET 语句修改密码

3）普通用户修改自己的密码

普通用户也具有修改自己密码的权限，方法与 root 用户修改密码一样，但需要先用有效的普通用户名及密码登录到 MySQL，再使用 SET 语句修改自己的密码，语法格式如下：

```
SET PASSWORD='new_password';
```

【例 8-10】普通用户 testuser 通过原密码 st123456 登录到 MySQL 之后，将密码改为 123456。

```
SET PASSWORD='123456';
```

运行结果如图 8-14 所示。

```
mysql> SET PASSWORD='123456';
Query OK, 0 rows affected (0.01 sec)
```

图 8-14 普通用户使用 SET 语句修改密码

四、任务总结

本任务主要介绍数据库用户管理，通过三个方面介绍了用户的管理方式，一是以 root 用户的身份采用两种方法创建普通用户，以及采用两种方法删除普通用户；二是以 root 用户的身份修改自己的密码，以及修改普通用户的密码；三是普通用户修改自己的密码。通过以上介绍，读者可以学会利用 root 用户管理普通用户的方法，了解普通用户只能够根据被赋予的某些权限进行管理操作。

任务 2　数据库权限管理

一、任务描述

微课视频

数据库的安全关系到整个应用系统的安全，其很大程度上依赖于用户权限的管理，数据库管理员应该为每个数据库的普通用户设置相应的权限。本任务主要涉及学生技能竞赛管理系统数据库中用户的权限管理，包括权限授予、权限查看、权限回收。

二、任务分析

MySQL 服务器通过 MySQL 权限表控制用户对数据库的访问，MySQL 权限表存放在 mysql 数据库中，这些 MySQL 权限表包括 user、db、table_priv、columns_priv、host 等，下面分别介绍。

① user 权限表：记录允许连接到服务器的用户信息，里面的权限是全局级的。

② db 权限表：记录各个用户在各个数据库上的操作权限。

③ table_priv 权限表：记录数据表级的操作权限。

④ columns_priv 权限表：记录数据列级的操作权限。

⑤ host 权限表：配合 db 权限表对给定主机上数据库级的操作权限进行更细致的控制。这个权限表不受 GRANT 和 REVOKE 语句的影响。

下面对 MySQL 中的权限做如下具体说明。

① INSERT 权限：代表允许向表中插入数据的权限，同时，在运行 ANALYZE TABLE、OPTIMIZE TABLE、REPAIR TABLE 语句时也需要具有 INSERT 权限。

② DELETE 权限：代表允许删除行数据的权限。

③ DROP 权限：代表允许删除数据库、表、视图的权限。

④ EVENT 权限：代表允许查询、创建、修改、删除 MySQL 事件的权限。

⑤ EXECUTE 权限：代表允许运行存储过程和存储函数的权限。

⑥ FILE 权限：代表允许在 MySQL 可以访问的目录中进行读/写磁盘文件操作的权限，可使用的语句包括 LOAD DATA INFILE，SELECT ... INTO OUTFILE，LOAD FILE( )。

⑦ GRANT OPTION 权限：代表允许此用户授予或者回收其他用户的权限。

⑧ INDEX 权限：代表允许创建和删除索引的权限。

⑨ LOCK 权限：代表允许对具有 SELECT 权限的表进行锁定，以防止其他链接对此表进行读/写的权限。

三、任务完成

1．权限授予

MySQL 中的 root 用户默认拥有权限，普通用户默认不拥有权限。也就是说，普通用户默认不能对数据库进行增、删、改、查等操作。在 MySQL 中，可以用 GRANT 语句为用户授予权限，但是 MySQL 8.0 以前的版本支持 GRANT 语句在授权的时候隐式地创建用户，当使用 MySQL 8.0 以后的版本时，必须先创建用户，再授权。

GRANT 语句的语法格式如下：

```
GRANT privileges [(columns)] ON database.table TO 'username'@'hostname'
WITH with_option;
```

以上语法格式中，privileges 表示权限的类型；columns 表示权限作用的字段，可以省略，如果省略，则代表权限作用于整个表；database.table 表示数据库的表名；username 表示数据库的用户名；hostname 表示主机名；passwrod 表示用户的密码；WITH 后面的 with_option 有 5 个选项，具体如下。

① GRANT OPTION：将权限授予用户。

② MAX_QUERIES_PER_HOUR：设置一个用户在一个小时内可以执行查询的次数（基本包含所有语句）。

③ MAX_UPDATES_PER_HOUR：设置一个用户在一个小时内可以执行修改的次数（仅包含修改数据库或表的语句）。

④ MAX_CONNECTIONS_PER_HOUR：设置一个用户在一个小时内可以连接 MySQL 的时间。

⑤ MAX_USER_CONNECTIONS：设置一个用户在同一时间可以连接 MySQL 进程的数量。

【例 8-13】 使用 GRANT 语句为学生技能竞赛管理系统数据库 competition 中的用户授权，使用户 st_user 对 competition 数据库中的所有表具有查询和插入操作的权限。使用 GRANT OPTION 子句实现。

```
GRANT INSERT,SELECT ON competition.*
TO 'st_user'@'hostname' WITH GRANT OPTION;
```

运行结果如图 8-15 所示。

```
mysql> GRANT INSERT,SELECT ON competition.*
    -> TO 'st_user'@'hostname' WITH GRANT OPTION;
Query OK, 0 rows affected (0.01 sec)
```

图 8-15　权限授予

运行成功之后，使用用户名 st_user 登录 competition 数据库后，其可以对所有表进行查询和插入操作。

2．权限查看

在 MySQL 中，查看用户权限的方法很简单，直接用 SHOW GRANTS 语句即可，其中，root 用户需要用 FOR 子句指定要查看的用户。

SHOW GRANTS 语句的语法格式如下：

```
SHOW GRANTS FOR 'username' @ 'hostname';
```

【例 8-14】 使用 SHOW GRANTS 语句查看已创建的 st_user 用户的权限。

```
SHOW GRANTS FOR 'st_user'@'hostname';
```

运行结果如图 8-16 所示。

```
mysql> SHOW GRANTS FOR 'st_user'@'hostname';
+------------------------------------------------------------------------------+
| Grants for st_user@hostname                                                  |
+------------------------------------------------------------------------------+
| GRANT USAGE ON *.* TO `st_user`@`hostname`                                   |
| GRANT SELECT, INSERT ON `competition`.* TO `st_user`@`hostname` WITH GRANT OPTION |
+------------------------------------------------------------------------------+
2 rows in set (0.00 sec)
```

图 8-16　查看 st_user 用户的权限

由结果可知，st_user 用户已经具有对数据库 competition 中的所有表进行插入和查询的权限了。

3. 权限回收

在 MySQL 中，将权限授予某个用户之后，还可以根据具体需要回收部分或者全部权限，使用 REVOKE 语句可实现权限的回收。

REVOKE 语句的语法格式如下：

```
REVOKE privileges [(columns)] ON database.table FROM 'username'
@'hostname';
```

以上语法格式中，privileges 表示权限的类型；columns 表示权限作用的字段，可以省略，如果省略，则代表权限作用于整个表；database.table 表示数据库的表名；username 表示数据库的用户名，hostname 表示主机名。

【例 8-15】使用 REVOKE 语句回收 st_user 用户对学生技能竞赛管理系统数据库 competition 中所有表的插入权限。

```
REVOKE INSERT ON competition.* FROM 'st_user'@'hostname';
```

运行结果如图 8-17 所示。

```
mysql> REVOKE INSERT ON competition.* FROM 'st_user'@'hostname';
Query OK, 0 rows affected (0.00 sec)
```

图 8-17　回收权限

以上语句运行成功之后，使用 SHOW GRANTS 语句查看 st_user 用户的权限：

```
SHOW GRANTS FOR 'st_user'@'hostname';
```

运行结果如图 8-18 所示。

```
mysql> SHOW GRANTS FOR 'st_user'@'hostname';
+------------------------------------------------------------------------+
| Grants for st_user@hostname                                            |
+------------------------------------------------------------------------+
| GRANT USAGE ON *.* TO `st_user`@`hostname`                             |
| GRANT SELECT ON `competition`.* TO `st_user`@`hostname` WITH GRANT OPTION |
+------------------------------------------------------------------------+
2 rows in set (0.00 sec)
```

图 8-18　查看 st_user 用户的权限

由结果可知，st_user 用户已经不具有对数据库 competition 中的所有表进行插入的权限了。

使用 REVOKE 语句还可以一次性回收用户的所有权限，语法格式如下：

```
REVOKE ALL privileges,GRANT OPTION FROM 'username'@'hostname';
```

【例 8-16】使用 REVOKE 语句回收 st_user 用户的所有权限。

```
REVOKE ALL privileges,GRANT OPTION FROM 'st_user'@'hostname';
```

运行结果如图 8-19 所示。

```
mysql> REVOKE ALL privileges,GRANT OPTION  FROM 'st_user'@'hostname';
Query OK, 0 rows affected (0.00 sec)
```

图 8-19　回收 st_user 用户的所有权限

运行成功之后，使用 SHOW GRANTS 语句查看 st_user 用户的权限：

```
SHOW GRANTS FOR 'st_user'@'hostname';
```

运行结果如图 8-20 所示。

```
mysql> SHOW GRANTS FOR 'st_user'@'hostname';
+-------------------------------------------+
| Grants for st_user@hostname               |
+-------------------------------------------+
| GRANT USAGE ON *.* TO `st_user`@`hostname` |
+-------------------------------------------+
1 row in set (0.00 sec)
```

图 8-20　查看 st_user 用户的权限

由结果可知，st_user 用户已经不具有对数据库进行任何操作的权限了。

四、任务总结

本任务介绍学生技能竞赛管理系统数据库中用户的权限管理，包括三个方面，一是权限授予，二是权限查看，三是权限回收。

数据库权限的管理关系到整个应用系统的安全，在实际应用中，数据库管理员应该为数据库的每个普通用户以最小权限原则设置相应的权限。

任务 3　数据库性能优化

一、任务描述

微课视频

本任务通过服务器优化、表结构优化、查询优化等技术提高数据库的整体性能，包括使用 EXPLAIN 语句对 SELECT 语句的运行结果进行分析，并通过分析提出优化查询的方法；使用 ANALYZE TABLE 语句分析表；使用 CHECK TABLE 语句检查表；使用 OPTIMIZE TABLE 语句优化表；使用 REPAIR TABLE 语句修复表等。

二、任务分析

优化 MySQL 是一个非常重要的技术，是数据库管理员的必备技术之一，不论是进行数据库表结构的设计，还是创建索引，创建、查询数据库，都需要注意数据库的性能优化。数据库的性能优化包括很多方面，如优化 MySQL 服务器，优化数据库表结构与数据操作、设置合理的数据类型和属性、优化插入记录的速度等，其目的都是使 MySQL 的运行速度更快，占用磁盘空间更小。

三、任务完成

1．优化 MySQL 服务器

通过修改 my.ini 文件的配置可以提高 MySQL 服务器的性能。在 MySQL 配置文件中，索引的缓冲区大小默认为 16MB，可以修改 16M 这个参数值来提高索引的处理性能。例如，可将默认参数值 16M 修改为 256M，操作如下。

打开 my.ini 文件，直接在[mysqld]后面加一行代码：

```
key_buffer_size=256M
```

若数据库服务器的内存容量为 4GB，则推荐的参数设置如下：

```
sort_buffer_size=6M          //排序查询操作的缓冲区大小
read_buffer_size=4M          //读查询操作的缓冲区大小
join_buffer_size=8M          //联合查询操作的缓冲区大小
query_cache_size=64M         //查询缓冲区的大小
max_connections=800          //允许最大连接的进程数
```

2．优化数据库表结构与数据操作

1）为多表连接查询添加中间表

在进行数据查询时，往往需要进行多表连接查询，但如果经常进行多表连接查询，会影响数据库的性能。为提高数据库性能，可以建立一个中间表。中间表的字段就是经常要查询的来自多个表的字段，通过连接查询，将数据插入中间表中，中间表的内容来自原表，这样在以后的查询中，就可以直接查询中间表，提高查询速度。

【例 8-17】 在数据库 competition 中，假设要经常查询学生的姓名、班级名、院系名，但这些字段分布在 student、department、class 三个数据表中，每次查询必须进行连接查询，为了提高查询效率，创建一个中间表，实现数据查询的优化。

创建中间表 student_info：

```
CREATE TABLE student_info(
st_name VARCHAR(20) NOT NULL,
class_name CHAR(20) NOT NULL,
dp_name VARCHAR(20) NOT NULL
);
```

运行结果如图 8-21 所示。

```
mysql> CREATE TABLE student_info(
    -> st_name VARCHAR(20) NOT NULL,
    -> class_name CHAR(20) NOT NULL,
    -> dp_name VARCHAR(20) NOT NULL
    -> );
Query OK, 0 rows affected (0.03 sec)
```

图 8-21　创建中间表 student_info

通过连接查询，将数据插入中间表中：

```
INSERT INTO student_info SELECT
student.st_name,class.class_name,department.dp_name
FROM student,class,department
WHERE student.class_id=class.class_id
AND class.dp_id=department.dp_id;
```

运行结果如图 8-22 所示。

```
mysql> INSERT INTO student_info SELECT
    -> student.st_name,class.class_name,department.dp_name
    -> FROM student,class,department
    -> WHERE student.class_id=class.class_id
    -> AND class.dp_id=department.dp_id;
Query OK, 77 rows affected (0.02 sec)
Records: 77  Duplicates: 0  Warnings: 0
```

图 8-22　将数据插入中间表中

这样，通过中间表 student_info 可进行快速查询，例如：

```
SELECT st_name,class_name
FROM student_info
WHERE dp_name='信息工程学院';
```

运行结果如图 8-23 所示。

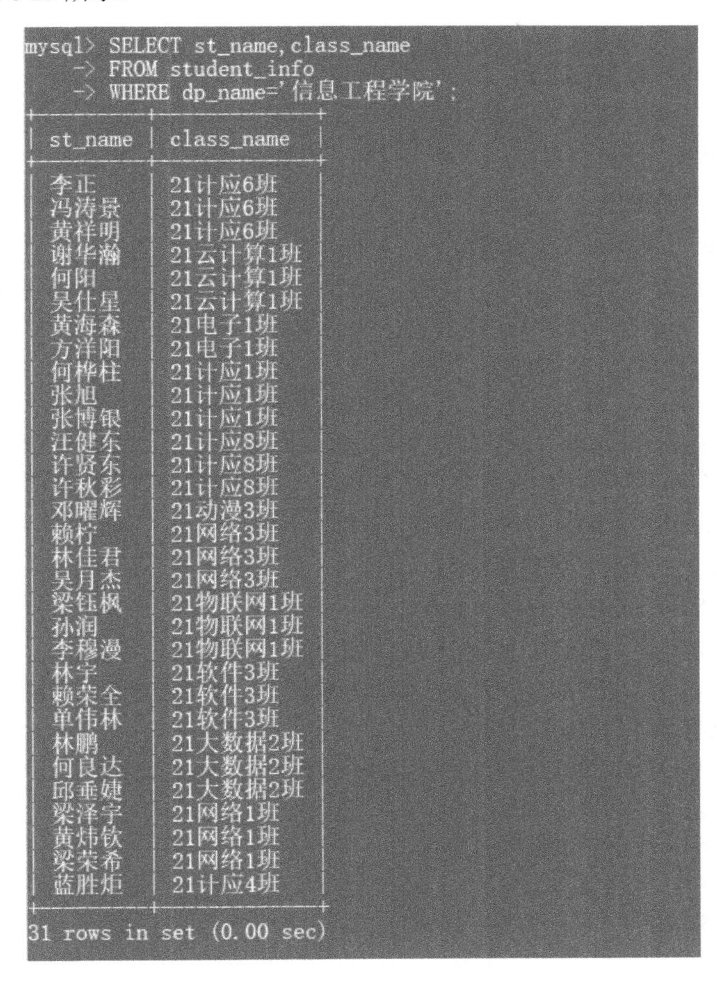

```
mysql> SELECT st_name,class_name
    -> FROM student_info
    -> WHERE dp_name='信息工程学院';
```

st_name	class_name
李正	21计应6班
冯涛景	21计应6班
黄祥明	21计应6班
谢华瀚	21云计算1班
何阳	21云计算1班
吴仕星	21云计算1班
黄海森	21电子1班
方洋阳	21电子1班
何桦柱	21计应1班
张旭	21计应1班
张博银	21计应1班
汪健东	21计应8班
许贤东	21计应8班
许秋彩	21计应8班
邓曜辉	21动漫3班
赖柠	21网络3班
林佳君	21网络3班
吴月杰	21网络3班
梁钰枫	21物联网1班
孙润	21物联网1班
李穆漫	21物联网1班
林宇	21软件3班
赖荣全	21软件3班
单伟林	21软件3班
林鹏	21大数据2班
何良达	21大数据2班
邱垂婕	21大数据2班
梁泽宇	21网络1班
黄炜钦	21网络1班
梁荣希	21网络1班
蓝胜炬	21计应4班

31 rows in set (0.00 sec)

图 8-23　快速查询运行结果

2）增加冗余字段

在创建数据表的时候，通过增加冗余字段，可以减少连接查询，从而提高查询性能。例如，在数据库 competition 中，院系名存在于院系表 department 中，竞赛项目表 project 中有院系表的主键 dp_id，如果要查询 project 表中已有的院系名，必须通过这两个表的 dp_id 字段进行连接查询，但这样会增加数据库的负担。为了提高性能，在 project 表中增加冗余字段 dp_name，用来存储院系名，这样就可以优化查询性能。

3．设置合理的数据类型和属性

1）合理设置字段类型

在创建数据表时，字段的宽度可以设置得尽可能小，例如，对于数据库 competition 中 project 表中的字段 dp_address，考虑到地址信息的长度只有 50 个字符左右，因此没必要将其数据类型设置为 CHAR(255)，而可以设置为 CHAR(50)或者 VARCHAR(50)。

对于长度取值比较固定的字段，可以使用 ENUM 类型代替 VARCHAR 类型，如性别、民族、省份等字段，使用 ENUM 类型作为数据类型时的处理速度更快。

2）为每个表设置一个 ID 作为其主键

在创建数据表时，可为表设置一个 ID 字段作为表的主键，并且将 ID 字段设置为 INT 类型（推荐使用 UNSIGNED）、自动增长（AUTO_INCREMENT）的。

3）尽量避免定义字段为 NULL

根据实际情况，尽量不要将字段值设置为 NULL，这样在执行查询时，数据库就无须比较 NULL 值，从而提高查询效率。

4. 优化插入记录的速度

有很多种方法可以优化插入记录的速度，下面主要介绍两种方法。

① 如果数据表中有大量记录，可以采用先加载数据再创建索引的方法，如果已经创建了索引，可以先将索引禁止，原因是每当有新记录要插入表时都会刷新索引，这样会降低插入的速度。

禁止与启动索引的 SQL 语句如下：

```
ALTER TABLE table_name DISABLE KEYS;    \\禁止索引
ALTER TABLE table_name ENABLE KEYS;     \\启动索引
```

② 尽量使用 LOAD DATE INFILE 语句插入数据，而减少使用 INSERT INTO 语句，如果一定要使用 INSERT INTO 语句，则应该批量插入，不要逐条插入。

5. 对表进行分析、检查、优化和修复

1）使用 ANALYZE TABLE 语句分析表

MySQL 的 Optimizer（优化器）在优化 SQL 语句时，需要收集一些相关信息，其中就包括表的 cardinality（散列程度），它表示某个索引对应的字段包含多少个不同的值，如果 cardinality 大于数据的实际散列程度，那么索引就基本失效了。

可以使用 SHOW INDEX 语句查看索引的散列程度，语法格式如下：

```
SHOW INDEX FROM table_name;
```

例如，查看 student 表索引的散列程度：

```
SHOW INDEX FROM student;
```

运行结果如图 8-24 所示。

```
mysql> SHOW INDEX FROM student;
+---------+------------+----------------------+--------------+-------------+-----------+-------------+
| Table   | Non_unique | Key_name             | Seq_in_index | Column_name | Collation | Cardinality |
Sub_part | Packed | Null | Index_type | Comment | Index_comment | Visible | Expression |
+---------+------------+----------------------+--------------+-------------+-----------+-------------+
| student |          0 | PRIMARY              |            1 | st_id       | A         |          77 |
   NULL |   NULL |      | BTREE      |         |               | YES     | NULL       |
| student |          0 | st_no_UNIQUE         |            1 | st_no       | A         |          77 |
   NULL |   NULL |      | BTREE      |         |               | YES     | NULL       |
| student |          1 | class_id_idx         |            1 | class_id    | A         |          31 |
   NULL |   NULL | YES  | BTREE      |         |               | YES     | NULL       |
| student |          1 | dp_id_for_student_idx |           1 | dp_id       | A         |           6 |
   NULL |   NULL | YES  | BTREE      |         |               | YES     | NULL       |
+---------+------------+----------------------+--------------+-------------+-----------+-------------+
4 rows in set (0.03 sec)
```

图 8-24 查看 student 表索引的散列程度

2）使用 CHECK TABLE 语句检查表

在实际应用数据库的过程中，可能会遇到数据表错误的情况，例如，将数据写入磁盘时出错或数据库没有正常关闭。可以使用 CHECK TABLE 语句来检查数据表是否有错误。

例如，检查 calss 表是否有错误的 SQL 语句如下：

```
CHECK TABLE class;
```

运行结果如图 8-25 所示。

```
mysql> CHECK TABLE class;
+-------------------+-------+----------+----------+
| Table             | Op    | Msg_type | Msg_text |
+-------------------+-------+----------+----------+
| competition.class | check | status   | OK       |
+-------------------+-------+----------+----------+
1 row in set (0.01 sec)
```

图 8-25　检查 class 表是否有错误

运行结果中，Msg_text 的值为 OK，说明表运行正常，没有错误。

3）使用 OPTIMIZE TABLE 语句优化表

对数据表执行删除操作时，数据所占用的磁盘空间不会被立即收回；另外，由 VARCHAR 定义的字段，长时间使用后也会产生碎片，这些碎片会浪费很大的空间，同时也会对查询效率产生很大影响。使用 OPTIMIZE TABLE 语句可以实现回收碎片空间的功能，提升查询性能，达到优化表的效果。

例如，优化 student 表的 SQL 语句如下：

```
OPTIMIZE TABLE student;
```

运行结果如图 8-26 所示。

```
mysql> OPTIMIZE TABLE student;
+---------------------+----------+----------+-------------------------------------------------------------------
-----+
| Table               | Op       | Msg_type | Msg_text
     |
+---------------------+----------+----------+-------------------------------------------------------------------
-----+
| competition.student | optimize | note     | Table does not support optimize, doing recreate + analyze ins
tead |
| competition.student | optimize | status   | OK
     |
+---------------------+----------+----------+-------------------------------------------------------------------
-----+
2 rows in set (0.06 sec)
```

图 8-26　优化 student 表

4）使用 REPAIR TABLE 语句修复表

使用 REPAIR TABLE 语句可以修复表的索引，提高查询索引的性能。

例如，修复 student 表的 SQL 语句如下：

```
REPAIR TABLE student;
```

运行结果如图 8-27 所示。

```
mysql> REPAIR TABLE student;
+---------------------+--------+----------+---------------------------------------------------------+
| Table               | Op     | Msg_type | Msg_text                                                |
+---------------------+--------+----------+---------------------------------------------------------+
| competition.student | repair | note     | The storage engine for the table doesn't support repair |
+---------------------+--------+----------+---------------------------------------------------------+
1 row in set (0.00 sec)
```

图 8-27　修复 student 表

6．优化查询

在 MySQL 中，可以使用 EXPLAIN 和 DESCRIBE 语句分析表，以帮助用户选择更好的索引，写出更优的查询语句。

1）*使用 EXPLAIN 语句分析表*

在 MySQL 中，捕捉性能问题最常用的方法就是打开慢查询，定位运行效率低的 SQL 语句。当定位到一条 SQL 语句后，还需要知道该 SQL 语句的运行计划，如是全表扫描还是索引扫描，这些都需要通过 EXPLAIN 语句来完成。EXPLAIN 语句用于查看优化器如何决定查询的主要方法，可以帮助用户深入了解 MySQL 基于开销的优化器，还可以使用户获得很多优化器考虑到的访问策略的细节。

例如，使用 EXPLAIN 语句分析 student 表：

```
EXPLAIN SELECT * FROM student
WHERE st_no='2110080133';
```

运行结果如图 8-28 所示。

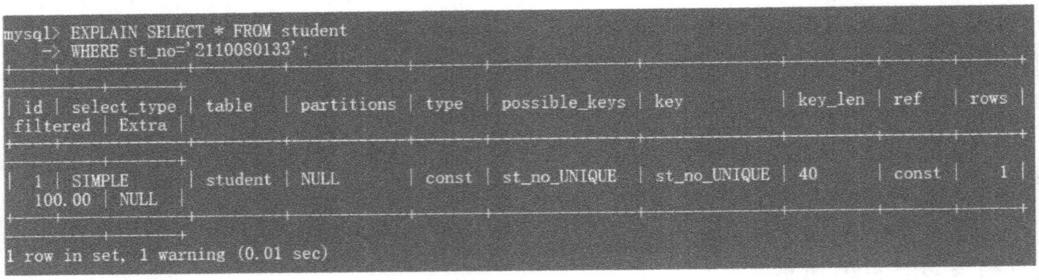

```
mysql> EXPLAIN SELECT * FROM student
    -> WHERE st_no='2110080133';
+----+-------------+---------+------------+-------+---------------+--------------+---------+-------+------+
| id | select_type | table   | partitions | type  | possible_keys | key          | key_len | ref   | rows |
 filtered | Extra |
+----+-------------+---------+------------+-------+---------------+--------------+---------+-------+------+
|  1 | SIMPLE      | student | NULL       | const | st_no_UNIQUE  | st_no_UNIQUE | 40      | const |    1 |
  100.00 | NULL  |
+----+-------------+---------+------------+-------+---------------+--------------+---------+-------+------+
1 row in set, 1 warning (0.01 sec)
```

图 8-28　使用 EXPLAIN 语句分析 student 表

从结果中可以看出，查询语句想要查询一条记录，而分析结果中 rows 的字段值为 1，表示只要查询一行就能找到该记录，说明查询效率很高，不需要进行优化。

表 8-1 对 EXPLAIN 语句输出的相关参数进行了说明。

表 8-1　参数取值表

参　数	说　明
id	SELECT 标识符
select_type	SELECT 类型：SIMPLE，PRIMARY，UNION，SUBQUERY
table	输出行分析表的表名
partitions	匹配的分区
type	连接类型（最重要，具体在表 8-2 中说明）
possible_keys	可供选择的索引
key	实际使用的索引
key_len	实际使用的索引长度
ref	与索引进行比较的字段，也就是关联表使用的字段
rows	将要被检查的估算的行数
filtered	被表条件过滤的行数的百分比
Extra	附加信息

在 EXPLAIN 语句输出的相关参数中，type 最重要，它表示使用了哪种连接，是否使用了索引，它是使用 EXPLAIN 语句分析表的性能的重要指标之一，表 8-2 中列出了 type 的常用取值。

表 8-2　type 的常用取值

参 数 值	说　明
system	表示表中只有一条记录
const	表示表中有多条记录，但只从中查询一条记录
eq_ref	表示多表连接时，后面的表使用了唯一索引或者主键索引
ref	表示多表连接时，后面的表使用了普通索引
unique_subquery	表示子查询中使用了唯一索引或者主键索引
index_subquery	表示子查询中使用了普通索引
range	表示查询语句给出了查询范围
index	表示对表中的索引进行了完整扫描，速度比较慢
ALL	表示对表中的全部数据进行了扫描，速度非常慢

那么，type 中哪个取值最能体现查询的最佳性能呢？表中的 system，const，eq_ref，...，ALL，就是按照从最佳类型到最差类型排序的。

EXPLAIN 语句输出的相关参数中，除 type 外，Extra 也是关键参数之一，要想让查询尽可能快，应该注意 Extra 的取值情况，如表 8-3 所示。

表 8-3　Extra 取值

参 数 值	说　明
Distinct	找到了与查询条件匹配的第一条记录后，就不再查询其他记录
Not exists	一旦找到了匹配的 LEFT JOIN 标准的行，就不再查询其他记录
Range checked for each record	没有找到合适的索引，对于前一个表的每行连接，它会做一个检验，用于决定使用哪个索引，并且使用这个索引从表中取得记录，这个过程不快，但比没有索引时进行表连接快很多
Using filesort	MySQL 需要额外的一次传递，以找出如何按排序顺序检索行
Using index	只使用索引树中的信息，而不需要进一步查询、读取实际的行来检索表中的字段信息
Using temporary	为了解决查询问题，MySQL 需要创建一个临时表来容纳结果
Using where	WHERE 子句用于限制哪一行匹配下一个表或将哪一行发送给用户

2）使用 DESCRIBE 语句分析表

使用 DESCRIBE 语句分析表与使用 EXPLAIN 语句分析表的用法和结果都一样，其语法格式如下：

```
DESCRIBE  SELECT 语句;
```

例如，利用 DESCRIBE 语句代替 EXPLAIN 语句分析 student 表：

```
DESCRIBE SELECT * FROM student
WHERE st_no='2110080133';
```

运行结果如图 8-29 所示。

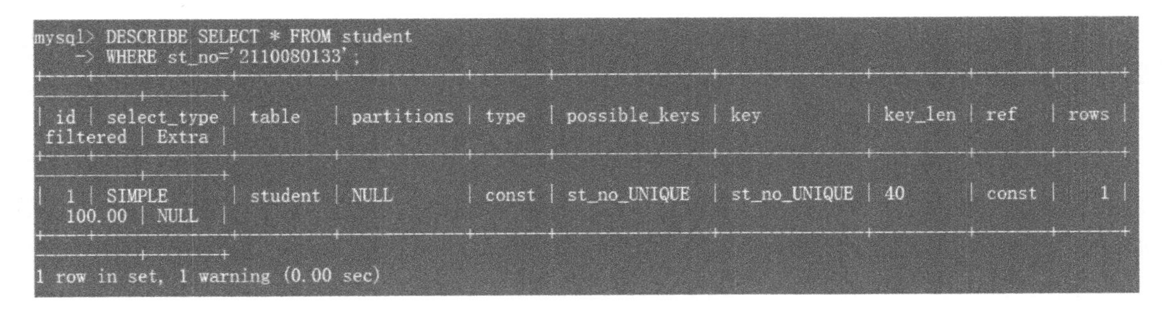

图 8-29　使用 DESCRIBE 语句分析 student 表

从结果中可以看出，其与 EXPLAIN 语句的运行结果一模一样。

7. 通过索引优化查询

下面分析没有创建索引与创建索引对查询效率的影响。

首先，没有对 student 表中的 st_sex 字段创建索引时，利用 DESCRIBE 语句分析表：

```
DESCRIBE SELECT * FROM student
WHERE st_sex='男';
```

运行结果如图 8-30 所示。

```
mysql> DESCRIBE SELECT * FROM student
    -> WHERE st_sex='男';
+----+-------------+---------+------------+------+---------------+------+---------+------+------+----------+
-------------+
| id | select_type | table   | partitions | type | possible_keys | key  | key_len | ref  | rows | filtered
| Extra       |
+----+-------------+---------+------------+------+---------------+------+---------+------+------+----------+
-------------+
|  1 | SIMPLE      | student | NULL       | ALL  | NULL          | NULL | NULL    | NULL |   77 |    10.00
| Using where |
+----+-------------+---------+------------+------+---------------+------+---------+------+------+----------+
-------------+
1 row in set, 1 warning (0.00 sec)
```

图 8-30　没有创建索引时利用 DESCRIBE 语句分析 student 表

由分析结果可知，type 的值为 ALL，表示查询时对全部数据进行了扫描，rows 的值为 77，表示需要查询的行数为 77 行。

为 student 表中的 st_sex 字段创建索引：

```
ALTER TABLE student ADD INDEX(st_sex);
```

利用 DESCRIBE 语句分析表，创建索引后分析 student 表的情况：

```
DESCRIBE SELECT * FROM student
WHERE st_sex='男';
```

运行结果如图 8-31 所示。

```
mysql> DESCRIBE SELECT * FROM student
    -> WHERE st_sex='男';
+----+-------------+---------+------------+------+---------------+--------+---------+-------+------+---------
-+-----------------------+
| id | select_type | table   | partitions | type | possible_keys | key    | key_len | ref   | rows | filter
ed | Extra                 |
+----+-------------+---------+------------+------+---------------+--------+---------+-------+------+---------
-+-----------------------+
|  1 | SIMPLE      | student | NULL       | ref  | st_sex        | st_sex | 9       | const |   52 |   100.
00 | Using index condition |
+----+-------------+---------+------------+------+---------------+--------+---------+-------+------+---------
-+-----------------------+
1 row in set, 1 warning (0.00 sec)
```

图 8-31　创建索引后利用 DESCRIBE 语句分析 student 表

由分析结果可知，type 的值变为 ref，而 rows 的值变为 52，表示需要查询的行数为 52 行。很明显，创建索引能够提高查询效率。

8. 优化子查询

在执行数据库查询时，如果查询语句带有子查询，需要先为内层子查询建立临时表，然后使用外层查询语句在临时表中查询记录，查询完毕之后再销毁临时表。因此，这个过程对整个查询的效率有很大的影响。特别是在数据量很大时，这个过程将会大大降低查询效率。因此，在实际应用中，应尽可能使用连接查询（全连接或者 JOIN 连接）代替子查询。

例如，要查询“信息工程学院”所有学生的姓名，使用子查询的 SQL 语句如下：

```
SELECT st_name FROM student WHERE dp_id IN(SELECT dp_id FROM department
WHERE dp_name='信息工程学院');
```

将查询改为 JOIN 连接查询，SQL 语句如下：

```
SELECT st_name FROM student JOIN department USING(dp_id) WHERE
dp_name='信息工程学院';
```

由于在 dp_id 字段上创建了索引，使用 JOIN 连接查询的效率比子查询要高。

9．优化慢查询

在实际应用中，需要关注查询速度比较慢的 SQL 语句，在 MySQL 中已经提供了类似的设置，帮助用户将运行时间超过某个时间阈值的 SQL 语句记录下来。

运行下面的 SQL 语句可以查看运行时间的默认值：

```
SHOW VARIABLES LIKE 'long%';
```

运行结果如图 8-32 所示。

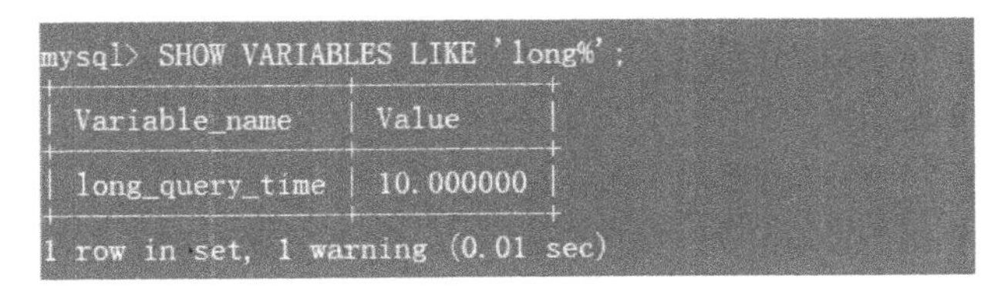

```
mysql> SHOW VARIABLES LIKE 'long%';
+-----------------+-----------+
| Variable_name   | Value     |
+-----------------+-----------+
| long_query_time | 10.000000 |
+-----------------+-----------+
1 row in set, 1 warning (0.01 sec)
```

图 8-32　查看运行时间的默认值

long_query_time 定义了慢查询的时间阈值，运行时间超过这个阈值的查询即被标识为慢查询。其范围为 0～10，单位为秒，系统默认为 10 秒。

运行下面的 SQL 语句可以查看日志设置情况：

```
SHOW VARIABLES LIKE 'slow%';
```

运行结果如图 8-33 所示。

```
mysql> SHOW VARIABLES LIKE 'slow%';
+---------------------+--------------------------+
| Variable_name       | Value                    |
+---------------------+--------------------------+
| slow_launch_time    | 2                        |
| slow_query_log      | ON                       |
| slow_query_log_file | DESKTOP-UN3LING-slow.log |
+---------------------+--------------------------+
3 rows in set, 1 warning (0.00 sec)
```

图 8-33　查看日志设置情况

其中，slow_query_log 的值为 ON，表示开启慢查询日志，为 OFF 表示关闭慢查询日志。show_query_log_file 用于设置慢查询日志存放的文件名（注意：文件名默认是主机名.log），将慢查询日志写入指定的文件中时，还需要指定慢查询日志的文件格式。查看日志文件格式的相关语句为

```
SHOW VARIABLES LIKE 'log_output%';
```

更改变量值，优化慢查询的方法如下：

① 设置全局变量，将 slow_query_log 全局变量设置为 ON：

```
SET global slow_query_log='ON';
```

② 设置慢查询日志存放的文件名：

```
SET global slow_query_log_file='/mysql/data/slow.log';
```

③ 设置查询超过 1 秒时就记录：

```
SET global long_query_time=1;
```

进行以上设置后，测试时，先执行一条慢查询 SQL 语句，例如：

```
SELECT sleep(2)
```

再查看是否生成慢查询日志 slow.log。

四、任务总结

本任务通过服务器优化、表结构优化、查询优化等技术提高数据库的整体性能。MySQL 在实际应用中，通过性能优化提高运行效率的方法有很多，由于篇幅原因，本书只介绍了部分方法，读者可以根据具体情况，阅读其他相关资料学习其他方法。

拓展阅读

1. 数据库管理的常用工具

数据库管理是一个关键的任务，Navicat 和 Toad 是在数据库管理领域中被广泛使用的工具。下面主要介绍这两种常用工具的特点和功能。

1）*Navicat 数据库管理工具*

Navicat 是一个全功能的数据库管理工具，支持多种流行的数据库管理系统，如 MySQL、Oracle、SQL Server 等。它提供了一个直观和用户友好的界面，使得数据库管理变得更加高效和方便。

① 数据库连接和管理：Navicat 允许用户轻松地连接到数据库服务器上，并进行数据库的创建、删除和修改操作。它还提供了可视化的界面来管理数据库对象，如表格、视图、存储过程等。

② 数据表管理：通过 Navicat，用户可以方便地查看和编辑数据库中的数据表。Navicat 提供了强大的数据编辑功能，包括数据的增、删、改、查等操作。同时，Navicat 还支持数据表的导入和导出，使得数据的迁移和共享变得更加简单。

③ SQL 查询和脚本运行：作为一个数据库管理工具，Navicat 提供了完善的 SQL 查询功能和脚本运行功能。用户可以通过 Navicat 编写和运行复杂的 SQL 查询语句，并查看查询结果。此外，Navicat 还支持脚本的批量运行，提高了数据库管理的效率。

2）*Toad 数据库管理工具*

Toad 也是强大的数据库管理工具，主要用于 Oracle 数据库的管理和开发。它具有丰富的功能和高度的可扩展性，是 Oracle 数据库管理的首选工具之一。

① 数据库连接和管理：Toad 支持快速和安全连接 Oracle 数据库服务器，并提供了全面的数据库管理功能。用户可以使用 Toad 创建、修改和删除数据库对象，如表格、索引、触发器等。

② SQL 查询和优化：Toad 提供了强大的 SQL 查询功能，支持语法高亮和代码自动完成等功能，使得 SQL 查询更加便捷和准确。此外，Toad 还提供了 SQL 优化功能，帮助用户分析和改进查询性能。

③ 数据模型设计和维护：Toad 允许用户通过可视化的界面设计和维护数据库的数据模型。它提供了丰富的绘图工具和模型比较功能，帮助用户更好地理解和管理数据库。

④ 数据库性能监控和调优：Toad 提供了强大的性能监控和调优功能，可以帮助用户发现和解决数据库性能问题。它为用户提供了实时的性能统计信息和诊断报告，帮助用户优化数据库运行效率。

2. 数据库管理员

在大数据时代，数据库是极为重要的，而数据库管理员更是不可缺少的。数据库管理员是负责管理和维护数据库系统的专业人员，需要确保数据库系统的安全、可靠和高效，甚至需要协助开发人员和其他相关人员解决数据库的相关问题，并提供数据库支持和咨询服务。一名优秀的数据库管理员需要具有“工匠精神”。

“工匠精神”是一种职业精神，它是职业道德、职业能力、职业品质的体现，是从业者的一种职业价值取向和行为表现。在新的时代，弘扬和践行“工匠精神”，须深入把握其基本内涵、当代价值与培育途径。

① 追求卓越。作为数据库管理员，应追求卓越，不断提高自身的技能水平和管理能力，确保数据库系统的安全性和稳定性。

② 持续改进。数据库管理员要关注行业动态和最佳实践，不断优化和改进数据库管理流程，提高系统的性能。

③ 关注细节。数据库管理员要关注细节，及时发现并解决数据库潜在的安全隐患。在处理数据时，确保数据的完整性和机密性，防范数据泄露和被篡改。

④ 保护数据与防范攻击。保护好数据，要采取必要的安全措施，如加密存储、访问控制等。防范攻击，要关注网络安全态势，及时更新安全补丁和修复漏洞，抵御外部攻击和内部威胁；加强防火墙配置和入侵检测系统的监控，及时发现并阻止恶意攻击行为。

⑤ 提高加密意识。为确保数据的安全性，需要对数据进行加密和权限控制。加密技术可以防止数据泄露和被非法访问，而权限控制则可限制用户对数据的访问，防止未经授权的访问和潜在的安全风险。

实践训练

【实践任务 1：用户创建及密码修改】

① 使用 CREATE USER 语句为数据库创建一个用户，用户名为 test_user1，密码为 test123。

② 使用 INSERT 语句为数据库创建一个用户，用户名为 test_user2，密码为 test123456。

③ 以 root 用户身份通过 UPDATE 语句修改数据库中 test_user1 用户的密码，新密码为 admin123。

④ 数据库用户 test_user2 通过原密码 test123456 登录 MySQL 之后，将密码改为 test_ 666666。

【实践任务 2：数据库用户权限的授予及回收】

① 创建一个用户名为 mytest1，密码为 test123456 的用户，并为该用户授予对数据库 competition 中的 student 表进行查询和插入的权限。

② 创建一个用户名为 mytest2，密码为 test666666 的用户，并为该用户授予对数据库 competition 中的 class 表进行修改和删除的权限，并用 REVOKE 语句回收用户 mytest1 的所有权限。

【实践任务 3：设置优化 MySQL 性能的参数】

① 设置查询缓冲区（query_cache_size）的大小为 64MB。

② 设置联合查询操作缓冲区（join_buffer_size）的大小为 8MB。

③ 设置读查询操作缓冲区（read_buffer_size）的大小为 4MB。

④ 设置排序查询操作缓冲区（sort_buffer_size）的大小为 6MB。

⑤ 设置 MySQL 服务器的最大连接数（max_connections）为 800。

⑥ 使用 EXPLAIN 语句对一个比较复杂的查询进行分析，并提出优化方案。

项目九　Python 程序连接与访问 MySQL 数据库

学习目标

☑ 项目任务

任务 1　使用 Python 程序连接 MySQL 数据库

任务 2　使用 Python 程序创建 MySQL 数据表

任务 3　使用 Python 程序对 MySQL 数据表进行管理

☑ 知识目标

（1）掌握 MySQL 数据库与 Python 程序的连接

（2）掌握在 PyCharm 开发环境中创建和管理数据库

☑ 能力目标

（1）具有配置 Python 编程环境的能力

（2）具有基本的 Python 编程能力

（3）具有实现 Python 程序与数据库连接的能力

☑ 素质目标

（1）培养全局思考的素养

（2）培养团队协作精神

（3）培养良好的心理素质和职业素养

☑ 思政引领

（1）进行程序开发时要有全局的规划，做好充足的前期准备。全局性思维是一种重要的思维方式，它能够帮助我们更好地把握事物的全貌和发展趋势，应该培养学生的全局性思维。

（2）数据库设计和程序开发时都要遵循一种思想原则，即按部就班、逐步推进。分步解决方法是一种有效的策略，能够帮助我们更好地理解和解决复杂的数学问题。应该培养学生分步解决复杂问题的能力。

知识导图

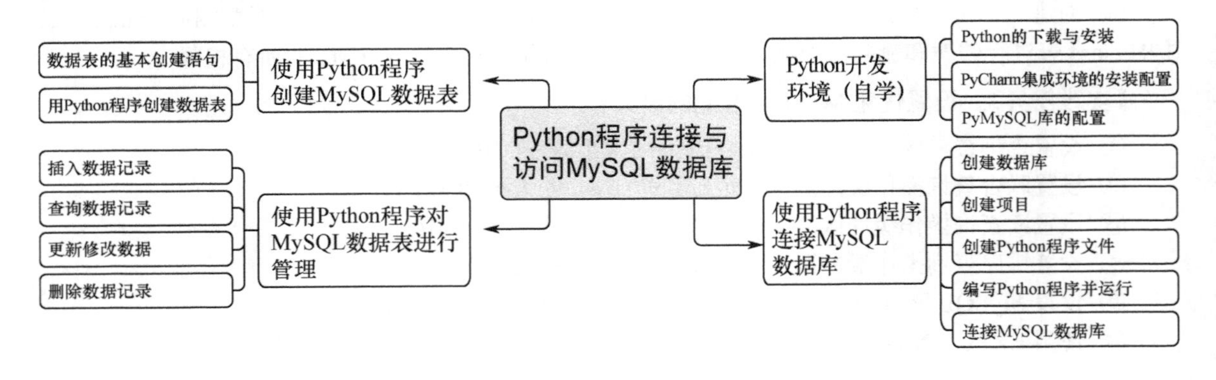

任务 1　使用 Python 程序连接 MySQL 数据库

一、任务描述

微课视频

虽然数据库管理系统的种类有很多，如 MySQL、SQL Server、Oracle、SQLite 等，但这些系统的功能基本一致。为了对数据库进行统一规范化操作，大多数程序设计语言都提供了标准的数据库接口。开发 Python 程序时，数据库应用也是必不可少的，在 Python Database API 规范中，定义了 Python 数据库 API 接口的各个部分，如模块接口、连接对象、游标对象、类型对象和构造器等。本任务主要介绍如何编写 Python 程序，并使用 Python 程序连接 MySQL 数据库。

二、任务分析

Python 拥有丰富的第三方库，本任务使用 PyMySQL 库中的 connect()方法连接 MySQL 数据库，步骤如下：首先在 MySQL 命令行窗口中创建数据库 competition_test；然后在 PyCharm 集成开发环境中创建项目 competition，在项目 competition 中创建 Python 程序文件 test-1.py；最后在 Python 程序文件 test-1.py 中编写代码，实现 test-1.py 程序与 MySQL 数据库 competition_test 的连接，查询并输出 MySQL 的版本。

在用上述方法连接 MySQL 数据库前，要确保 Python 3、PyCharm 和 PyMySQL 库安装成功。关于 Python 3、PyCharm 和 PyMySQL 库的安装，在互联网上有大量的资料，请读者自行学习并完成。

三、任务完成

1. 在 MySQL 命令行窗口中创建数据库 competition_test

首先在 MySQL 命令行窗口中输入 root 用户正确的密码，当命令行窗口中的提示符变为“mysql>”时，表示已经成功登录 MySQL 服务器。然后创建数据库 competition_test：

```
CREATE DATABASE competition_test;
```

运行结果如图 9-1 所示。

```
MySQL 8.0 Command Line Client
Enter password: ******
Welcome to the MySQL monitor.  Commands end with ; or \g.
Your MySQL connection id is 10
Server version: 8.0.32 MySQL Community Server - GPL

Copyright (c) 2000, 2023, Oracle and/or its affiliates.

Oracle is a registered trademark of Oracle Corporation and/or its
affiliates. Other names may be trademarks of their respective
owners.

Type 'help;' or '\h' for help. Type '\c' to clear the current input statement.

mysql> CREATE DATABASE competition_test;
Query OK, 1 row affected (0.01 sec)
```

图 9-1　创建数据库

2. 创建 PyCharm 项目 competition

成功启动 PyCharm 后，在其主窗口选择【文件】-【新建项目】选项，打开【创建项目】对话框，在该对话框的【位置】框中选择路径，单击【创建】按钮，如图 9-2 所示，完成 PyCharm 项目 competition 的创建。

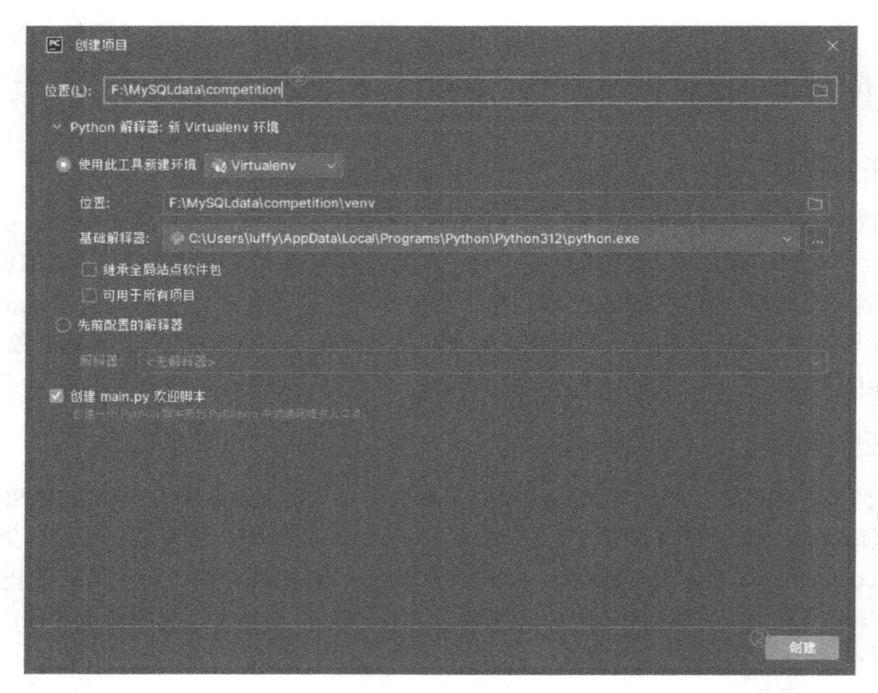

图 9-2 创建项目

3．创建 Python 程序文件 test-1.py

在 PyCharm 主窗口中右击创建好的 competition 项目，在弹出的快捷菜单中选择【新建】-【Python 文件】选项，创建 Python 程序文件，如图 9-3 所示。在打开的【新建 Python 文件】对话框中输入文件名“test-1”，如图 9-4 所示。双击【Python 文件】选项，完成 Python 程序文件的创建任务。同时 PyCharm 主窗口中将显示程序文件 test-1.py 的代码编辑窗口。

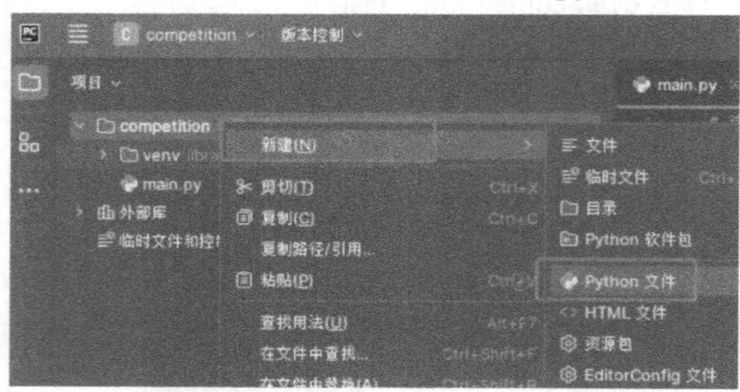

图 9-3 创建 Python 程序文件

图 9-4 新建名为“test-1”的 Python 文件

4．编写 Python 程序并运行

在文件 test-1.py 的代码编辑窗口中输入以下代码：

```
#使用 pymysql 包，要先安装
import pymysql
#数据库连接，参数：host=主机名或 IP,user=用户名,password=密码,database=数据库名称
conn = pymysql.connect(host="localhost",user="root",password="123456",
database="competition_test")
#使用 cursor()方法创建一个游标对象 cursor
cursor = conn.cursor()
#使用 execute()方法执行 SQL 查询
```

```
    cursor.execute("SELECT VERSION()")
    #使用 fetchone()方法获取单条数据
    data = cursor.fetchone()
    print("Database version:",data)
    #关闭数据库连接
    conn.close()
```

在 test-1.py 文件的代码中，首先使用 connect()方法连接数据库，然后使用 cursor()方法创建游标，接着使用 execute()方法执行 SQL 语句查看 MySQL 的版本，使用 fetchone()方法获取数据，最后使用 close()方法关闭数据库连接。

保存 test-1.py 文件后在 PyCharm 主窗口中右击 test-1.py，在弹出的菜单中选择【运行'test-1'】选项，或者使用快捷键【Ctrl+Shift+F10】运行程序，如图 9-5 所示。

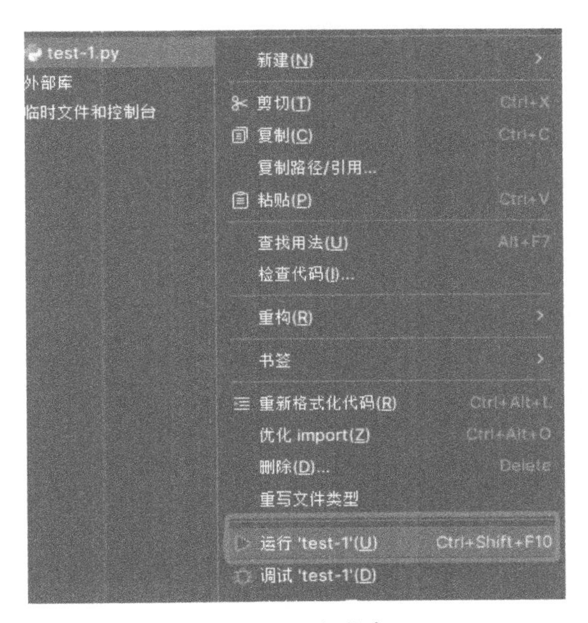

图 9-5　运行程序

运行结果如图 9-6 所示。

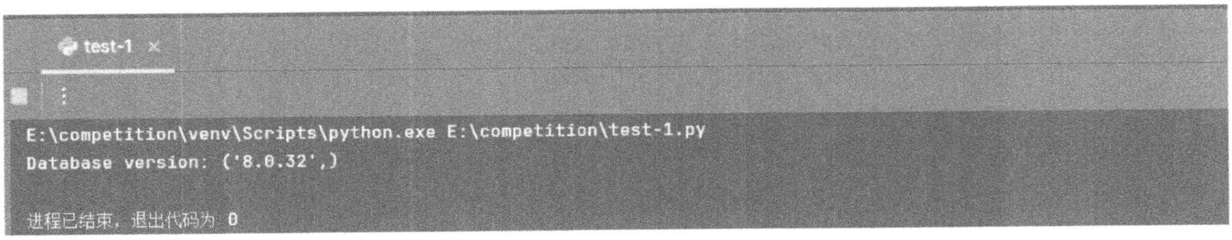

```
test-1
E:\competition\venv\Scripts\python.exe E:\competition\test-1.py
Database version: ('8.0.32',)

进程已结束，退出代码为 0
```

图 9-6　运行结果

四、任务总结

本任务通过 PyCharm 使用 PyMySQL 库和 Python 程序来连接 MySQL 数据库，读者可以根据自己的需求执行各种 SQL 查询操作。使用 Python 程序连接 MySQL 数据库时，要确保提供正确的主机名、用户名、密码和数据库名称。

任务 2　使用 Python 程序创建 MySQL 数据表

一、任务描述

微课视频

本任务使用 Python 程序来创建 MySQL 数据表，Python 提供了直观且易于理解的语法，使得创建数据表变得简单和直接。Python 程序的可读性高，使得操作数据库的代码易于编写和维护。

二、任务分析

在 competition 项目中创建 Python 程序文件 test-2.py；在 test-2.py 文件中编写代码，连接 MySQL 数据库 competition_test，并在数据库 competition_test 中创建数据表 student。

三、任务完成

1．创建 Python 程序文件 test-2.py

参考任务 1，完成 Python 程序文件 test-2.py 的创建任务，PyCharm 主窗口中显示程序文件 test-2.py 的代码编辑窗口。

2．编写 Python 程序并运行

在程序文件 test-2.py 的代码编辑窗口中输入以下代码：

```
import pymysql
#打开数据库连接
conn = pymysql.connect(host="localhost",user="root",password="123456",
database="competition_test")
#使用 cursor()方法创建一个游标对象 cursor
cursor = conn.cursor()
#使用 execute()方法执行 SQL 查询，如果表存在，则删除
cursor.execute("DROP TABLE IF EXISTS student")
#使用预处理语句创建表
sql = """CREATE TABLE student
(
    st_id INT(4) NOT NULL,
    st_name VARCHAR(20) NOT NULL,
    st_sex VARCHAR(2) NOT NULL,
    st_class VARCHAR(10) NULL
);
"""
cursor.execute(sql)
#关闭数据库连接
conn.close()
```

test-2.py 创建了一个 student 表，该数据表的字段有 st_id（学生编号）、st_name（姓名）、st_sex（性别）、st_class（班级）。在创建数据表之前，如果数据表 student 已经存在，则先要删除数据表 student，再创建数据表 student。

运行程序 test-2.py，若运行成功（如图 9-7 所示），则表示在数据库 competition_test 中成功创建了数据表 student。

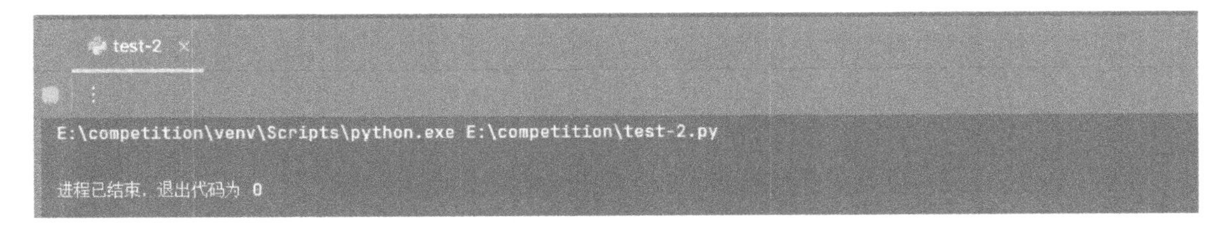

图 9-7　程序运行成功

在 MySQL 命令行窗口中，再次验证数据库 competition_test 中是否已经创建了数据表 student，如图 9-8 所示。

```
mysql> USE competition_test;
Database changed
mysql> SHOW TABLES;
+----------------------------+
| Tables_in_competition_test |
+----------------------------+
| student                    |
+----------------------------+
1 row in set (0.00 sec)

mysql> DESC student;
+----------+-------------+------+-----+---------+-------+
| Field    | Type        | Null | Key | Default | Extra |
+----------+-------------+------+-----+---------+-------+
| st_id    | int         | NO   |     | NULL    |       |
| st_name  | varchar(20) | NO   |     | NULL    |       |
| st_sex   | varchar(2)  | NO   |     | NULL    |       |
| st_class | varchar(10) | YES  |     | NULL    |       |
+----------+-------------+------+-----+---------+-------+
4 rows in set (0.00 sec)
```

图 9-8　在 MySQL 命令行窗口中验证 student 表的创建

四、任务总结

本任务完成在 PyCharm 中使用 Python 程序来创建数据表。Python 拥有活跃的开源社区，提供了大量的与数据库相关的工具和库，这些工具和库可以帮助读者解决各种与数据库相关的问题。

任务 3　使用 Python 程序对 MySQL 数据表进行管理

一、任务描述

微课视频

本任务完成在 PyCharm 中，使用 Python 程序对 MySQL 数据库中的数据表进行增、删、改、查操作，完成对数据表的管理。

二、任务分析

在 PyCharm 项目 competition 中，新建四个 Python 程序文件，输入相应的数据表管理代码，分别对数据表 student 进行增、删、改、查的操作。

三、任务完成

1．向数据表中插入记录

在 PyCharm 项目 competition 中创建程序文件 test-insert.py，在此程序文件的代码编辑窗口中输入以下代码：

```
import pymysql
#打开数据库连接
conn = pymysql.connect(host="localhost",user="root",password="123456",
database="competition_test")
#使用 cursor()方法创建获取操作游标
cursor = conn.cursor()
#插入语句
sql = """INSERT INTO student(st_id,st_name,st_sex,st_class)
    VALUES
        ("1","梁荣希","男","23 网络 1 班"),
        ("2","温淑琳","女","23 网络 2 班"),
        ("3","王晓东","男","23 网络 2 班"),
        ("4","陈湘儿","男","23 网络 1 班")
"""
try:
    #运行 SQL 语句
    cursor.execute(sql)
    #提交到数据库运行
    conn.commit()
except:
    #如果发生错误，则回滚
    conn.rollback()
    #关闭数据库连接
    conn.close()
```

运行程序，若运行成功，则完成数据插入，如图 9-9 所示，表示向数据表 student 中成功插入了四条记录。

```
运行    test-insert ×
E:\competition\venv\Scripts\python.exe E:\competition\test-insert.py
进程已结束，退出代码为 0
```

图 9-9　完成数据插入

2．删除数据表中的记录

在 PyCharm 项目 competition 中创建程序文件 test-delete.py，在此程序文件的代码编辑窗口中输入以下代码：

```
import pymysql
#打开数据库连接
conn = pymysql.connect(host="localhost", user="root", password="123456",
database="competition_test")
#使用 cursor()方法创建一个游标对象 cursor
cursor = conn.cursor()
#删除语句
sql = "DELETE FROM student WHERE st_name='王晓东'"
```

```
        try:
            #运行 SQL 语句
            cursor.execute(sql)
            #提交修改
            conn.commit()
        except:
            #发生错误时回滚
            conn.rollback()
        #关闭连接
        conn.close()
```

运行程序，若运行成功，则完成数据删除，如图 9-10 所示，表示已删除数据表 student 中名为“王晓东”的记录。

```
test-delete ×
E:\competition\venv\Scripts\python.exe E:\competition\test-delete.py

进程已结束，退出代码为 0
```

图 9-10　完成数据删除

3．修改数据表中的记录

在 PyCharm 项目 competition 中创建程序文件 test-update.py，在此程序文件的代码编辑窗口中输入以下代码：

```
        import pymysql
        #打开数据库连接
        conn = pymysql.connect(host="localhost",user="root",password="123456",
database="competition_test")
        #使用 cursor()方法获取操作游标
        cursor = conn.cursor()
        #修改语句
        sql = "UPDATE student SET st_class = '23 网络 3 班' WHERE st_name = '陈湘儿'"
        try:
            #运行 SQL 语句
            cursor.execute(sql)
            #提交修改
            conn.commit()
        except:
            #发生错误时回滚
            conn.rollback()
        #关闭连接
        conn.close()
```

运行程序，若运行成功，则完成数据修改，如图 9-11 所示，表示已修改数据表 student 中名为“陈湘儿”的记录。

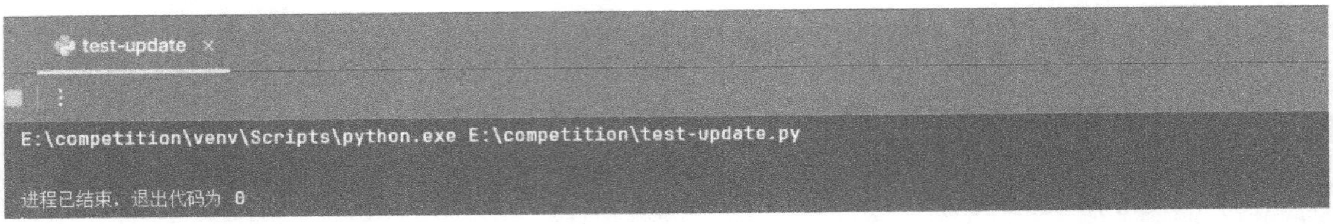

```
test-update ×

E:\competition\venv\Scripts\python.exe E:\competition\test-update.py

进程已结束，退出代码为 0
```

图 9-11 完成数据修改

4．从数据表中查询符合指定条件的所有记录

在 PyCharm 项目 competition 中创建程序文件 test-select.py，在此程序文件的代码编辑窗口中输入以下代码：

```
        import pymysql
        #打开数据库连接
        conn = pymysql.connect(host="localhost", user="root", password="123456",
database="competition_test")
        #使用 cursor()方法创建获取操作游标
        cursor = conn.cursor()
        #查询语句
        sql = "SELECT st_id,st_name,st_sex,st_class FROM student WHERE st_sex = '男' "
        try:
            #运行 SQL 语句
            cursor.execute(sql)
            #获取所有记录列表
            results = cursor.fetchall()
            print("学生编号    姓名    性别    班级：")
            for row in results:
                st_id = row[0]
                st_name = row[1]
                st_sex = row[2]
                st_class = row[3]
                #输出结果
                print(" {0} {1} {2} {3}" .format(st_id, st_name, st_sex, st_class))
        except:
            print("error:unable to fetch data")
        #关闭数据库连接
        conn.close()
```

运行程序，若运行成功，则完成数据查询，如图 9-12 所示，表示已查询到数据表 student 中性别为“男”的记录。

```
test-select ×

学生编号    姓名    性别    班级：
 1    梁荣希    男    23网络1班
 4    陈湘儿    男    23网络3班
```

图 9-12 完成数据查询

四、任务总结

本任务完成在 PyCharm 中使用 Python 程序来对 MySQL 数据库中的数据表进行管理，通过使用连接对象，可以使用 INSERT 语句将记录插入数据表中；可以使用 DELETE 语句将记录从数据表中删除；可以使用 UPDATE 语句修改数据表中的记录；可以使用 SELECT 语句查询符合条件的记录。通过合理设计和组织代码，可以提高开发效率和数据管理的灵活性。

拓展阅读

1. 团队协作的重要性

程序和软件的成功开发，离不开团队的协作和团队成员之间的有效沟通，良好的团队协作，会带来事半功倍的效果，下面就团队协作的优点进行叙述。

① 提高工作效率：在团队中，不同的成员可以分工合作，各自负责不同的任务，从而提高整体的工作效率。通过有效的沟通交流，团队成员之间可以明确各自的角色和职责，避免重复劳动，节省时间和资源。

② 促进知识共享：在程序开发中，知识的学习和应用是至关重要的。通过团队协作和沟通交流，团队成员之间可以互相学习、分享经验，从而提升整个团队的知识水平和技术能力。

③ 增强问题解决能力：在程序开发中，会遇到各种预料之外的问题和挑战。通过团队协作和沟通交流，团队成员可以集思广益，共同探讨问题的解决方案，从而更快地解决问题，提高开发效率。

④ 建立相互信任的合作氛围：良好的团队协作和沟通交流有助于建立相互信任的合作氛围。团队成员之间相互尊重、信任和支持，可以创造一个积极向上的工作环境，提高团队的工作满意度和生产力。

⑤ 确保项目按时完成：在程序开发中，时间管理至关重要。通过团队协作和沟通交流，成员可以明确项目的目标和时间表，确保每个成员都了解自己的任务和时间要求，从而按时完成项目。

⑥ 提升代码质量和可维护性：在团队协作中，成员通过充分的沟通和交流，可以提升代码的质量和可维护性。团队成员可以共同制定代码规范和标准，进行代码审查和测试，从而确保程序的健壮性和可扩展性。

⑦ 促进创新和改进：团队协作和沟通交流可以激发团队成员的创新精神，有助于成员提出新的想法和解决方案。通过集思广益，团队可以不断改进程序开发的方法和技术，提高竞争力。

2. “分而治之”的程序系统开发思路

在程序开发和数据库设计中，开发人员会将大型软件系统分解为较小的功能模块，以便可以更专注于每个模块的具体实现，避免面对过于复杂的问题，降低开发难度；通过分别开发和测试每个模块，可以提高开发效率；采用“分而治之”的策略，可以方便地为系统添加新功能或对现有功能进行扩展，因为每个模块都具有独立性和可重用性。

“分而治之”是一种重要的设计原则和策略，它是指将复杂的问题分解为更小、更易于处理的部分，从而提高开发效率。

比尔 • 盖茨（Bill Gates）在计算机行业取得了巨大的成功，其中一个关键原因就是他采用了“分而治之”的策略，将复杂的软件开发任务分解为更小的模块，并分别交给不同的开发团队来完成。

在微软公司，比尔 • 盖茨将软件开发人员分成若干个小组，每个小组负责不同的模块或功能。

每个小组都有自己的负责人和开发任务，他们需要分别完成自己的模块，并进行测试和集成。通过这种“分而治之”的策略，比尔·盖茨成功地将复杂的软件开发过程分解为更易于管理的部分，提高了开发效率和质量。

此外，比尔·盖茨还非常注重团队协作和沟通交流。他鼓励团队成员之间的合作和知识共享，并建立了有效的沟通机制和团队文化。通过这种团队协作和“分而治之”的策略，微软公司成功地开发出了许多优秀的软件产品，如Windows操作系统、Office办公软件等。这些产品不仅在市场上取得了巨大成功，也为微软公司带来了丰厚的收益。

总之，“分而治之”是一种非常重要的策略，它在程序设计和系统开发中具有广泛的应用价值。

实践训练

【实践任务】使用Python程序创建一个学生成绩管理数据库，并且在此数据库中创建学生信息表、成绩记录表、课程信息表等数据表。

参 考 文 献

[1] 刘增杰，李坤. MySQL 5.6 从零开始学[M]. 北京：清华大学出版社，2013.
[2] 任进军，林海霞. MySQL 数据库管理与开放[M]. 北京：人民邮电出版社，2017.
[3] 石坤泉，汤双霞，王鸿铭. MySQL 数据库任务驱动式教程[M]. 北京：人民出版社，2014.
[4] 传智播客高教产品研发部. MySQL 数据库入门[M]. 北京：清华大学出版社，2015.
[5] 王志刚，江友华. MySQL 高效编程[M]. 北京：人民邮电出版社，2012.
[6] 王飞飞，崔洋，贺亚茹. MySQL 数据库应用从入门到精通[M]. 2 版. 北京：中国铁道出版社，2014.
[7] 孙祥盛. MySQL 数据库基础与实例教程[M]. 北京：人民邮电出版社，2014.
[8] 陈承欢，张军. MySQL 数据库应用与设计任务驱动教程[M]. 2 版. 北京：电子工业出版社，2022.